LA ENERGÍA Y LA SALUD

RUBEN DELAURO

LA ENERGÍA Y LA SALUD

UN ENFOQUE CIENTIFICO

***

Con la colaboración de **MIRTHA MANNO**

***

Colección NUEVA SALUD

Delauro, Rubén – Manno, Mirtha
La Energía y la Salud
Buenos Aires: Nueva Risa Ediciones, 2016
250 p.; 21 x 15 cm.
ISBN:
1. Autoayuda. I. Título
CDD 158.1

Diseño de tapa: Rubén Delauro
Ilustraciones internas: Rubén Delauro (excepto las que se indican)

Primera edición: Agosto, 2019

*Este libro está
dedicado especialmente
a aquellos que,
de una manera u otra,
usan o trabajan con la energía,
y, por supuesto, a quienes se interesen
por una explicación más científica
sobre las variables energéticas
en las que todos estamos inmersos.*

PRÓLOGO

La **vida** es un concepto abstracto y por tanto difuso y difícil de definir. La frontera entre lo vivo y lo no vivo tampoco está clara, ya que hay estructuras como los virus que no comparten todas las propiedades de la materia viva. El estudio de la vida se llama Biología y los biólogos son los que estudian sus propiedades, y han determinado que todos los seres vivos comparten algunas características comunes:

1. Los seres vivos requieren (y transmiten) **energía**.
2. Los seres vivos crecen y se desarrollan.
3. Los seres vivos responden a su medio ambiente.
4. Los seres vivos se reproducen por sí mismos. Sin ayuda externa.

Pero definir así la vida sería una versión muy simple, aunque permite incluir como seres vivos, por ejemplo, a los cristales minerales los cuales crecen, responden al medio, se reproducen y por supuesto consumen energía al crecer y propagarse. La definición de vida, en realidad, es algo bastante más complejo y difícil.

Existe una definición fisiológica: *Un organismo vivo es aquel compuesto por materia orgánica (C, H, O, N, S, P), capaz de llevar a cabo funciones como comer, metabolizar, excretar, respirar, moverse, crecer, reproducirse y responder a estímulos externos.* Pero tales funciones no parecen ser del todo determinantes, ciertas bacterias anaerobias estrictas no realizan la respiración, y sin embargo están vivas.

Una definición metabólica nos dice: *Un sistema vivo es un objeto con una frontera definida que continuamente intercambia sustancias con el medio circundante sin alterarse.* Sin embargo, no puede incluir objetos vivos tales como las semillas, las esporas, o bacterias encapsuladas en estado de latencia. Y tampoco poder definir como vivos entidades tales como el fuego.

La definición bioquímica establece: *Todo organismo vivo contiene información hereditaria reproducible codificada en los ácidos nucleicos los cuales controlan el metabolismo celular a través de unas moléculas (proteínas) llamadas enzimas que catalizan o inhiben las diferentes reacciones biológicas.* Tal vez podríamos considerarla la más precisa.

7

Se complementaría con la definición genética: *La vida es todo sistema capaz de evolucionar por selección natural.* Tal definición podría incluir los virus dentro del grupo de los seres vivos.

Por último, existe una definición termodinámica: *Los sistemas vivos son regiones localizadas donde se produce un continuo incremento de orden sin intervención externa.*

Esta poderosa ley de la física nos dice que la tendencia natural de todo objeto material es aumentar su **entropía**: que significa "evolución" o "transformación".

Entonces, ¿la vida consiste en evolución y transformación? Creemos que sí. Y cuando esos aspectos se producen, ¿qué generan?...pues: ¡energía!

El punto más crucial, y a la vez más conflictivo, es aquel que para hablar de energía nos remite, no a la física tradicional, mecánica (que también define un tipo de energía bien palpable y comprobable), sino a la hoy muy expandida noción de **física cuántica**. Solo que para adentrarnos en estos "nuevos" conceptos tuvimos que apelar a un esfuerzo intelectual muy importante, ya que la física cuántica se ha convertido en un **nuevo paradigma científico**, e intentar explicarla "científicamente" es algo complejo.

De todas maneras, siguiendo nuestra formación, manifestada a lo largo de muchos años de enseñanza (desde 1995) en nuestra Escuela Internacional de Automejoramiento "La Risa y la Salud" y nuestro "Método RH" (risa holística), y la redacción de varios libros que corresponden a una colección que hemos dado en llamar Nueva Salud, desarrollamos otros conceptos, quizá no tan científicos pero seguramente muy valiosos y eminentemente empíricos que complementan el entendimiento.

De hecho este libro es la continuación del libro de Mirtha Manno, "El Alma y la Salud" (con colaboración de nuestro hijo, Valentín Delauro, actual médico y cantante lírico) y aquí intentamos definir y hasta clasificar la energía, pero fundamentalmente explicar de qué manera se puede ejercer de manera **consciente**.

Rubén Delauro – Mirtha Manno
Buenos Aires, Argentina, 2015

INDICE

PRIMERA PARTE

LA ENERGÍA

QUE ES Y CÓMO SE PERCIBE LA ENERGÍA

El problema del hombre es complejo:
no puede entender las verdades complicadas,
ni recordar las simples.
R. WEST

1. Concepto inicial

Del griego *energes* (actuar), que a su vez deriva de *ergon* (obra) o sea real, efectivo, aquello que actúa, que produce efectos. Einstein ha demostrado la sustancial identidad entre energía y materia, y la posibilidad de transformar la una en la otra. La materia es energía en estado de condensación, la energía es materia en estado radiante.

Los cinco estados de la materia y energía reconocidos por la física son: el sólido, el líquido, el gaseoso, el electromagnético o radiante y el plásmico.

Los tres primeros son los directamente conocidos a través de los sentidos. El electromagnético o radiante es mucho más sutil, se desplaza a velocidades del orden de la luz y transporta energía que se manifiesta en efectos o fenómenos calóricos, químicos, magnéticos, eléctricos, luminosos etc., tiene un aspecto dual por ser onda o partícula.

El plásmico constituye casi la totalidad del universo observado (estrellas, vía láctea). Por esto **Max Planck** afirmó que: "En realidad, la materia no existe y todo es energía". También afirmaba Einstein que si pudiéramos conectar algún aparato a una materia aparentemente inerte como, por ejemplo, una silla, y elevarle su frecuencia vibratoria de manera muy intensa, dicha silla "desaparecería" de nuestra vista.

Para la física actual la materia inerte no existe, lo que parece estático, inmóvil, es en realidad un conjunto de partículas en rapidísimo movimiento. Un trozo de materia observado a escala atómico, es un complejo juego dinámico de acciones y reacciones. Recordemos que el diámetro del átomo es del orden de una centésima de millonésima de milímetro.

La noción misma de energía deriva de la observación interna antes que de la externa. El campo magnético terrestre es algo real y sin embargo no es percibido por nuestros sentidos, no captamos que es una fuerza que nos obliga a mantener apoyados nuestros pies sobre la tierra.

El mejor instrumento de medida es el ser humano, que posee en sí los más vastos y complejos sensores y, sobre todo los más sutiles. Los instrumentos externos creados por el mismo, son en definitiva un complemento referencial y parcial. Se tiene pues gran número de fenómenos energéticos que en definitiva consisten en conversiones múltiples, de una siempre única energía, bajo cualquier forma: física, química, térmica, lumínica, etc.

Conceptualmente, resulta fácil comprender que todo trozo de materia encierra energía, por ejemplo: un trozo de madera al arder desprende energía térmica por combustión, o sea por un fenómeno químico con desprendimiento de luz y calor. Vemos la materia, por ejemplo una piedra, como un elemento sólido, duro, opaco y rígido. Sin embargo, si se lo analiza desde otro punto de vista, es un elemento que no aparenta poseer ninguna realidad, sin embargo, **vibra**, es energía latente, aunque de muy baja **frecuencia**. Una piedra preciosa (cuarzo, amatista, etc.), tiene una mayor frecuencia vibratoria, a pesar también de su inmovilidad. Un vegetal posee mayor frecuencia vibratoria, un animal mayor aún, nosotros --los seres "humanos"-- mucho más, y cualquier otra forma del universo --o de "otros planos" (por ejemplo seres como los Guías Espirituales, los Maestros Ascendidos o los Ángeles)-- poseen una frecuencia vibratoria, y por ende una **energía**, muchísimo mayor, llegando a la paradoja de que si pudiéramos verlos con nuestros ojos físicos, nos parecerían inmóviles o estáticos como la piedra común.

En el campo mental-emocional, también es importante señalar que todo pensamiento comporta a la vez energía. También en toda emoción, en todo sentimiento, en todo instinto, existe un aspecto energético. Conviene aclarar que resulta mucho más difícil mensurar y establecer comparaciones en el plano de la energética humana, porque los niveles energéticos son mucho más sutiles de los que se dan en las pruebas de laboratorio, con aparatos físicos, mecánicos o electrónicos.

La física moderna es el receptáculo de la presente regulación energética, o sea que es la *ciencia que estudia las transformaciones de la energía.*

Las energías que más están desarrollándose y movilizándose en la actualidad por la ciencia (en la tecnología y en la cibernética) son las electromagnéticas. Esta modalidad es la que más interesa en relación con el ser humano. Consideremos ahora el concepto de "**campo**", la física dice de éste que es una zona o porción del espacio donde se verifica un determinado fenómeno, pudiendo ser el mismo de índole eléctrica, magnética, térmica, etc. Es decir, que sin que exista un medio o vínculo visible puede apreciarse un

14

fenómeno que es el efecto de alguna causa existente en esa zona o porción del espacio. Quiere decir entonces que en esa zona existe un **campo**, que poseerá una fuerza determinada y a medida que nos alejemos de su agente generador ira decreciendo su intensidad, hasta donde es posible ponderar algún efecto del referido agente. Tratándose de energía irradiada la que conforma el campo, se trata de efectos eléctricos y magnéticos, por lo tanto el campo generado es electromagnético. Consideremos ahora el movimiento de una partícula de infinitesimal tamaño, lo cual va a recorrer en el espacio una distancia entre dos puntos equidistantes un metro y empleando un segundo de tiempo en realizarlo. Si dicha partícula recorre el trayecto en línea recta, se cumplirá el mismo con el menor trabajo posible. Si dicha partícula se desplaza en forma sinuosa u oscilante, es decir por encima y por debajo de la línea de mínimo recorrido, en este caso el camino recorrido es mayor que en el anterior y como lo ha realizado en el mismo tiempo, ha debido desarrollar mayor trabajo. Podemos hacer que esta misma partícula infinitesimal (que puede ser una carga energética, ya que existe equivalencia entre materia y energía) recorre la misma distancia y en el mismo tiempo, pero aumentando la cantidad de oscilaciones respecto a la línea central.

Se extrae como conclusión que, cuanto mayor sea el número de oscilaciones que realice la partícula para cumplir la misma distancia en el mismo tiempo, mayor será el trabajo desarrollado o lo que es lo mismo, mayor será la energía puesta en juego. Da lo mismo hablar de oscilaciones o vibraciones, pues son términos equivalentes. En sus desplazamientos esta partícula o carga infinitesimal, transitando de un punto hacia el otro, va realizando una oscilación, aunque sea por el solo hecho de rozar el aire, o calentarlo por su desplazamiento, o producir un sonido.

Se puede provocar que esta partícula oscile millones, billones o trillones de veces por segundo. **Albert Einstein** concreta la ecuación que relaciona la materia con la energía ($E=m.c2$); (E=energía; m=masa; c=velocidad de la luz).

La interpretación de esta fórmula es que la energía contenida en una determinada porción de materia es igual a su masa multiplicada por el cuadrado de la velocidad de la luz. Recordemos que la velocidad de la luz es de 300.000 Km. por segundo y que la electricidad tiene la misma velocidad.

Aunque la masa sea muy pequeña, se la multiplica por un número tan grande que la energía que es capaz de liberar esa masa es inmensamente enorme. Un ejemplo de esta extracción y liberación de energía se tiene en el campo atómico, donde la liberación de energía se logra no extrayendo las partículas que están en la periferia del átomo, sino sacando las partículas que están directamente en el centro.

Por otro lado, **Max Planck**, establece que todo este movimiento que se

15

estuvo considerando, puede ser relacionado por medio de una fórmula, partiendo de esa infinitesimal partícula. En realidad se ha estado exponiendo en forma conceptual la **teoría cuántica**.

Planck establece el valor infinitesimal de carga energética, el mínimo concebible, y denomina a ese valor **"cuanto de energía"**; y que la energía que se libera o pone en juego tiene estrecha o directa relación con la frecuencia de la oscilación, o movimiento vibratorio de tal carga cuántica.

Siendo la ecuación: *E=h.f* (E= energía cuántica manifestada; h= valor del infinitesimal o constante de Planck; f= frecuencia de la oscilación con que se desplaza dicho cuanto). En determinar el valor de esa constante, que corresponde precisamente a la mínima porción de energía concebible, radica la importante labor de Planck.

La constante de Planck es: *h= 6,388 .10 (a la -27) ergio. segundo*.

Reemplacemos este cuanto de acción en lugar de la partícula infinitesimal y hagámosla viajar, no a razón de 1 metro por segundo, sino a la velocidad de la luz, y con el valor de oscilación o frecuencia de miles o millones de ciclos por segundo. Esto nos dará una idea de que, si bien la constante de Planck o **cuanto de acción** "h" es un valor muy pequeño, puede llegar a desarrollar una energía extraordinaria.

Para relacionar el cuanto de acción, se debe multiplicar todas las cargas cuánticas que pueda poseer un cierto trozo de materia. La energía es siempre la misma y única que, con diversos valores de frecuencia, produce efectos conocidos como: radioondas, microondas, espectros visibles de colores, infrarrojos, ultravioletas, rayos x, rayos gamma, rayos cósmicos, o sea que es siempre la misma partícula elemental (o cuanto de acción), oscilando a distintos valores.

La realidad cuántica desafía los conceptos del sentido común. Por ejemplo, en ella no hay materia sólida. Antes se consideraba que el átomo era la partícula más pequeña de materia de toda la creación y por lo tanto no era posible su "división". Sin embargo, visto de cerca, el átomo está compuesto de partículas de materia aún más diminutos que giran a una velocidad deslumbrante alrededor de un espacio vacío, tan vacío que rivaliza con el abismo del espacio intergaláctico, el intervalo entre dos electrones es proporcionalmente más grande que el existente entre la tierra y el sol.

Enfocando estas pequeñas partículas de materia subatómica descubrimos que no son materiales en absoluto, sino meras vibraciones de energía que han tomado cierto aspecto de solidez. Este descubrimiento de que la materia es una fluctuación de la energía con diferente disfraz; impulsó la revolución cuántica encabezada por Einstein y sus colegas a principio del siglo 20.

En vez de confiar en partículas sólidas que se movían como bolas de

16

billar en una mesa, los físicos se encontraron frente a fantasmales vibraciones que parecían substanciales ahora y abstractas un momento después.

La revolución cuántica produjo un inevitable cambio en nuestra visión del mundo. La física cuántica demostró que la infinita variedad de objetos que vemos a nuestro alrededor, está conectada por infinitos, eternos, ilimitados campos sutiles de energía, generando cuantos de energía.

Descubrir este plano cuántico de la naturaleza ha tenido sus aplicaciones prácticas y de uso diario, brindando un sin número de beneficios para la humanidad: los rayos x, los transistores, el rayo láser, las microondas, la telefonía celular, la resonancia magnética nuclear, la tomografía axial computada, etc. Elementos que eran inconcebibles antes de que la ciencia profundizara más en la trama de la creación, y particularmente donde la mente del ser humano indagará sobre las posibilidades que la ciencia nos brinda.

Ahora creemos que existe un solo "supercampo", llamado el **campo unificado**, esta es la realidad ultima que yace en toda la naturaleza, toda la multiplicidad de la naturaleza se une en este único campo energético que todo lo abarca. Puesto que nosotros también integramos esa naturaleza, somos parte integrante de este campo unificado, está en nosotros y a nuestro alrededor, en todo momento. Sin duda se trata de un profundo cambio de conciencia, de actitudes, donde la ciencia no solamente nos puede ofrecer cuentas matemáticas, sino donde la mente capta una verdad nueva y profunda, y es que el ser humano no es solo un paquete de carne, huesos y sangre circulando sin ton ni son en el tiempo y en el espacio. Si nos volvemos hacia la física cuántica, descubrimos el mundo de nuestros sentidos, nos daremos cuenta que los electrones, los **quartz** y todas las otras partículas elementales parecen estar localizadas en el tiempo y en el espacio.

Pero una vez que nos aventuramos más allá del umbral cuántico, cada partícula es la punta de una gran madeja que se extiende infinitamente en todas direcciones, a través del espacio-tiempo.

La teoría cuántica ha demostrado que todas las propiedades de los átomos surgen de la naturaleza de onda de sus electrones. El aspecto sólido de la materia es la consecuencia de un típico "efecto cuántico" relacionado con el aspecto dual de la materia-onda-partícula, un rasgo del mundo subatómico que no tiene ningún rasgo macroscópico. Los átomos consisten casi por completo en espacio vacío en lo que a distribución de la masa se refiere.

La interacción entre electrones y los núcleos atómicos es por tanto la base de todos los sólidos, líquidos, gaseosos y también de todos los organismos vivos y de los procesos biológicos asociados con ellos.

La teoría cuántica nos fuerza a ver el universo, no como una colección de objetos físicos, sino como una complicada telaraña de relaciones entre las diversas partes de un todo unificado. A nivel atómico la materia tiene un aspecto dual: aparece como partículas y como ondas.

El aspecto que muestre depende de la situación a la que es sometida. En alguna situación es dominante el aspecto de partículas, en otras las partículas se comportan más como ondas y esta naturaleza dual también se manifiesta en la luz y en todas las demás radiaciones electromagnéticas.

A los electrones se les considera normalmente partículas y, sin embargo, cuando un rayo de estas partículas es enviado a través de una pequeña hendidura es refractado exactamente del mismo modo que un rayo de luz. En otras palabras que los electrones se comportan como ondas.

Una **onda** es un patrón vibracional en el tiempo y el espacio. Nosotros podemos mirarlo en un instante determinado de tiempo y después veremos un patrón periódico en el espacio. Este patrón es caracterizado por una amplitud (la extensión de la vibración a la que es sometido), y una longitud de onda (la distancia entre dos crestas sucesivas). Según la teoría cuántica la materia nunca esta inactiva sino siempre su estado es en movimiento.

Todos los objetos materiales de nuestro entorno están hechos de átomos que se unen con otros de varias formas para formar una enorme variedad de estructuras moleculares que no están rígidas e inmóviles, sino que oscilan de acuerdo a su temperatura y en armonía con las vibraciones terrenales de su entorno. Los campos vibratorios eléctricos y magnéticos pueden viajar a través del espacio en forma de ondas de radio, ondas de luz, u otra clase de radiaciones electromagnéticas.

¿Podemos por lo tanto considerar la materia como estando constituida por las regiones de espacios en las cuales el campo generado es extremadamente intenso?, ha dicho Albert Einstein: *"No hay lugar en esta nueva clase de física para el campo y la materia, porque el campo es la única realidad"*.

2. La energía cuántica

Vemos entonces que un campo de energía cuántica tiene como condición producir en el espacio potencial una fuerza determinada.

Cada carga crea alteración o una condición en el espacio circundante, de manera que la otra carga cuando está presente siente una fuerza. Así nació la concepción de un universo lleno de campos que crean fuerzas mutuamente interjectivas.

Las interacciones de las partículas originan las estructuras estables que componen el mundo material, que no permanecen estáticas, sino que por el contrario oscilan en movimientos rítmicos. Todo el universo esta pues, engranado dentro de un movimiento y actividad sin fin, en una continua danza

18

cósmica de energía. Esta danza implica una enorme variedad de patrones, pero de forma sorprendente caen dentro de unas pocas diferencias de categorías. El estudio de las partículas sub-atómicas y sus interacciones revela una buena dosis de orden.

Todos los átomos y consecuentemente todas las formas de materia de nuestro medio ambiente, están compuestas solo de tres partículas sólidas: **protón, neutrón, electrón**. Una cuarta partícula, el **fotón** no tiene masa y representa la unidad de radiación electromagnética. El protón, el electrón y el fotón son todas partículas estables, quiere decir que viven por siempre a menos que se vean implicados en un estado de colisión.

El neutrón, por el contrario puede desintegrarse espontáneamente. Las interacciones electromagnéticas tienen lugar entre todas las partículas cargadas. Son responsables de los procesos químicos y de la formación de todas las estructuras atómicas y moleculares.

La física moderna ha demostrado que el ritmo de la creación y de la destrucción no es solo manifiesto en la sucesión de las estaciones y en el nacimiento y la muerte de todas las criaturas vivas. Según la teoría de la energía cuántica todas las interacciones entre los componentes, de la materia tienen lugar a través de la inserción y absorción de las partículas virtuales.

El mundo sub-atómico es un mundo de ritmo, movimiento y continuo cambio. No es, sin embargo, arbitrario y caótico sino que sigue patrones muy claros y definidos. Todas las partículas de una especie dada son idénticas, tiene exactamente la misma masa, la misma carga eléctrica y otras propiedades características.

La física nos informa que la trama básica de la naturaleza se encuentra en el plano cuántico, mucho más allá de los átomos y las moléculas.

Un cuanto (o *quantum*) definido como unidad básica de la materia y de la energía es entre 10 y 100 millones de veces más pequeño que el mas minúsculo de los átomos. En este plano, materia y energía se tornan intercambiables. Todos los cuantos están compuestos por vibraciones invisibles (espectros de energía) que esperan el momento de adquirir forma física. Vale lo mismo para el cuerpo humano, primero toma forma de vibraciones intensas pero invisibles, llamadas fluctuaciones cuánticas, antes de proceder a unirse en impulsos de energías y partículas de materia.

3. La Física Cuántica

Es una teoría científica que revela una realidad verdaderamente extraña que escapa a nuestra intuición pero funciona con una lógica matemática. **Describe cómo funciona el mundo a escalas muy pequeñas**. Su validez descansa sobre experimentos científicos, y es una de las teorías más probadas en los últimos años por la perplejidad que provoca su naturaleza en el ser humano y porque sus efectos desafían no ya el sentido común sino la imaginación del hombre.

¿Qué significa que una partícula pueda estar en un sitio y en todos los sitios al mismo tiempo? ¿Por qué no podemos predecir los fenómenos cuánticos con total exactitud?

Antes de entrar en materia y descubrir qué es la física cuántica resulta necesaria una pequeña cura de humildad. Durante miles de años el ser humano dio por hecho que la Tierra era plana o que era el Sol el que giraba alrededor de nuestro planeta porque lo contrario eran conceptos que escapaban al sentido común de la época.

Quizás llegue un día en el que la física cuántica resulte una materia tan asimilada como cualquier otra para el común de los mortales y se enseñe en la escuela primaria, pero ese tiempo todavía parece lejano. Lo que si es seguro es que se hace necesario un nuevo paradigma.

La física cuántica, célebre por su éxito predictivo, también se ha hecho famosa por ser una masa inescrutable de paradojas. Uno de los fundadores de la teoría, **Niels Bohr**, declaró que: "Los que no se sorprenden cuando llegan por primera vez a la teoría cuántica es que posiblemente no la han entendido". El Premio Nobel **Richard Feynman** refirió: "Creo que puedo decir con seguridad que nadie entiende la mecánica cuántica".

La física cuántica aglutina un conjunto de teorías que explican cómo se comportan las partículas fundamentales, es decir, las más pequeñas de todas: pueden atravesar paredes, encontrarse en varios sitios a la vez y moverse en todos los sentidos al mismo tiempo.

Una teoría de esta magnitud desconcierta a cualquier mortal. Incluso a uno de la talla de Albert Einstein, el mejor físico teórico de la historia y uno de los padres de la mecánica cuántica, que se pasó casi 20 años intentando demostrar que la física cuántica estaba equivocada. Dejó una reflexión para la historia, "Dios no juega a los dados con el universo", pero fue incapaz de encontrar errores en la física cuántica. "Einstein, deje de decirle a Dios lo que tiene que hacer", le respondió años más tarde Niels Bohr. Y al debate, por supuesto, también se ha unido otro icono de la ciencia moderna como **Stephen Hawking**: "Dios no sólo juega a los dados con el Universo; sino que a veces los arroja donde no podemos verlos".

A finales de 1920 el físico alemán **Werner Heisenberg** tuvo una idea extraordinaria: si las leyes del universo cuántico eran tan distintas a nuestra experiencia cotidiana, ¿por qué estudiarla bajo los preceptos tradicionales, es decir, bajo la óptica de la física newtoniana?

20

Entonces, en lugar de elaborar una teoría para intentar predecir qué sucede en la física cuántica simplemente se dedicó a intentar medirla. Y entonces ocurrió algo muy extraño. Heisenberg descubrió que era imposible conocer la posición y la velocidad de una partícula simultáneamente de forma exacta.

Con otras palabras, cuanto más precisa era la medición o determinación de la posición de una partícula en un instante dado, menos precisa era el conocimiento sobre su velocidad en ese mismo instante. Llevado al extremo, la precisión total en una de las cantidades implica la imprecisión total en la otra. Declaró que un objeto cuántico es "algo que está en medio entre la idea de un evento y el evento en sí, una especie extraña de realidad física justo entre la posibilidad y la realidad". Heisenberg llamó a esto "potencia", un concepto originalmente introducido por el filósofo griego Aristóteles.

El descubrimiento cambió uno de los teoremas fundamentales de la ciencia tradicional, la Ley de Casualidad, que establece que si conocemos exactamente el presente es posible calcular el futuro. Bajos los ojos de la mecánica cuántica no es que sea imposible calcular el futuro, sino que no se puede conocer con precisión absoluta el presente.

Gracias a este principio formulado por Heisenberg hoy sabemos que un observador no puede medir dos propiedades de una partícula al mismo tiempo. Por ejemplo, o bien determina su **posición** exacta dentro del espacio o su **momento** exacto (el producto de la velocidad de la masa), pero si intenta hacer las dos cosas a la vez el resultado tendrá fallos.

Los aspectos impactantes de la teoría cuántica se pueden resumir en tres aspectos: 1. la incertidumbre, 2. la no localidad y 3. el problema de la medición (o la paradoja del "gato de Schrödinger").

1. La primera cuestión consiste en el hecho de que los objetos diminutos descritos por la teoría cuántica, como los constituyentes de los átomos --protones y electrones, por ejemplo-- no pueden ser inmovilizados a ubicaciones definidas y velocidades al mismo tiempo. Si una de estas propiedades es definitiva, la otra debe estar en una superposición cuántica, una especie de "confusión" que nunca vemos en el mundo macroscópico o normal.

2. El segundo problema surge en ciertos tipos de sistemas compuestos, tales como los pares de electrones, en un llamado estado "confuso". Si se envía dos de esos electrones fuera de los extremos opuestos de la galaxia, la física cuántica nos dice que todavía están de alguna manera en comunicación directa, de forma que el resultado de una medición realizada en uno de ellos es similar al instante en el otro. Esto parece estar en conflicto con otra teoría muy exitosa, la teoría de la relatividad de Einstein, la cual nos dice que no hay señal que se pueda transferir más rápido que la velocidad de la luz.

3. La tercera cuestión proviene de la observación de **Erwin Schrödinger**, según la cual la física cuántica parece decirnos que los instrumentos de medición entran en "confusión" con los objetos cuánticos cuando se están midiendo de una manera similar a los objetos macroscópicos. En 1935, Schrödinger propuso un experimento en el que un **gato** se introducía dentro de una caja junto con un material radioactivo con una probabilidad del 50% de que se emitiera una partícula subatómica que si se llegara a desintegrar liberaría un veneno que mataría al gato.

Pero la mecánica cuántica funciona de manera diferente. A escala subatómica no podemos hablar de que el átomo puede haber liberado una partícula mortífera o no, sino que la ha emitido y no lo ha hecho al mismo tiempo. De esta manera el destino del gato queda conectado a la partícula y está muerto y vivo a la vez.

El comportamiento cuántico desaparece a una escala tan grande como la de un gato, que tiene billones de átomos. Pero la física cuántica demuestra que un átomo puede estar en dos lugares a la vez o que un electrón puede girar en el sentido de las agujas del reloj y al contrario al mismo tiempo.

La razón de que esto puede suceder es que el espacio de posibilidades en la mecánica cuántica es enorme. Matemáticamente, un estado de la mecánica cuántica es una suma (o superposición) de todos los estados posibles. En el caso del gato de Schrödinger, el gato es la superposición de los estados "vivo" y "muerto". El sentido común, representado en esta historia como la física clásica o newtoniana, nos dice que si la caja está cerrada el gato tiene una probabilidad entre dos: o está vivo o está muerto, y para descubrirlo es necesario abrir la caja.

La física cuántica requiere que "pensemos que hay fuera de la caja", y que la caja resulta ser el propio espacio-tiempo. El mensaje de la física cuántica es que no sólo no hay espacio absoluto o el tiempo, sino que la realidad se extiende más allá del espacio-tiempo.

Metafóricamente hablando, el espacio-tiempo es sólo la "punta del iceberg": Por debajo de la superficie hay un vasto mundo oculto lleno de posibilidades. Y es ese vasto mundo invisible el que es descrito por la física cuántica.

La teoría de los universos paralelos no debe ser sólo matemática, es la ciencia quien la debe probar.

La existencia de universos paralelos puede parecer algo creado por los escritores de ciencia ficción y con poca relevancia para la física teórica moderna. Pero la idea de que vivimos en un "multiverso" compuesto por un número infinito de universos paralelos ha sido considerado como una posibilidad científica --aunque sigue siendo una cuestión de fuerte discusión

22

entre los físicos--. La meta está ahora en encontrar una manera de probar la teoría, incluyendo la búsqueda en el firmamento de signos sobre colisiones con otros universos.

4. Estados de la materia

El sólido, el líquido y el gaseoso son los estados básicos, conocidos y familiares. La física sostiene que la diferencia de estados se debe pura y exclusivamente a esos millones y millones de pequeños elementos energéticos que, en definitiva, se mantienen allí a través de ciertas fuerzas.

En el estado sólido, la fuerza de cohesión entre los átomos es importante, ello justifica la sensación de consistencia que de ella se tiene.

En el estado líquido, la cohesión interatómica o intermolecular es menor que en el sólido. Un líquido asume cualquier forma, precisamente porque su cohesión es pobre. En el estado gaseoso, la fuerza de repulsión es mayor que la de cohesión y por ello todo gas trata de ocupar el mayor espacio posible.

Los otros dos estados reconocidos, ya lo anticipamos, o por lo menos justificados por la física, son los estados plásmico y radiante (o etérico).

El estado plásmico, resulta de la observación de ciertos fenómenos en la zona de la vía láctea y de algunas constelaciones. Se supone un estado particular de tan elevada temperatura, diferenciado de la materia, que se ha denominado plásmico, por estimarse que es allí donde se plasman las futuras galaxias, sistemas solares o planetas.

El estado radiante, empieza a tener vigencia cuando se producen los descubrimientos e invenciones inalámbricas y las comunicaciones de tal orden, es decir, las radioeléctricas. Esto es, cuando a través de dos puntos no vinculados entre sí por medios visibles se logra establecer una comunicación. Hubo necesidad forzosa de admitir que "algo" en el espacio servía de conductor, un agente sutil, conductor, que ocupa los espacios intermoleculares y que vincula los sistemas emisores y receptores.

Quiere significar esto que el éter no tiene limitaciones, se deduce del mismo, que sigue siendo materia aunque muy sutil, que posee diferentes grados de densidad, siendo uno de ellos el que permite la propagación de las radiaciones. Anticipamos que nuestro cuerpo físico denso (u "organismo") está rodeado e interpenetrado por una sustancia sutil llamada "doble etérico" que posee una energía muy especial, de la que más adelante hablamos.

El cuerpo humano

El cuerpo humano mecánico cuántico, es la base de todo lo que somos: pensamientos, emociones, proteínas, células, órganos, sistemas, cualquier

23

parte visible e invisible de nuestra persona. Al tratar al cuerpo mecánico subyacente se pueden provocar cambios que exceden ampliamente el alcance de la medicina tradicional. En el nivel cuántico no hay una sola parte del cuerpo que pueda vivir separada del resto.

Un depósito de colesterol en una arteria puede parecer sólido, pero en su interior la placa es algo vivo y cambiante, igual que el resto del cuerpo. Hay nuevas moléculas de grasa que entran y salen, nuevos capilares que se desarrollan para llevar el oxígeno faltante y el alimento vital.

Todos estamos edificando un cuerpo nuevo constantemente. El ajuste increíblemente exacto de las cosas que componen nuestro mundo, la existencia de ADN, es un argumento a favor de la infinita cantidad de inteligencia de la naturaleza, fuerza vital del universo. En pocos días nuestra pared estomacal esta recuperada, la piel se renueva al cabo de semanas, el esqueleto que parece tan sólido y rígido se renueva en meses. En total, el flujo de oxígeno, carbono, hidrógeno, y nitrógeno es tan veloz que uno podría renovarse en semanas, solo los átomos de hierro, magnesio y cobre más pesados demoran este proceso.

Uno parece ser el mismo por fuera, sin embargo es como un edificio cuyos ladrillos fueran continuamente desplazados por otros. De año a año el 98% de la cantidad de átomos de nuestro cuerpo son reemplazados, así han demostrado los estudios de radioisótopos realizados en los laboratorios de Oak Ridge en California, EE.UU.

El ideal de la salud perfecta depende del **equilibrio** perfecto. Cuanto comemos, decimos, pensamos, hacemos, vemos, y sentimos afecta a nuestro estado general de equilibrio. Parecería imposible controlar al mismo tiempo estas influencias diferentes, sin embargo si las fuerzas que están en nuestro interior se mantienen en armonía y en equilibrio con el medio circundante, podríamos a llegar a ser inmunes a la enfermedad.

En todos nosotros existe el impulso de crecer y progresar, este impulso gobierna automáticamente nuestro equilibrio total, se lo ve operar en todas la células, pero especialmente en el cerebro, que equilibra simultáneamente la temperatura del cuerpo, el ritmo metabólico, el hambre, la sed, el sueño, la química de la sangre, la respiración, la frecuencia cardiaca, y muchas otras funciones. La enfermedad es el resultado de distorsiones en las medidas de las vibraciones cuánticas que mantiene el cuerpo en forma intacta. Ahora la medicina reconoce que la enfermedad puede originarse tanto en la mente como en el cuerpo, dado que el sistema trabaja en un nivel tan sutil del cuerpo que puede corregir enfermedades como ansiedad, fatiga, depresión, etc.

El cuerpo mecánico cuántico es una red de inteligencia y sabiduría acumulada, no solo en el cerebro sino en otros 50 trillones de células que componen nuestro cuerpo humano, y que responden inmediatamente a los pensamientos y emociones más leves provocando el constante fluir y cambiar de nuestra naturaleza. Gracias a la tecnología ahora es posible por una emisión de positrones, obtener una imagen de una emoción o percepción fuerte, mientras el sujeto la está experimentando.

Como en toda célula hay inteligencia, la mente, y el cuerpo se reúnen por doquier, no solo en el cerebro, en realidad la célula es un punto de reunión entre la materia y la conciencia, una estación en la que se cruzan el cuerpo mecánico cuántico y el mundo exterior.

Una de las grandes ventajas del cuerpo mecánico cuántico es que no envejece, cualidad que se ve en todo el plano cuántico de la naturaleza. Los protones y los neutrones no avanzan en edad, tampoco la electricidad y la gravedad. La vida que está compuesta por estas partículas y fuerzas fundamentales, es asombrosamente durable, nuestro ADN permanece más o menos igual hace millones de años, a pesar del desgaste físico, las mutaciones destructivas al azar, la invasión de microbios y por sobre todo la entropía, la tendencia del universo físico a perder impulso. El ADN los sobrevivió a todos, si la inteligencia interior del ADN es tan poderosa, capaz de desafiar al tiempo y los elementos por milenios parecería que el envejecimiento y la enfermedad no fueran naturales en absoluto.

Si estudiáramos las células de un recién nacido, las vemos llenas de vigor, sin las marcas del tiempo, si las pusiéramos en un microscopio junto con las de un anciano, el contraste es asombroso. Nos mostraría un tejido maltrecho y agotado, este drástico cambio es el resultado del desgaste, pero en contrapartida su ADN que es quien controla las funciones de esa célula está intacto, inmune e invulnerable.

Los textos de biología nos dan la idea de que toda célula se divide una y otra vez hasta que se le agota el tiempo y entonces muere, pero esto es una visión drásticamente simplificada de la cosa.

Toda célula tiene experiencias, recuerda lo que le ocurre, es capaz de perder sus habilidades si se pierden o se dañan los eslabones de sus conocimientos innatos. Para toda célula la diferencia entre la vida y la muerte estriba en sus memorias, pues no puede haber muerte celular mientras sus funciones actúen en orden y donde la renovación actúe sin fallas.

¿Cómo se franquea el abismo entre una realidad, la inmortalidad del ADN y la frágil duración de la vida? En realidad ambas están muy próximas.

De aquí que la edad cronológica es solo una medida del proceso de envejecimiento, en absoluto exacta, pues entre un cuerpo y otro existen amplias variaciones en los cambios que presentan con el tiempo. Hay una segunda medida llamada edad biológica, que mide la real tasa de envejecimiento de las células de una persona.

La comunicación mente-cuerpo

A pesar de esto, después de haber entendido lo que significa el descubrimiento de los **neuropéptidos**, reside en habernos mostrado que el cuerpo tiene fluidez suficiente para equivocarse con la "ayuda" de la mente.

A la fecha, la ciencia ha descubierto que existen cientos de neuropéptidos y que son producidos por todo el cuerpo. Solo nos falta un paso para descubrir que cada una de nuestras células pueden producir todas estas sustancias. Si esto resulta cierto, entonces todo el cuerpo es un cuerpo "pensante", es decir, la creación y expresión de inteligencia.

Un neuropéptido surge de la existencia, en respuesta a un sentimiento, pero ¿de donde surge? El miedo como pensamiento, y el compuesto neuroquímico en el que se convierte, se hallan conectados de alguna manera mediante un proceso oculto, una transformación de la no materia en materia.

Cuando llegamos al nivel de átomos, el paisaje no lo constituyen objetos sólidos que se mueven unos en derredor de otros, como comparsas de una danza, siguiendo pasos predecibles. Las partículas sub-atómicas se encuentran separadas por espacios gigantescos, debido a lo cual cada átomo está constituido, en un 99,99 %, de espacio vacío. Esta afirmación vale lo mismo para los átomos de hidrogeno suspendidos en el aire, que para los átomos de carbono contenidos en la madera con la cual están construidas las mesas y sillas de uso diario, y también para los átomos "sólidos" de nuestras células. En consecuencia, cualquier objeto sólido, incluyendo nuestros cuerpos, es proporcionalmente tan vacío como el espacio intergaláctico.

¿Cómo es posible que extensiones tan vastas de vacío, salpicadas a intervalos muy distantes por briznas de materia, se conviertan en seres humanos?

En cualquier instante dado quince mil millones de neuronas que existen en el sistema nervioso están siendo coordinadas con una precisión perfecta. Cuando nació la física cuántica ocurrió el mismo cambio: de causas rectilineas a desviaciones en forma de U. Si bien conforme a la teoría Newtoniana, todos los fenómenos de la naturaleza debían ocurrir siempre sobre la mesa (obviamente, los físicos excluyen los acontecimientos mentales), había ciertas cosas que resultan inexplicables. La más obvia de ellas es la luz.

La luz puede comportarse como onda o como partícula. Ambos comportamientos distintos en la física newtoniana, ya que las ondas son inmateriales, mientras que las partículas son concretas. Sin embargo de alguna manera, la luz puede actuar de una u otra forma, dependiendo de las circunstancias.

Para aclarar esto comenzaremos con el esquema familiar de los libros de texto, que disponen el cuerpo en un sentido vertical, como una jerarquía de sistemas, órganos, tejidos y células:

• SISTEMA
• ÓRGANO
• TEJIDO
• CÉLULA
• ADN

Según esta representación cada nivel del cuerpo se relaciona lógicamente con el siguiente, pero algo inexplicable sucede bajo la superficie para formar la inteligencia omnisciente del ADN.

Lo que hace que el ADN sea misterioso es que vive justo en el punto de transformación, exactamente como el <u>cuanto</u>. Pasa toda su vida creando mas vida. El ADN transfiere mensajes continuamente, desde el mundo cuántico al nuestro, anudando nuevos fragmentos de inteligencia con fragmentos nuevos de materia. El ADN que yace en el centro de cada célula, completamente tras bambalinas, es capaz de orquestar todo lo que sucede en el escenario. Y así podemos seguir hacia lo más profundo.

• ADN
• SUBMOLECULAS ORGÁNICAS
• ÁTOMOS
• PARTÍCULAS SUBATOMICAS

Al nivel cuántico, la materia y la energía cobran existencia a partir de algo que no es materia ni es energía. Algunas veces los físicos se refieren a este estado primordial como una singularidad, un ente abstracto que no está limitado ni en tiempo, ni en espacio sino que es una comprensión de todas las dimensiones expandidas del universo.

Se considera un gran descubrimiento la huella que deja una partícula elemental cuando pasa veloz durante un millonésimo de segundo, porque significa que ha alcanzado la zona desconocida y que una pequeñísima porción de su realidad ha sido traída a la nuestra.

¿Será posible que estemos haciendo la misma cosa por el mero hecho de pensar, soñar y desear? No tenemos por que suponer que los pensamientos se convierten en compuestos químicos mensajeros, uno por uno.

Es bien sabido que en muchos aspectos los miles de millones de fragmentos de ADN de nuestros sistemas actúan como si se tratara de una sola molécula de él, como cuando se coordina en el útero de la madre el desarrollo, increíblemente complejo, de un feto: desde el primer día hasta el noveno mes, todo el ADN del niño que va a nacer actúa como una sola entidad. He aquí el secreto de como los dos universos (mente y materia) se asocian entre sí sin cometer ninguna equivocación.

Pero a su vez, las <u>partículas subatómicas</u> tienen **Espins** que se coordinan entre sí, sin importar cuan distantes, en el tiempo y en el espacio, se hallen dichas partículas: sus Espins se pueden coordinar incluso en los extremos opuestos del universo.

Según una famosa fórmula matemática, conocida como *Teorema de Bell* (por su autor, el físico irlandés **John Bell**), la realidad del universo debe ser <u>no local</u>, en otras palabras, todos los objetos y acontecimientos del cosmos se hallan interconectados entre si, y unos responden a los cambios de otros.

Los patrones de ondas cerebrales registrados en el electroencefalograma de una persona psicopática se ven iguales a los de un poeta, sin importar cuan elaborado sea el análisis que hagamos de ellos. De aquí que se haya dicho, muy poéticamente, que el cuerpo es un río de átomos, la mente es un río de pensamientos, y lo que los une es el océano de inteligencia.

Los primeros anatomistas pudieron observar los nervios principales ya en el siglo XVI, pero el sistema nervioso guardaba un secreto ¿quiénes eran los emisarios que llevaban los mensajes que iban y venían del cerebro?

La mayoría de las personas siguen pensando que los nervios funcionan eléctricamente, como un sistema telegráfico, hasta hace unos años eso era lo que afirmaban los textos de medicina. Sin embargo, en la década de 1970 comenzó a conocerse una nueva clase de diminutos compuestos químicos llamados **neurotransmisores**. Como su nombre lo indica, estos compuestos químicos transmiten los impulsos nerviosos, actúan en nuestros cuerpos como "moléculas comunicadoras" (por ejemplo nuestras conocidas **endorfinas**).

Para entender mejor este concepto repetimos aquí lo publicado en nuestro primer libro *"La Risa y la Salud"* (13).

La modalidad *"llave - cerradura"*

La doctora **Candace Pert**, del Instituto Nacional de Salud Mental (USA), indica que los **neuropéptidos**, sirven como *portadores de información* para coordinar las funciones del cerebro, las glándulas y el sistema inmunitario. Las llama "bioquímicos de las emociones", o sea sustancias que ayudan a traducir las emociones en sucesos corporales y ha demostrado que el sistema límbico es un punto focal de *receptores* para los neuropéptidos, y que el revestimiento del estómago y de los intestinos y vísceras en su totalidad, está generosamente impregnado de neuropéptidos y de receptores-neuropéptidos, por lo cual muchas personas experimentan las emociones como un "sentimiento visceral" ("siento la risa en el abdomen" --dicen algunos-- o "tengo una angustia en el estómago" --dicen otros--). De aquí la conclusión de **Norman Cousins**: *"las emociones y actitudes positivas como negativas,*

28

además de *estados de ánimo* son **realidades bioquímicas** que desempeñan un papel importante en el funcionamiento del sistema inmunitario y, por ende, en la respuesta total de todo el organismo".

Como los neuropéptidos son capaces de conectarse con los receptores existentes en las células inmunocompetentes y en las células cerebrales, se habla de receptores comunes a ambos; además se ha comprobado que las células inmunitarias también poseen diversos tipos de *receptores para las hormonas*, lo que hace pensar que el sistema endocrino está involucrado en la comunicación entre el sistema nervioso y el inmunológico, es decir: neuronas y células inmunocompetentes se comunican en forma directa y a través de las hormonas.

A estos receptores presentes en las membranas celulares nerviosas e inmunológicas se los llama "cerradura" y les sirven para reconocer antígenos, *neurotransmisores* y también *hormonas*. Estos neurotransmisores son la "llave" para las "cerraduras" (que son los *receptores*), y ya se han descubierto alrededor de 10 distintos.

Los más relacionados con las endorfinas son: el receptor *mu* (se encuentra en las vías nerviosas que transmiten el dolor); el *delta* (se halla en el sistema límbico que controla los procesos instintivos: sexualidad, hambre, sed y hasta cambios de humor); el *kappa* (en la corteza cerebral, relacionado con los efectos sedantes); el *sigma* (en el hipocampo); y el *epsilon* (en la base del cerebro y alrededor del hipotálamo).

Nuestro sistema nervioso puede reconocer aproximadamente diez millones de antígenos a los que puede responder el sistema inmunitario. A su vez, los linfocitos T pueden reconocer un millón de antígenos diferentes por su forma molecular. También los glóbulos blancos tienen receptores para las endorfinas, y hasta parecen volverse más potentes por esa interacción.

Por su parte, las hormonas tienen la "llave" para poder fijarse en los receptores-cerraduras (que están en las neuronas y en las células inmunocompetentes), despolarizando las membranas celulares con lo cual modifican o neuromodulan el impulso transmitido.

Es decir que esta modalidad actúa de manera que es necesaria la *"llave* justa para poder "abrir" una *función* determinada.

Antes de pasar a ver el gráfico siguiente, aclaremos que lo que durante muchísimos años se sostuvo, sobre que nuestro sistema inmunológico nos defiende *siempre*, ocurra lo que ocurra en otros sistemas de nuestro organismo, o lo que ocurra con nuestros pensamientos y nuestras emociones, no es tan exacto.

Entonces, ¿de qué manera se "ordena" este ballet de múltiples sustancias?

Veamos a continuación un gráfico que nos pertenece, que lo explica.

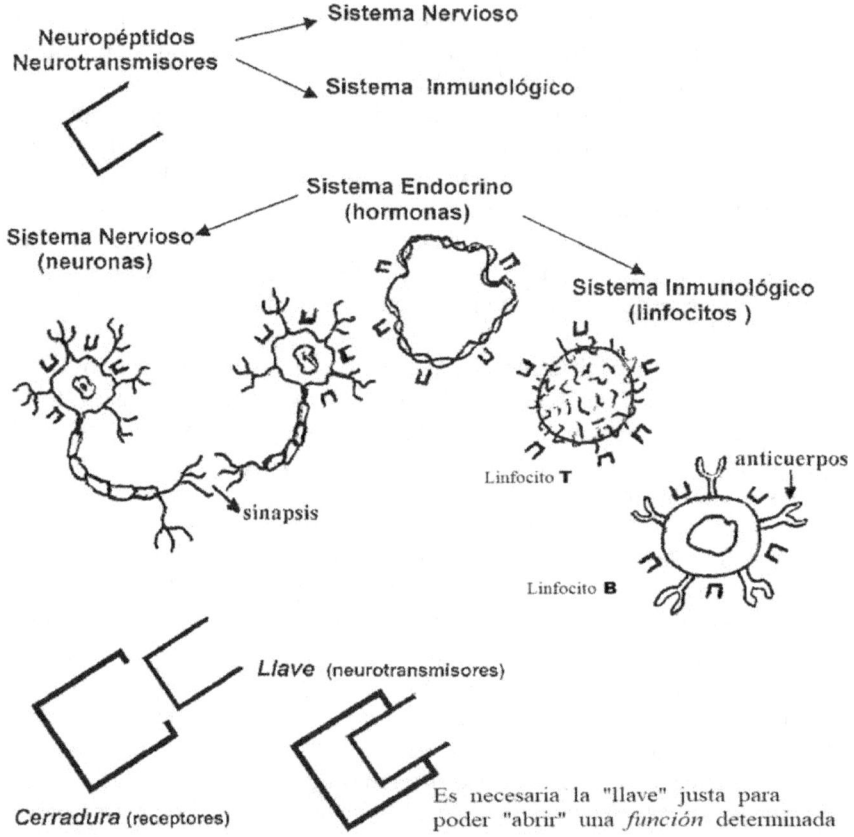

Neuropéptidos Neurotransmisores → Sistema Nervioso → Sistema Inmunológico

Sistema Endocrino (hormonas)

Sistema Nervioso (neuronas)

Sistema Inmunológico (linfocitos)

sinapsis

Linfocito **T**

Linfocito **B**

anticuerpos

Llave (neurotransmisores)

Cerradura (receptores)

Es necesaria la "llave" justa para poder "abrir" una *función* determinada

Lo más interesante es que cuando la persona está inmersa en sus HMN (hábitos mentales negativos), estas conexiones "llave-cerradura" tienen inconvenientes para fusionarse y el sistema neuro-endocrino-inmunológico se desequilibra. Al contrario, quien genera EP (emociones positivas) tiene "armonizado" el funcionamiento de esta modalidad, su sistema inmune no se deprime y no aparecen los síntomas propios de las enfermedades. ¡Muy interesante!

Y bien, ahora usted puede advertir bastante fácilmente que la discusión que dividió durante siglos a teólogos, filósofos, psicólogos y médicos ha llegado a su fin: *la mente y el cuerpo **no** son entidades separadas*, sino partes de un todo plenamente integrado a través de las conexiones, las interacciones y el mutuo control de tres sistemas de nuestro organismo: el nervioso, el inmunológico y el endocrino. "Estas interacciones --nos reitera Norman Cousins-- responden a su alegría y a su angustia, a la exuberancia y al

30

aburrimiento, a sus risas y a sus lágrimas, al interés y a la depresión, a los problemas y a las expectativas. Prácticamente no hay nada que penetre en la mente, a través de lo que pensamos y sentimos, y que no encuentre el camino para introducirse en el mecanismo del cuerpo".

Los neuroinvestigadores descubrieron en una forma de fotografía, en tres dimensiones, las huellas de los pensamientos, como en un holograma. Al observar como se mueven estas moléculas señalizadas, mientras el cerebro piensa, los científicos pudieron comprobar que cada una de las situaciones que ocurren en el universo de la mente: una sensación dolorosa, o un recuerdo intenso, desencadena un nuevo patrón químico en el cerebro, no solo en un sitio, sino en varios. Las imágenes se ven distintas en cada pensamiento, y es indudable de que si la imagen pudiera hacerse de cuerpo entero veríamos cambios simultáneos en todo el organismo, gracias a las cascadas de neurotransmisores y otras moléculas mensajeras relacionadas.

Los últimos descubrimientos de la neurobiología refuerzan aun más la afirmación de que la mente y el cuerpo son universos paralelos. Cuando los investigadores profundizaron y fueron mas allá del sistema nervioso e inmunitario, comenzaron a descubrir que los mismos neuropéptidos y receptores que funcionan en aquellos existen en otros órganos: en los intestinos, los riñones, el estómago, y el corazón. Esto significa que nuestros riñones pueden "pensar" en el sentido que producen neuropéptidos idénticos a los que se encuentran en el cerebro.

Respuestas cerebro-órganos

Así que el sistema nervioso es en realidad un vasto y complejo sistema de mensajes, y transporta corriente eléctrica en forma de ondas o impulsos de muy variadas formas y frecuencias. Se trata pues de un complicadísimo conjunto de circuitos bioeléctricos y cibernéticos a través de los cuales se transmiten las ordenes voluntarias de acciones y movimientos, se reciben las percepciones exteriores, y se producen los comandos de ciertas funciones automáticas (movimiento del corazón, de los pulmones, peristálticos, etc.).

La tensión o potencial eléctrico que alimenta todo el sistema nervioso es sumamente pequeño: 0.1 vatio (la décima parte de un voltio). Este valor entre otras cosas, y la complejidad de los circuitos bioelétricos y cibernéticos humanos, torna particularmente difícil ciertas mediciones con los instrumentos científicos. Se destaca que la velocidad con que se propagan las corrientes en el sistema nervioso humano es variable, conforme a los circuitos y funciones; va desde menos de 1 metro por segundo hasta cerca de 100 metros por segundo, de acuerdo a varias fuentes científicas que lo han estudiado.

Todo trabajo comporta una energía. Este trabajo puede ser tanto en la esfera física como en la esfera emocional, intelectual, y psíquica. Esta energía que representa la expresión de una carga liberada, realizando su trabajo determina efectos, y estos efectos tendrán una dirección, un sentido, una intensidad, y una duración proporcionales a las causas que los producen.

A veces, inconscientemente, se originan canalizaciones impropias que luego se van reforzando por vía de la repetición automática. Lo mismo, pero con mucha mayor intensidad sucede si tales canalizaciones impropias surgen como resultante de actos conscientes. Tales actos conscientes o inconscientes pueden ser simplemente movimientos, acciones, sentimientos, fantasías, ideaciones, falsas apreciaciones, etc. Producida la canalización en forma impropia es cada vez más fácil el automatismo o recurrencia del mismo proceso, que va conformando inclusive ciertos "rasgos psicológicos".

Referencias y antecedentes

La primera evidencia sustantiva de que al menos existe un canal de comunicación entre el mundo de la física cuántica y el hombre, fue encontrada en la década de 1970, en aquel momento biofísicos que realizaban trabajos a nivel de retina descubrieron que las células nerviosas del cerebro humano son suficientemente sensibles como para registrar la absorción de un fotón, y por lo tanto lo suficientemente sensibles para verse influenciadas por toda acción a nivel cuántico, incluidos el indeterminismo y los efectos no locales.

De las 10 a la décima neuronas del cerebro se cree que alrededor de 10 a la séptima son suficientemente sensibles para registrar fenómenos cuánticos.

En la década de 1920, **Satyendra Nath Bose** (1894-1974), físico hindú especializado en física matemática, y Albert Einstein publican conjuntamente un artículo científico acerca de los fotones de luz y sus propiedades. Bose describe ciertas reglas para determinar si dos fotones deberían considerarse idénticos o diferentes. Esta se llama la *condensación de Bose-Einstein*.

Los premios Nobel 2001 en física, Eric A. Cornell y Carl E. Weiman de la Universidad de Colorado (USA) y Wolfgang Ketterle del Massachusetts Institute of technology (USA), lograron crear un nuevo estado de la materia --la condensación de Bose-Einstein-- demostrando así una predicción teórica hecha por Albert Einstein en 1924. Utilizando técnicas experimentales muy sofisticadas de física atómica, tales como enfriamiento por láser, atrapamiento de átomos por medio de campos magnéticos y enfriamiento evaporativo, lograron la temperatura record de 0.000 000 02 grados Kelvin por encima del cero absoluto (-273°C), a la cual dicho fenómeno se manifiesta claramente. En el caso de Cornell y Weiman utilizaron un gas diluido de átomos de rubidio mientras que Ketterle lo hizo poco tiempo después con átomos de sodio.

32

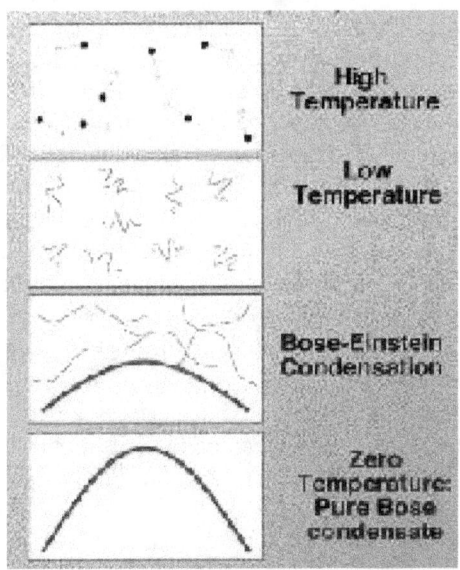

High Temperature

Low Temperature

Bose-Einstein Condensation

Zero Temperature: Pure Bose condensate

A temperaturas normales (ambiente, por ejemplo), éstas concuerdan con las nociones clásicas, y un gas se comporta como un conjunto de pelotas encerradas en una caja que continuamente se chocan unas con otras. A medida que disminuye la temperatura comienza a manifestarse el carácter cuántico de los átomos el cual puede clasificarse según su espín: **fermiones** si tienen espín semientero y **bosones** si tienen espín entero. Los fermiones son poco sociables y nunca dos de ellos pueden ocupar el mismo estado cuántico. Por el contrario, los bosones sí son sociables y tienden a favorecer la ocupación múltiple de un mismo estado cuántico. Los átomos de sodio y rubidio utilizados en estos experimentos pertenecen a esta última familia de partículas.

A altas temperaturas, cuando LB (la longitud de onda de Broglie) es más chica que la distancia entre partículas, las propiedades del gas están dominadas por el movimiento térmico de las mismas (ver figura) como si fueran partículas localizables.

Pero a medida que la temperatura desciende, LB toma valores grandes comparados con los de las distancias entre partículas y comienza a emerger el carácter ondulatorio de los átomos. Así, las diferentes ondas de materia pueden sentirse unas con otras y coordinar su estado produciendo la condensación de Bose-Einstein. Se suele decir que se produce un superátomo ya que todo el sistema queda descripto por una única función de onda, exactamente como ocurre en un solo átomo. También se puede hablar de materia coherente como ocurre con la luz coherente en el caso de un láser.

33

Por el año 1980, el profesor **Herbert Fröhlich** (1905-1991) de la universidad de Liverpool, Inglaterra, describió el primer sistema de bombeo de energía a nivel de biología celular. El sistema de Fröhlich está compuesto de moléculas cargadas electrónicamente que vibran (moléculas bipolares con el negativo en un extremo y el positivo en el contrario), y hacia el cual se bombea energía. Al vibrar las moléculas que se encuentran en las paredes celulares del tejido vivo emiten vibraciones electromagnéticas (fotones).

Fröhlich, demostró que mas allá de un cierto umbral, cualquier energía adicional que se bombee en el sistema provoca que las moléculas de esa clase vibren al unísono, y se van haciendo cada vez mas fuerte hasta que ellas mismas se ubican en la forma mas ordenada posible de la fase condensada, (condensación Bose-Einstein).

Una sincronía cuántica existe y explica, las especiales propiedades de los láseres, los superfluidos, y los superconductores, pero la importancia del tipo encontrado en los sistemas de Fröhlich, reside en que se trabaja a la temperatura corporal normal.

Actuando sobre el tejido biológico, donde las moléculas bipolares cargadas, al vibrar en el interior de las paredes celulares, emiten señales de onda. Tales emisiones tienen un efecto sobre el tejido biológico; sin embargo sigue siendo un misterio la razón por la cual las células vivas generan y hasta responden a dichas señales y adquieren de esta manera la capacidad para contener entre sus paredes fases condensadas del tipo Bose-Einstein.

Cuando las membranas celulares vibran lo suficiente como para convertirse en una condensación Bose-Einstein, están creando la forma de orden posible más coherente de la naturaleza, el orden de la totalidad indivisa.

Este podría ser el mecanismo por el cual la vida viola la segunda ley de la termodinámica (entropia), según la cual todos los sistemas inanimados están destinados a degenerar en caos.

Fritz Poop (n. 1931), biofísico alemán, describió que las células vivas emiten un débil "destello", lo que significa la evidencia de una radiación de fotones, y sugiere que la presencia de lo que se denomina "bio-fotones coherentes", desempeñan un papel fundamental en la regulación celular por medio de la acción de dichas señales, y se comunican con todas las demás provocando la sincronización de sus movimientos o su emisión de fotones.

Es abundante la evidencia de estados coherentes (fase de condensación Bose-Eintein) en el tejido biológico, y la interpretación de su significado descansa sobre nuestra comprensión de lo que distingue la vida de la no vida.

Al mejorar la eficacia celular, progresivamente cualquier tejido logra un mejor trabajo, sea el mismo del tipo que fuere, sin tener en cuenta su tipología histopatológica.

34

Según la física de **Ilya Prigogine** (1917-2003), Premio Nobel de Química en 1977 por sus investigaciones que lo llevaron a crear el concepto de estructuras <u>disipativas</u>, los sistemas abiertos auto-organizados, como el biológico, necesitan ser conducidos por una corriente de materia y de energía que circule en su interior y evitando el deterioro permanente al que se encuentran sometidas las células, por efectos de oxidantes, y sometiendo los procesos de comunicación y funcionalidad propias de la estructura celular, ensamble y membranas.

Entendiendo la enfermedad

Cuando un organismo pierde la capacidad de mantener todas sus funciones biológicas en forma ordenada y organizada, y esta anomalía se mantiene a través del tiempo, aparece en ese momento lo que conocemos como Síntoma-Enfermedad.

La medicina hasta el día de hoy ha tratado la enfermedad como algo aislado dentro de esa gran unidad, en otras palabras si un paciente presenta un síntoma determinado, todo lo que ocupa a la ciencia es ese síntoma y actúa en forma contra ese síntoma, dejando en muchas ocasiones de lado el todo. Un Síntoma-Enfermedad desacopla no solo las funciones que manifiesta, sino también va deteriorando todo el ser. Por ejemplo, quien presenta un dolor en rodilla, con el transcurrir del tiempo reflejará dolor en cadera, no dormirá bien, su carácter cambiará, irá paulatinamente al laberinto de no soluciones.

La ciencia nos permite en la actualidad tener un sin número de posibilidades de diagnóstico, pero cabe la pregunta ¿es igual el número de posibilidades de tratamiento?, aún hoy **no** podemos afirmar que sí. Grandes maestros de la física biomolecular, han estudiado durante años y siguen este camino en la actualidad, como tratar a un ser, no particionándolo, sino tomándolo como una unidad totalmente indivisible donde abarcar todo el complejo mundo de nuestras células, para encontrar la respuesta más adecuada con la menor agresión, no invasivo, sin medicamentos, sin drogas, y no generando dependencia de ninguna índole. Bienvenido el nuevo milenio y la nueva posibilidad de dar respuesta a un gran número de preguntas que hasta hoy no tenían.

Hablamos de la sustancia denominada ADN, un ácido que se encuentra en el núcleo celular por consiguiente existe en todas las células de nuestro cuerpo (a excepción de los glóbulos rojos carentes de núcleo), entonces esta sustancia es la información de acción y reacción de las funciones celulares y su formación se origina desde el principio de la fecundación.

Como todo cerebro debe preservarse, y a través del tiempo se mantiene inalterable, pero no ejecuta las funciones que parten de él, quién las lleva a

35

cabo se denomina ARN, otro ácido, y cabe destacar que uno trabaja en presencia del otro y todavía la ciencia discute quien debe originarse primero si el ADN o el ARN, por consiguiente el ADN informa y el ARN ejecuta

¿Pero que pasaría si a esos niveles la información no es la adecuada o existe una interferencia? Tanto por un agente externo (radiaciones, electromagnetismo, traumatismos) o bien por algún agente interno, no debemos dejar de recordar que todos nuestros pensamientos también actúan a niveles celulares, desvirtuando la acción normal, se presentaría entonces el Síntoma-Enfermedad.

En este punto cabe otra pregunta, si la célula se despolariza, y este hecho se produce por un medio físico y su eje rota, también por un medio físico ¿por qué a los pacientes se los trata con medios químicos propios de la ciencia alopática?

El organismo permanentemente lucha contra todos estos cambios y su reacción está en el buen funcionamiento de los procesos mencionados, el bombardeo electromagnético, los químicos, nuestras propias reacciones, ponen a prueba cotidianamente este complejo sistema.

2

LOS "CIRCUITOS" DEL CUERPO

Todas las cosas derechas mienten,
murmuró con desprecio el enano.
Toda verdad es curva,
el tiempo mismo es un círculo.
NIETZSCHE

5. Los campos energéticos en la medicina

El interés médico se ha concentrado en los campos magnéticos alrededor del cuerpo, los cuales ahora se denominan campos *biomagnéticos*. Se reconocen distintas formas de energía, lo hemos dicho, como la electricidad, magnetismo, calor, luz, electromagnetismo, energía cinética del movimiento, sonido, gravedad, vibración, energía elástica, etc.

Albert Einstein dedicó décadas de su vida a una infructuosa búsqueda de un "común denominador" que seguro hay detrás de las diversas formas de energía. *"Algo en lo profundo debe estar oculto detrás de las cosas"*, dijo mientras jugaba con una brújula que su padre le había regalado.

En 1773, **Franz Anton Mesmer** comenzó a usar **imanes** para las sanaciones. Con frecuencia sus pacientes notaban "corrientes inusuales" que corrían por sus cuerpos antes de generar una "crisis sanadora" que conducía a una cura. Pero pronto descubrió que podía producir los mismos efectos sin los imanes pasando las manos sobre el cuerpo de los pacientes. En 1779 publicó su libro "Memorias sobre el descubrimiento del magnetismo animal". Así que se decidió a invitar a los científicos a presenciar su trabajo (ya muy popular), pero éstos respondieron con el ridículo, la animosidad, rumores maliciosos, difamaciones y hasta temor. Según el autor Miller (1995), Mesmer "vestido con ropajes bordados con símbolos alquímicos de los rosacruces, se paseaba taconeando por las habitaciones oscuras al compás de una armónica de vidrio, y alentaba vivamente a sus clientes a vanagloriarse de sus convulsiones".

No obstante, tres comisiones científicas investigaron sus métodos y concluyeron que sus éxitos eran producto de la imaginación de sus pacientes y de ningún efecto magnético real. **Benjamín Franklin** y **Antoine-Laurent**

37

de Lavoisier, integraron la última de estas comisiones. Franklin consideraba que las emanaciones magnéticas eran "filosóficamente inaceptables" (?), aunque al mismo tiempo estaba convencido de que la electricidad era un "fluido ingrávido", y Lavoisier consideraba que el calor era otro tipo de fluido.

En 1873, **Edwin D. Babbitt**, ministro en East Orange, Nueva Jersey, publicó su tratado clásico: "Los principios de la luz y el color". Se había recuído en un cuarto oscuro durante semanas y cuando salió de él, descubrió que había adquirido una sensibilidad visual sumamente elevada (¿abrió el "tercer ojo"?) y que podía ver los campos de energía alrededor de los cuerpos humanos. Hubo quienes desecharon esa experiencia por considerarla algún tipo de alucinación, de no haber sido por sus hermosos aguafuertes que mostraban los campos alrededor de la cabeza. Un siglo más tarde, según Oschman, lo que Babbitt observó corresponde a las corrientes neurológicas que fluyen por las fibras interhemisféricas del cuerpo calloso.

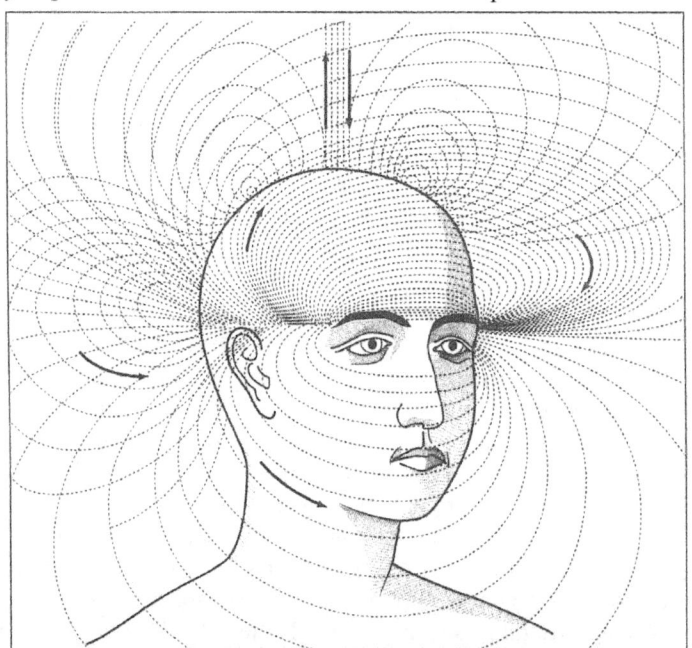

Las curvas psicomagnéticas tal como las dibujó Babbitt

Como dice **James L. Oschman** (21) --autor que seguimos bastante en sus opiniones-- que en muchos aspectos, la ciencia es otra manera de "ver" y de explicar aquello que normalmente está oculto para nuestra vista. Para los biólogos, por ejemplo, la relación entre los campos energéticos y la vida ha sido tema de una amarga y continua controversia durante más de 400 años.

En el libro de **Mirtha Manno** (con colaboración de nuestro hijo **Valentín Delauro**), *"El Alma y la Salud"* (29), se intenta explicar por que nacemos y por que morimos, y básicamente se podría reducir (a pesar de las numerosas teorías y posturas allí explicadas) a los **mecanicistas**, que sostienen que la vida obedece a las leyes de la química y de la física y en última instancia será explicada por esas leyes, y opuestamente, los seguidores de la **vitalidad** han adherido a la creencia que la vida nunca será explicada por la física y la química convencionales, y que existe una especie de *"fuerza de vida"* misteriosa que está separada de las leyes de la naturaleza conocidas, distinguiendo la materia viviente de la no viviente.

Uno de los pioneros fue **Harold Saxton Burr**, quien entre 1930 y 1950, realizó numerosos estudios que lo llevaron al convencimiento de que todas las criaturas vivientes, desde los ratones a los humanos, desde las semillas a los árboles, están formadas y controladas por campos que pueden medirse con detectores comunes y que estos "campos de vida" son las huellas básicas de toda criatura viviente. El empleo de los campos para diagnosticar se basa en la premisa de que todo proceso fisiológico en el cuerpo tiene una contraparte eléctrica, por ejemplo, el ciclo de ovulación es uno de los muchos ritmos corporales que produce un campo eléctrico oscilante.

Burr estaba convencido de que las enfermedades se manifiestan en el campo energético antes que los síntomas se manifiesten en el cuerpo físico. Su teoría, nada errónea, era que si el campo energético podía detectarse y reestablecerse para volver a la normalidad, la patología podía evitarse.

Hans Berger (1929) anunció que también podían registrarse campos eléctricos mucho más pequeños desde el cerebro, empleando electrodos adosados al cuero cabelludo: nacían los **electroencefalogramas**.

David Cohen en el Instituto de Tecnología de Massachussetts (MIT). El laboratorio de Cohen está revestido con bobinas cuyas corrientes anulan la mayoría del campo magnético exterior. Dentro del laboratorio construyó una pequeña habitación que protege de cualquier resto de influencia magnética. Tiene cinco juegos de paredes una dentro de la otra, parecido a las muñecas matrioshka rusas, separadas por capas alternas de hierro (para mantener fuera campos magnéticos constantes) y aluminio (para proteger contra las fluctuaciones electromagnéticas). No alcanza el interior de la habitación ningún campo magnético detectable y se pueden llevar a cabo observaciones magnéticas extremadamente sensibles.

Allí experimentó Cohen con las señales magnéticas del **corazón** y del **cerebro**, descubriendo que el corazón produce el campo más fuerte, superior al del cerebro (1967).

Pero su resultado más plausible, publicado en 1979, fue el concerniente a

39

los **pulmones** humanos. Las vías de aire en el cuerpo humano están revestidas con cilios como cabellos, ondeando constantemente adelante y atrás y eliminando así lentamente cualquier suciedad o resto depositado en ellos (Cohen los llamó "alfombra en movimiento"). Para detectar de esta forma como se limpian los pulmones, Cohen dispuso de una docena de voluntarios que inhalaron pequeñas cantidades de polvo de óxido de hierro, que es inocuo y se puede magnetizar: nacían los **magnetoencefalogramas**, con una mejor localización espacial que el electroencefalograma.

Brian Josephson (1962) descubrió que en el mundo cuántico, las partículas clásicas como los electrones, son al mismo tiempo ondas, y éstas, al ser separadas por "juntas Josephson" inmersas en helio líquido, pueden hacer ciertos trucos que las partículas sólidas no pueden lograr. Y así nació el SQUID (aparato superconductor de interferencia cuántica), desarrollado en 1970 por **J.E. Zimmerman**, muy útil para estudiar campos magnéticos, y los científicos se dieron cuenta de que todas los instrumentos para el diagnóstico eléctrico clásico tienen equivalentes biomagnéticos.

Así tenemos, en la actualidad (de mayor rapidez de respuesta hasta los más lentos), los siguientes estudios: electrocardiograma, magnetocardiograma, magnetoencefalograma, magnetorretinograma (retina del ojo), audiograma (pulso de sonido), quimograma (pulso de presión) y termograma (de calor).

6. Circulación de la energía

Según antiguos conocimientos se decía que la materia estaba conformada por vórtices de energía. **William Thomson** (1824-1907) más conocido como **Lord Kelvin**, el físico que definió el cero absoluto y elaboró una escala de grados de temperatura, opinaba que no había nada sólido en lo material, que todo era una gran ilusión alimentada por una falsa realidad.

Dio el ejemplo de un anillo de humo que, al girar, guardaba su consistencia sin desarmarse. Así como ese anillo en vórtice daba una apariencia de solidez, gracias a la ilusión dada por el movimiento giratorio del mismo, Lord **Kelvin** utilizaba esa figura simbólica para poder explicar que los átomos también eran anillos en vórtice, pues se comportaban de la misma manera. Más aún, proclamó que todas las propiedades de esas pequeñas partículas derivaban de ese movimiento giratorio en forma de vórtice, en medio del éter.

Pero como había una convicción generalizada de que la materia se componía de partículas tangibles (comparaban la forma del átomo con la de una bola de billar), la teoría de Lord **Kelvin** quedaba totalmente relegada al olvido.

40

La ciencia siguió avanzando. El átomo fue dividido y se llegó a visualizar como un sistema planetario en miniatura, donde el núcleo estaba formado por *protones* (carga positiva) y *neutrones* (sin carga aparente), y alrededor de ese núcleo giraban los *electrones* (de carga negativa).

Se demostró que el éter no existía como tal y que lo que imperaba era un vacío casi absoluto. En el primer capítulo hablamos que Albert Einstein ya había creado un sismo con su fórmula: $E = M \times C^2$, y explicamos, una vez más, que E es la energía, M es la materia y C^2 es el cuadrado de la velocidad de la luz. Esa fórmula se llegó a demostrar algunos años después con el estallido de la bomba atómica, donde una fracción de materia se transformó en una inmensa cantidad de energía, llegando a arrasar una ciudad entera.

Si **Kelvin** viviera hoy no hablaría de átomos en forma de vórtice girando en medio del éter, sino que sería más sutil. Se preguntaría: "si puede existir una onda de energía... ¿por qué no un vórtice de energía? ¿Y cómo estaría conformado un vórtice de energía? ¡Por una partícula elemental!".

O sea: *Una partícula elemental es un vórtice de energía.*

El propio Einstein una vez definió la materia como una energía congelada. El vórtice nos da un panorama mucho más claro: demuestra que la partícula elemental se mueve en espiral y el movimiento es el fundamento mismo de la materia.

El gran logro de esta teoría es el poder demostrar que la materia es una forma de energía.

¿Cómo puede ser --dirán algunos-- si la energía es inmaterial?

La respuesta es simple. De la misma forma que el movimiento no puede existir si no se avanza en una dirección determinada, *la energía no existe si no es con una forma definida.* No es que dicha energía forme un vórtice o una onda. *El vórtice es la energía en sí.*

En el mundo que conocemos a simple vista, en el universo material que todos podemos observar, hay dos formas básicas de energía: la *electricidad* y la *luz visible.*

La *materia* es el tercer tipo de energía.

La mayoría de los vórtices tienen forma de cono, por ejemplo, los remolinos y los tornados, que giran como si fueran un gigantesco trompo.

Pero en el mundo de las partículas subatómicas, el vórtice forma una figura geométrica distinta: ni como "anillos de humo" ni como trompos. En este caso, la partícula elemental tiene la forma de un *vórtice esférico.* O sea: *el vórtice es un movimiento en espiral de tres dimensiones y así llega a formar una bola giratoria de energía.*

El movimiento giratorio es lo que crea la estabilidad de la partícula, al igual que el anillo de humo (que no se desarma) y el trompo (que no se cae

41

mientras gira). No son ejemplos exactos, pero sirven para dar una idea aproximada de lo que estamos hablando.

Ahora volvamos a lo que se dijo precedentemente, donde se demostró que mediante una fisión nuclear podía liberarse una gran cantidad de energía.

¿Cómo ilustramos el tema con el ejemplo del ovillo de lana? Es fácil. Si desenrollamos dicho ovillo en una habitación cualquiera, tendría una longitud tal que no cabría en ella, mientras que enrollado lo contendríamos dentro de una mano.

Si pudiéramos desenrollar así un vórtice de energía, la cantidad liberada sería impresionantemente grande.

Esta teoría también puede explicar la carga eléctrica de la materia. Por ejemplo, dijimos que el vórtice es un movimiento en espiral de tres dimensiones, pero ese movimiento giratorio tiene dos sentidos posibles: desde el centro de la espiral hacia fuera o desde el borde hacia el punto central.

El vórtice centrípeto corresponde a una carga positiva y el vórtice centrífugo a una carga negativa.

La teoría también aclara el concepto de la masa. *La masa es una medida de la cantidad de energía que contiene una espiral.*

La materia se ve así como una ilusión de lo real.

Siempre acostumbramos a decir: "Tan sólido como una montaña", pero... ¿hasta qué punto la montaña es una entidad sólida?

Si la materia es un conjunto de partículas elementales y éstas, a su vez, son vórtices de energía, nada de lo aprendido hasta el presente tiene vigencia. *Una partícula elemental de materia es una bola giratoria de energía, un vórtice esférico en movimiento.* Pero hay distintas vibraciones en ese vórtice y cada vibración representa una partícula distinta (un *quark*, un *leptón*, etc.). Si el movimiento ocurre a la velocidad de la luz, el vórtice deja de ser una partícula elemental para transformarse en un *fotón*.

Según Einstein, ningún cuerpo puede moverse a mayor velocidad que la de la luz. Pero... ¿esa regla es también aplicable a la energía en sí?

Si el movimiento del vórtice llegara a vencer esa barrera y superara la velocidad de la luz, daría origen a un tipo de energía por completo distinto, a la que llamaríamos la súper energía o *supraenergía*.

Obviamente, la energía y la supraenergía serían distintas. La materia que formaría la energía se diferenciaría en sustancia de la que formaría el vórtice supraenergético.

La materia conocida se detecta en el universo físico.

La materia *formada* por la supraenergía estaría contenida en un *universo suprafísico*. Habría suprapartículas y suprafotones, y juntos darían cabida a una realidad suprafísica.

42

Nuestra materia no podría afectar a ningún elemento de ese mundo, pues su sustancia sería completamente distinta. *Su vibración sería tan alta que ese suprauniverso no podría captarse por nuestra realidad.* Los elementos de ese mundo serían absolutamente invisibles e intangibles para nosotros.

¿Cómo comprobar la existencia de tales formas suprafísicas, si nuestros sentidos no las pueden captar?

Si la supraenergía no se encuentra en nuestro espacio-tiempo, las formas suprafísicas están en un nivel superior de vibración.

Así se explicarían muchos de los fenómenos paranormales que tanto nos intrigan. Por ejemplo, la *transustanciación*.

Todos hemos escuchado hablar de historias donde había objetos que desaparecían y aparecían en forma misteriosa. La ciencia tradicional nunca tuvo explicación para tales hechos.

Antes habíamos dicho que cada partícula elemental era un vórtice de energía donde el movimiento en espiral es inferior a la velocidad de la luz. Imaginemos que ese movimiento en vórtice se acelera más y más. Al sobrepasar el límite de la velocidad de la luz, la energía se transformaría en forma instantánea en *supraenergía*. La partícula elemental dejaría de interactuar con la luz visible y la materia, y no se podría detectar por medios normales. *No se movería a ningún otro sitio, pero dejaría de ser perceptible para nosotros.*

Si en forma hipotética se pudiera revertir el proceso, el vórtice desaceleraría y la supraenergía se revertiría a energía y podríamos detectar la partícula, que reaparecería de inmediato. Si tuviéramos el poder para cruzar ese puente podríamos *desmaterializar* o *materializar* todo objeto que quisiéramos estudiar. Según la religión judeocristiana, los cielos podrían ser la denominación bíblica para los planos de supraenergía existentes más allá de la velocidad de la luz.

Falta aclarar qué papel tiene el espacio casi vacío de materia en esta teoría: el centro del vórtice energético sería la materia y la energía de los bordes del vórtice, que no logramos percibir en forma directa, sería el espacio. El espacio se origina en las regiones más tenues del vórtice y la materia está compuesta por las partes más densas del mismo.

7. La "matriz viviente"

Un ciclo largo de vida es aquél comprendido entre el nacimiento y la muerte, pero "sobreimpuesto" en ese ritmo hay muchos ciclos de reemplazo de los átomos que componen el cuerpo. Algunos tejidos, como los huesos y aponeurosis, son totalmente reemplazados entre 10 y 15 veces durante una vida, mientras que otros, como la piel y el intestino, se reemplazan 10.000 veces en el mismo período. Ciertas enzimas duran sólo algunos segundos antes de renovarse. Más cortos aún son los ritmos de la respiración, el latido del corazón y las ondas cerebrales, que en promedio tienen un décimo de segundo de duración. Y las vibraciones de las moléculas, que giran, se menean y se agitan millones de veces por segundo.

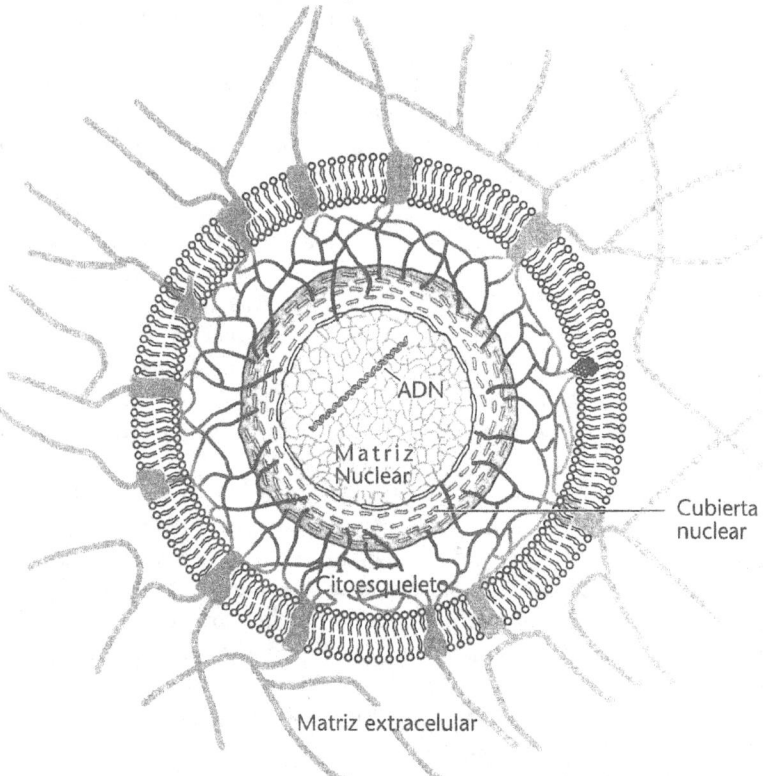

La biología celular moderna ha reconocido que el interior de una célula está lleno de fibras, tubos y filamentos, denominados en general como "citoesqueleto" o "matriz citoplasmática". En cuanto al núcleo, allí hay una "matriz nuclear" que sostiene el material genético. A su vez, los adherentes denominados *integrins* se extienden por toda la superficie celular, conectando este citoesqueleto interno con la "matriz extracelular".

A todo este sistema completo se lo denomina **matriz viviente**.

Es una organización "supramolecular" en red, continua y dinámica, que se extiende y penetra en cada resquicio del cuerpo: una matriz nuclear dentro

44

de una matriz celular dentro de una matriz de tejido conectivo, donde el colágeno es su principal integrante.

Toda la *matriz viviente* es una red simultáneamente mecánica, vibratoria u oscilatoria, energética, electrónica e informativa (Oschman, 1994). De ahí que toda la composición de los procesos fisiológicos y regulatorios que denominamos el "estado viviente", se llevan a cabo dentro del contexto de una continua matriz viviente

El diseño sensato (sin estar alterado por el Síntoma-Enfermedad) de un sistema viviente es uno en el cual *cada célula recibe información sobre la actividad que se realiza en el resto del cuerpo.*

8. La energía de los pensamientos

Este tema ha sido enfocado de otra manera en nuestro libro *"La Alegría y la Salud"* (12), continuación de *"La Risa y la Salud"*. Aquí lo desarrollamos en relación a su energía. El pensamiento no es algo abstracto y volátil, sino una sustancia sutil que se plasma y queda en los espacios, en la ropa, en los objetos de uso personal, en las paredes, en las casas, etc. Las ideas o pensamientos son formas de energía que permanecen y nos afectan con su cualidad a nosotros y a los otros. Al pensar creamos ideas o formas mentales, y es así como los seres humanos hemos generado una capa de energías pensantes que cubre al planeta y cuyos contenidos nos están afectando de manera permanente (comparar con Resonancia Schumann, apartado n° 33).

Nuestro mundo mental personal, las cosas que pensamos diariamente, está inserto en este campo de ideas humanas, se interrelaciona y se nutre con él, lo crea. En lo práctico, esto significa que, cuando se nos viene una idea a la cabeza, estamos interrelacionándonos con un área específica del campo mental humano total, ese que contiene pensamientos afines con los que nosotros estamos teniendo. Y, al mismo tiempo, estamos engrosando o alimentando ese tipo de pensamientos para todas las personas, que, por estar en un estado semejante, se conectan con ellos. Esto se debe a que <u>las formas mentales aumentan mientras más las pensamos</u>. Al alimentar ideas depresivas o de miedo, por ejemplo, estamos acrecentando ese tipo de pensamientos y alimentando el campo de pensamientos dañinos. Podríamos decir que mientras más pensamientos depresivos tengamos, más fuertemente se derramará la depresión sobre uno mismo y sobre las personas que están débiles o vulnerables.

Pensar en algo es activar ese pensamiento para la humanidad; **pensar es actuar**. Con un buen pensamiento podemos colaborar a un mundo mejor y, por el contrario, con ideas negativas contaminamos mentalmente el planeta.

45

En este sentido, ser conscientes de lo que pensamos y elucubramos es vital; no hay nada que despeje más nuestros caminos y los de los demás que un pensamiento amoroso, apoyador, que rescate lo positivo. Y nada daña más al medio ambiente psíquico que la crítica ciega, el rencor, la soberbia...los HMN.

Por eso somos sensibles a los ambientes cargados negativamente. Decimos, por ejemplo, que en un lugar hay mala onda, y nos alejamos de él. Como distanciarse no siempre es posible, conviene saber que no hay mejor protección a la mala onda que la buena onda; lo luminoso no deja entrar lo oscuro.

Como los seres humanos no hemos sido conscientes de esto, estamos rodeados de una dura costra de ideas oscuras y depresivas, de la que es necesario liberarnos para abrir nuestra mente a pensamientos más expansivos y luminosos. Mientras más seres humanos les demos vida a estos últimos, más óptimas serán las condiciones de vida del planeta. El encuentro de mejores caminos humanos tiene que ver con qué número creciente de personas se conecten con las ideas de bien y las puedan así realizar. Aquel que está transmitiendo en negativo actuará este tipo de vida. *Somos lo que pensamos; tarde o temprano los pensamientos se transforman en acción*.

¿Cómo apreciar si nuestro propio hogar está impregnado de la energía de los pensamientos? Cuando estando fuera de él, no percibimos ese tipo de pensamientos **recurrentes**, pero al ingresar, nuevamente nos "asaltan" esos mismos pensamientos.

¿Cómo *"limpiar"* nuestro hogar? Veamos.

a) impregne de **alegría** *el lugar:* el espacio, las paredes, los muebles, los objetos... ¿Y cómo? Bueno, muchos hablan de acciones muy útiles de realizar: limpieza, orden, ventilación, iluminación, pintura, música, aromas, flores, etc. Usted, que ya ha avanzado en la lectura de este libro, o si ya ha leído nuestro libro *"La Alegría y la Salud"*, ¿de qué manera cree se puede impregnar de alegría un lugar? Piense (pausa). ¡Acertó! **¡Con la risa!**

Comience con la sonrisa y luego con la carcajada. La risa es exorcista. Luego sume lo que nosotros llamamos "lenguaje sonriente", que deriva de mantener pensamientos positivos y amorosos.

b) "Cargue" energética y positivamente los *objetos*, armonícelos o polarícelos con la energía de la alegría. Los alimentos que come, los líquidos que bebe, la silla en la que se sienta, la ropa que usa, la lapicera con la que escribe, los libros que lee o estudia, los elementos de su trabajo diario o los que usa para cocinar, la cama donde duerme, los remedios que ingiere, el dinero que recibe. ¿Y esto como se hace...?

Siempre **sonriente**, pida asistencia a su Guía Espiritual para que le ayude

46

con la energía necesaria, concéntrese en ambas palmas de sus manos y cuando perciba el movimiento de energía acerque sus manos a 10 cm. del objeto que se trate y "envíe" una salutífera y alegre **energía** hasta que sienta que se le termina.

Por otra parte, **somos lo que pensamos**. Los pensamientos generan respuestas bioquímicas en nuestro organismo que modifican el accionar de nuestras células, y finalmente todo el cuerpo se "acostumbra" a esas reacciones bioquímicas generadas por los pensamientos. Si ese mecanismo responde a nuestros HMN el **cambio** se hace difícil pues toda la parte física ya se "armó" de una manera determinada y **retroalimenta** a los mismos HMN.

Además, tarde o temprano los pensamientos se transforman en acción. **"No puedo"** es la peor frase que se ha escrito o hablado, haciendo más daño que la calumnia o las mentiras. Brota, cada mañana, de nuestros labios y nos quita el valor que necesitamos durante el día. Es la madre de la iniciativa débil; es quien prolija al terror y al trabajo a medio hacer. Debilita los esfuerzos inteligentes nos hace un indolente conformista, aplastando nuestros planes.

Los criterios de las Neurociencias

A la maquinaria descripta en el Capítulo 5 de este libro, podemos anticipar, aunque con otros objetivos, la cita de la Tomografía por Emisión de Positrones (PET) y la Resonancia Magnética Funcional (RMNf), que permiten observar la actividad cerebral in vivo. Computadoras de alta velocidad ayudan a los investigadores a construir modelos elaborados para simular composiciones de conexiones y procesos. Una tecnología cada vez más sofisticada permite observar contactos neurales que antes no se podían ver.

Pero la complejidad del cerebro y --asegura Facundo Manes (27)-- su plasticidad, excede la comparación con una computadora. Será muy difícil crear una simulación parecida a la del cerebro humano por su capacidad única de adaptarse a un contexto en cambio permanente.

Lo que sí es cierto es que la plasticidad de las conexiones nerviosas seguramente tiene un gran potencial que aún no sabemos --o no podemos-- aprovechar. ¿Cuánta energía consume el cerebro por día? ¿Es equivalente al consumo de calorías del ejercicio físico? ¿Por qué la actividad mental utiliza menos energía para su funcionamiento? El cerebro es responsable de aproximadamente el 20% de las calorías que gasta nuestro cuerpo en un día.

Por lo tanto, si una persona consume 2500 calorías, unas 500 serán utilizadas para suplir los procesos del tejido nervioso. Esto es claramente distinto al gasto que traería realizar actividad física 24 horas sin cesar.

Por supuesto: el tejido muscular y el tejido nervioso tienen distintos requerimientos energéticos para realizar sus funciones.

El fenómeno de la **percepción**, por ejemplo, se lleva a cabo de manera organizada y jerárquica: cada sistema pasa por distintas estaciones en el cerebro de donde se extraen diversos patrones de información imprescindibles para poder percibir el mundo que nos rodea y, a medida que esta pasa de una estación a la siguiente, se complejiza.

Durante una **alucinación** (percepción de un estímulo que en realidad no existe), las áreas cerebrales funcionan como si hubiera un estímulo, y esto es lo que hace que parezcan tan reales y vividas. Las ilusiones ópticas, es decir, la distorsión de nuestra percepción, muchas veces resultan de inferencias que hace nuestro cerebro para rellenar espacios de información que no logró extraer del mundo exterior.

Nuestro cerebro también cuenta con una red cerebral especializada en el reconocimiento facial que permite detectar un rostro determinado en menos de 100 milisegundos (¡menos que un parpadeo!). Esta red, centrada en el área fusiforme del lóbulo temporal, se activa ante la presencia de un rostro y estaría implicada en la codificación estructural de la información facial (resulta curioso que esta activación se da también a partir de una amplia variedad de estímulos faciales tales como caras de dibujos animados o de gatos). Bebés de 1 a 3 días ya poseen una habilidad muy eficaz para reconocer una cara y discriminarla de otra. Incluso estos bebés pueden determinar entre dos caras si se les recorta la parte del pelo y solo se les muestra la parte interna (aunque, otro dato curioso, les es imposible discriminar caras cuando están invertidas como sí podemos hacer los adultos).

Podría ser que dispongamos de este aspecto parcialmente preestablecido al nacer y que espera de la experiencia y del entorno para ser refinado. Esto da cuenta de que, aunque el cerebro trabaja en red, tiene regiones dedicadas a reconocer caras, cuerpos y lugares. Todavía no sabemos por qué contamos con regiones especializadas para algunas funciones cerebrales y no para otras. Por ejemplo, una vez que aprendemos a leer, existe un área específica que responde selectivamente a letras y palabras. Solo leemos desde hace unos pocos miles de años, por lo que no se piensa que esta área sea producto de la evolución natural.

Algunos investigadores sugieren que, basados en nuestra experiencia, los humanos modulamos estas regiones que se involucran luego en otros procesos, por ejemplo la ortografía del lenguaje escrito. Asimismo parecería que estas regiones son extremadamente plásticas y pueden desarrollarse en la vida adulta (es el caso de las personas que recién aprenden a leer en edades avanzadas y pueden llevar adelante esta práctica exitosamente).

48

Un investigador estudió a través de neuroimágenes a chinos analfabetos y no encontró activación de dichas áreas. Estas personas fueron alfabetizadas --algunos tenían 40 años-- y, luego del aprendizaje, las neuroimágenes mostraron que estas regiones se desarrollaron de manera similar a las de las personas que aprendieron a leer de niños.

En los Juegos Olímpicos, por ejemplo, todo el mundo es talentoso y entrena duro. Entre los atletas de élite, las diferencias físicas son muy pequeñas. Lo que influiría para separar a los medallistas de oro de los medallistas de plata sería --en gran parte-- la motivación, la atención, el mantenerse focalizado y el control mental, entre otros aspectos cognitivos. Al estudiar los factores fundamentales que influyen en el rendimiento de los atletas, uno de los aspectos clave tiene que ver con la práctica. Repetir decenas de veces una rutina o una secuencia permite que el cerebro produzca una representación mental de los movimientos y que esta facilite la corrección de errores, que se anticipe a los próximos pasos de una secuencia y que promueva nuevos aprendizajes.

9. La intervención de lo psicosomático

¿Qué relación tendrán realmente las enfermedades con nuestra psique?

Aquellos que han estudiado Medicina saben que todo lo relacionado con las llamadas "enfermedades psicosomáticas" se encuentra al final del libro de la asignatura correspondiente. Porque la Medicina ortodoxa sabe que hay enfermedades que están relacionadas de una manera muy patente con procesos mentales, fundamentalmente con el estrés; baste recordar en ese sentido los infartos de miocardio, las úlceras de duodeno o la llamada "colitis del estudiante" que se produce en vísperas de exámenes, pero tiene claramente delimitado lo que son *enfermedades* --es decir, aquellos procesos que tienen una causa orgánica-- de aquellos otros cuyo origen se sitúa fehacientemente en un proceso psicosomático.

Así, si una persona tiene un problema de riñón y se detecta que hay evidencia fisiológica clara de algún tipo de patología entonces el médico se centrará en el modo físico de erradicarla sin entrar en disquisiciones acerca del posible origen psicológico de la enfermedad. Al fin y al cabo no ha sido instruido para ello.

De aquí que podemos advertir cuando lo psicosomático y lo orgánico se dicen cosas distintas.

¿Y a dónde nos ha llevado esto? Pues a la siguiente situación: que a quienes trabajan en un hospital o en una consulta de ambulatorio no se les ocurre preguntar al paciente si ha tenido algún problema o ha sufrido alguna

49

situación emocional importante poco tiempo antes de que aparecieran los primeros síntomas de su "enfermedad".

Otras líneas de la medicina, por el contrario, decidieron preguntar primero a los pacientes si habían sufrido algún tipo de shock traumático o problema emocional importante en su vida antes de tratarles. La sorpresa fue que la gran mayoría de los pacientes manifiestan haber sufrido algún tipo de problemática. El paso posterior fue relacionar el tipo de problema emocional con el órgano afectado.

Ese fue un gran trabajo perceptivo-intuitivo de Louise Hay, por ejemplo, o del doctor Ryke Hamer que estableció pruebas al detectar con los escáners cerebrales (TAC-Tomógrafo Axial Computarizado) las señales dejadas por la relación *trauma psíquico-daño orgánico*: *"Todo shock psíquico altamente traumático y vivido en aislamiento produce una ruptura de campo electrofisiológico o electromagnético de un área concreta del cerebro y, como consecuencia, se altera el órgano que esa parte del cerebro está regulando"*.

La célula tiene una característica básica muy importante y que apenas es tenida en cuenta por la Medicina clásica: su **polaridad**, el equilibrio bioeléctrico establecido en su membrana.

La célula se enferma cuando se produce un desequilibrio en su polaridad, es decir, una **despolarización**. Todo proceso patológico lleva siempre inherente una despolarización celular y, por consiguiente, todo proceso curativo lleva siempre implícita una repolarización celular.

En este sentido, si una célula sufre una despolarización en una zona de su membrana puede, por ejemplo, sufrir un error al decodificar una determinada enzima u otro tipo de función.

Pero, ¿qué mantiene realmente el equilibrio bioeléctrico de las células? El organismo tiene un mecanismo que es el siguiente: mediante el ión potasio dentro de la célula y el ión sodio fuera de ella se establece un equilibrio eléctrico en el interior de la membrana celular. Cuando el sodio entra dentro de la célula la despolariza; por tanto, una dieta rica en potasio y pobre en sodio permite una constante repolarización celular. Un buen camino consiste en una dieta pobre en sodio y rica en potasio (y cuesta poco dinero).

Continuando con las maneras de repolarizar las células, hay muchas terapias que ayudan a repolarizar las células. Desde el Método Silva pasando por la "visualización creativa" de Simonton hasta la Meditación Trascendental o físicas como el Tai-Chi, todas aquellas que estén dirigiendo a nuestro organismo la orden de salud estarán enviando ondas potentes con la orden de repolarización celular.

Dicho de otra forma: cada uno de nuestros órganos y sistemas está regido por un canal energético que mantiene nuestra polaridad celular, nuestro
50

equilibrio eléctrico dentro de los tejidos que ese canal rige. Lo que intenta la **Acupuntura**, por ejemplo, es desviar la energía de unos canales a otros que estén en un momento determinado dejando de polarizar un tejido u órgano concreto. También es aconsejable la administración de **vitaminas**, sobre todo las del grupo B en conjunto --dirigidas al sistema nervioso--. O la ingerencia de la muy eficaz vitamina C (ácido ascórbico).

El arroz, el mijo, la cebada, el trigo candeal, el maíz, la avena, la quínoa y el amaranto son buenos sustitutos de las harinas, con ellos se pueden hacer bollitos, panes, empanadas y otras preparaciones. Todos estos alimentos, es decir los cereales integrales, en particular, tienen una cuota alta de vitaminas del complejo B, que regulan el funcionamiento del sistema nervioso, dando la posibilidad de fortalecer, serenar y aquietar la mente. Los hidratos de carbono complejos de estos alimentos favorecen la producción de serotonina que es un neurotransmisor vinculado con las sensaciones de bienestar emocional.

De igual manera, las terapias destinadas a eliminar bloqueos energéticos no tienen otro objetivo que repolarizar las células que ese bloqueo había despolarizado. En este último caso, la aplicación de la **bioenergía** como lo hacemos nosotros a través de nuestra Secuencia de la Salud, y la producción de endorfinas, a través de la **risa** y los **recuerdos agradables**.

Finalmente, se comprueba que la risa puede favorecer al sistema inmunitario. Los primeros estudios, durante 1988, corresponden al doctor **Lee S. Berk** (Universidad de Loma Linda, California). Comprobó que solo la *expectativa* de algo que hará reír, como el hecho de *anticipar* algún suceso determinado, divertido y feliz, puede provocar un incremento significativo en la *blastogénesis* (células inmunocompetentes) y disminuir el grado de estrés.

Así fue que se anticipó a un grupo de control de 16 hombres que serían sometidos en una semana a ciertas pruebas, pero solo a tres de ellos se les dijo que las pruebas consistían en ver películas y filmaciones muy cómicas. En estas personas las concentraciones de cortisol disminuyeron en un 39%; la adrenalina disminuyó un 70%, mientras que las concentraciones de endorfinas aumentaron un 27% y las de la hormona del crecimiento subieron 87%.

Dijo Berk: *"Uno piensa durante todo el día sobre la circunstancia que lo hará divertir, por lo que experimenta un cambio en la biología aún antes de que dicha circunstancia se produzca. La anticipación es la mitad, o dos tercios, de la diversión"*.

10. Biorritmo

Los biorritmos constituyen un intento de predecir aspectos diversos de la vida de un individuo recurriendo a ciclos matemáticos sencillos. La mayoría de los investigadores estima que esta idea no tendría más poder predictivo que el que podría atribuirse al propio azar, considerándola un caso claro de pseudociencia.

Según los creyentes en los biorritmos, la vida de una persona se vería determinada por ciclos biológicos rítmicos que afectarían a la capacidad de cada individuo en distintos terrenos, como el mental, el físico o el de las emociones. Estos ciclos se iniciarían con el nacimiento y oscilarían de acuerdo a una onda senoidal durante toda la vida. De este modo, la capacidad de una persona en cada uno de estos terrenos podría predecirse día por día mediante un modelo matemático particular.

La mayoría de modelos que están basados en los biorritmos definen 3 ciclos: un ciclo **físico** de 23 días, otro ciclo **emocional** de 28 días y un ciclo **intelectual** de 33 días. Aunque el ciclo de 28 días duraría lo mismo que el ciclo menstrual medio de las mujeres y en principio se habría calificado como un ciclo "femenino", ambos ciclos no necesariamente estarían sincronizados. Cada uno de estos ciclos variaría sinusoidalmente entre dos extremos: alto y bajo. Los días en los que el ciclo cruzara el eje del cero constituirían una suerte de <u>días críticos</u> de mayor riesgo o incertidumbre.

Unos simples cálculos demuestran que el ciclo doble de 23 y 28 días se repite cada 644 días (ó 1 3/4 años) mientras que el triple de 23, 28 y 33 días se repite cada 21.252 días (ó 58.2 años).

La idea de que hay ciclos periódicos que rigen el destino del hombre es de larga data y se encuentra implícita, por ejemplo, en la astrología natal así como en la creencia popular en los "días de la suerte". Sin embargo, los ciclos de 23 y 28 días que usan los biorritmistas surgen a finales del siglo XIX de la mano de **Wilhelm Fliess**, médico berlinés y también paciente de Sigmund Freud. Fliess creía haber observado regularidades en cierto número de fenómenos a intervalos cíclicos de 23 y 28 días, incluyendo nacimientos y fallecimientos. Llamó "masculino" al ritmo de 23 días y "femenino" al ritmo de 28 días coincidente con el ciclo menstrual.

Más tarde, **Alfred Teltscher**, catedrático de ingeniería en Innsbruck, llega a la conclusión de que los días buenos y malos de sus estudiantes seguirían un patrón periódico de 33 días. Teltscher creía que la habilidad del cerebro de absorber conocimientos, la capacidad mental y el estado de alerta seguirían ciclos de 33 días.

La práctica de consultar los biorritmos se popularizó en los años 1970 a través de una serie de libros escritos por **Bernard Gittelson**, entre los que se encuentran Biorhythm-A Personal Science (Biorritmo-Una ciencia personal), Biorhythm Charts of the Famous and Infamous (Cartas biorrítmicas de los famosos e infames) y Biorhythm Sports Forecasting (Pronóstico deportivo

52

mediante biorritmos). La empresa de Gittelson (Biorhytm Computers Inc.), ganó dinero vendiendo calculadoras de biorritmos y cartas biorrítmicas personalizadas, sin embargo nunca llegó a nada en la predicción de resultados de eventos deportivos.

El uso personal de las cartas biorrítmicas estuvo muy extendido en Estados Unidos durante esa época. Muchos lugares (especialmente los salones recreativos) contaban con una máquina que producía cartas biorrítmicas con solo introducir la fecha de nacimiento. Los programas de biorritmos eran una aplicación bastante común de la computadora personal. Aunque la popularidad de los biorritmos ha declinado, existen numerosos sitios web que ofrecen lecturas gratuitas de biorritmos. Además existen aplicaciones libres y privadas de software que permiten llevar a cabo análisis y cartas más avanzados.

Así los creyentes en los biorritmos vieron en ellos un medio para el autoconocimiento y asumir la existencia de periodos de insensibilidad, debilidad, o torpeza a lo largo de la vida. Asimismo éstos entendían que el conocimiento de los biorritmos supondría comprender la alternancia en la vida entre periodos negativos de debilidad y positivos de recuperación.

También se consultaban los biorritmos para evitar realizar actividades arriesgadas o peligrosas en los días críticos o de mayor debilidad: conducir, manejar maquinaria peligrosa, etc. En el ámbito lectivo, ante unos exámenes, el estudiante podría concentrar sus esfuerzos en los días de mayor energía intelectual relajándose los días de menor potencia.

En el mundo laboral, los ferrocarriles y las aerolíneas han experimentado grandemente con los biorritmos. Un piloto pone de relieve la actitud hacia los biorritmos de japoneses y estadounidenses. Sostiene, revisando su bitácora de piloto, que sus mayores errores de juicio habrían tenido lugar durante los llamados días críticos pero concluye que conocer los propios días críticos y prestar más atención (en ellos) sería suficiente para garantizar la seguridad. Un antiguo piloto de United Airlines confirmó que la compañía habría hecho uso de los biorritmos hasta mediados de los años 1990, mientras que la aerolínea de carga Nippon Express aun los seguiría empleando.

La plausibilidad de la biorrítmica es impugnada por matemáticos, biólogos y otros científicos. Una de las cuestiones más básicas que surgen es que, incluso aceptando la existencia de tales ritmos fisiológicos, no está claro por qué razón deben iniciarse necesariamente con el día de nacimiento. La respuesta de los críticos a los biorritmos oscila entre denunciar la disciplina como dañina, ignorarla o tratarla como un entretenimiento.

Un examen de unos 134 estudios sobre biorritmos halló que la teoría no es válida. Algunos creen que esa teoría se puede probar empíricamente y se ha demostrado que es falsa. **Terence Hines** (1998) sostiene que ese hecho implica que la teoría de los biorritmos solo puede considerarse propiamente una teoría pseudocientífica.

El concepto del tiempo y la continua ritmicidad presente en la naturaleza han estado desde siempre muy ligados al hombre y su evolución. Anotaciones en la antigüedad a cerca de los ritmos en los seres vivos son escasas aunque sí que las hay. Los sabios de la Antigua Grecia, tan en contacto con la natura y sus misterios, percibieron la importancia de los ciclos biológicos en el propio ser humano. El poeta griego **Archilochus**, en el siglo VII a.C., escribió cómo los ritmos gobiernan al hombre. De la misma manera, **Hipócrates**, el llamado Padre de la Medicina, en el siglo IV a.C, relacionó el ritmo de aparición de ciertas enfermedades con las estaciones del año, con el momento del día y con la edad de las personas. Incluso en la biblia, en el Libro de Eclesiastés, aparece una alusión a la importancia del tiempo en la vida de los hombres, en el sentido de que cada cosa tiene su momento en el conjunto de la vida de los seres humanos.

En 1621 el clérigo y escritor inglés **Robert Burton** introdujo en su obra la similitud del cuerpo humano con un reloj, el cual, decía, si le fallase alguna ruedecilla, el resto del conjunto se desordenaría. Hasta ese momento la única explicación que se atribuía al fenómeno, y que perduró hasta hace no mucho tiempo, era el de un proceso pasivo del tipo causa-efecto, en el cual un factor que era el "estimulante" producía la respuesta en el individuo. Así, por ejemplo, el movimiento del sol en el cielo era el que hacía girar al girasol o también, la aparición del sol por la mañana el que desencadenaba que los pájaros comenzasen a "cantar". Sin embargo esta creencia fue puesta en duda en 1729 cuando un astrónomo francés llamado **Jean Jacques d'Ortous de Mairan** realizó, sin ser consciente de ello, el primer experimento en Cronobiología. Colocó unas plantas *Mimosa pudica*, también llamadas heliotropas (que se mueven mirando al sol), en oscuridad continua durante varios días y observó que seguían moviéndose de la misma manera que aquellas que se encontraban al aire libre. Su trabajo pasó desapercibido por la comunidad científica hasta pasados 30 años, cuando tres investigadores independientes corroboraron ese extraño fenómeno.

El primero que defendió ese origen endógeno fue un farmacéutico francés, llamado **Julien-Joseph Virey**, en 1814, con la exposición de su tesis doctoral en Medicina. En su proyecto, centrado en el estudio de la periodicidad en la mortalidad humana, aparecen citas como el carácter endógeno de la ritmicidad o la implicación de un reloj vital que coordina todas las funciones en el organismo.

Una situación anecdótica con un grupo de abejas hizo pensar al naturalista suizo **Auguste Forel** sobre los ritmos naturales en 1910. Sucedió una mañana en la que Forel se encontraba junto con su familia desayunando en la terraza de su casa. En ese momento, aparecieron unas cuantas abejas que, atraídas por la deliciosa mermelada, empezaron a sobrevolar la mesa. Tanto le debieron molestar a la familia que, al día siguiente, decidieron tomarse el desayuno dentro de casa. Fue ahí cuando Forel se dio cuenta que las abejas habían vuelto otra vez, aún sin que tuvieran el aliciente del desayuno, e incluso continuaron apareciendo durante unos días más y siempre a la misma hora. Después de reflexionar sobre ello y hacer unos cuantos experimentos, Forel concluyó que las abejas debían tener un mecanismo interno para medir el tiempo.

El biólogo alemán **Erwin Bünning** contribuyó a la comprensión de los ritmos circadianos gracias a dos importantes aportes. Por un lado demostró que la periodicidad endógena se hereda de manera natural. Además acuñó en 1935 el término de **reloj biológico**. Otros biólogos estudiaron la navegación de los pájaros migradores. Llegaron a la conclusión de que los pájaros se orientan con respecto a los cambios de la posición del sol a lo largo del día (lo que se llamaría una brújula solar), gracias a que éstos poseen un sistema temporal dentro de ellos que les permite saber la hora externa. Ésta fue la evidencia definitiva de la existencia de relojes biológicos.

Franz Halberg, uno de los fundadores de la cronobiología moderna, acuñó el término **circadiano** (del latín *circa* que significa "aproximadamente", y *diano* que significa "día"), para referirse al ritmo que oscila con una periodicidad de más o menos un día (24 hs), que supeditan los ritmos vitales asociados a la luz-oscuridad (día-noche), como el ritmo sueño-vigilia. Además existen otras muchas ritmicidades, según el periodo de repetición: **ultradianas** (si el periodo es menor de 20 hs.), **infradianas** (si es mayor a 24 hs.), **circalunares** (aquellos que siguen un ciclo de aproximadamente 28 días, como el mes lunar), **circanuales** (cada 365 días, asociado a las estaciones del año, como la caída de las hojas en los árboles de hoja caduca o el periodo de celo en los animales). Se le considera, además, Padre de la Cronofarmacología por sus estudios sobre la aplicación de fármacos a diferentes horas del día.

La **cronobiología** es la disciplina de la biología que estudia los fenómenos periódicos (cíclicos), o ritmos biológicos, en los seres vivos. La cronobiología estudia la organización temporal de los seres vivos, sus alteraciones y los mecanismos implicados en su regulación. Posee especial interés, entre muchos otros aspectos, en endocrinología, neurociencia, ciencia del sueño y el estudio del comportamiento de los organismos. El eje central de la cronobiología se basa en la existencia de relojes biológicos endógenos en los organismos, desde el nivel molecular al nivel anatómico, que posibilitan la ejecución de una actividad biológica en un punto temporal concreto.

En el caso de los mamíferos, el reloj biológico se localiza en el núcleo supraquiasmático del hipotálamo. Desde ahí el reloj biológico envía una señal "de tiempo" que llega a todas las células del organismo. Finalmente, la Cronobiología, como disciplina científica, se considera que nació tras el congreso internacional celebrado en 1960 en Cold Spring Harbor, Nueva York.

La parte de la cronobiología que estudia los ritmos biológicos en la salud y la enfermedad de los seres humanos se desarrolló a partir de las investigaciones pioneras de **Franz Halberg** y **Jurgen Aschoff**. Está bien establecido que numerosas mediciones clínicas suelen variar según la hora del día, a veces incluso según la estación del año, en la que se miden. Por ejemplo, concentraciones plasmáticas de determinadas hormonas y metabolitos, recuentos celulares, presión arterial, frecuencia cardíaca, reactividad bronquial, etc. Entre las enfermedades más estudiadas a nivel cronobiológico destacan el asma bronquial, las reacciones alérgicas, la hipertensión, el angor inestable, la gastritis y los trastornos psiquiátricos y del sueño.

SEGUNDA PARTE

LA ENERGÍA SUPRAFÍSICA

3

LOS CHAKRAS

Es suma estupidez creer en una opinión
a causa del número de los que la tienen.
GIORDANO BRUNO

11. ¿Cuáles "chakras"?

Seguidamente desarrollamos algunos temas que también corresponden a la totalidad de nuestra conformación como seres humanos, ya que somos una unidad indivisible de cuerpo físico, energía y espiritualidad imposible de no considerar, a pesar de ser criterios discutibles en parte o en su totalidad.

Existe unanimidad entre los estudiosos de prácticamente todas las disciplinas (que podríamos catalogar de "conocimiento") --orientales y occidentales-- sobre las características que conforman al ser humano: convivimos con más de un cuerpo (sólo el *físico* es el visible); tenemos más de un nivel de consciencia (el *consciente* en el estado de vigilia es el que más conocemos); y somos *energía en movimiento* (bioeléctrica y magnetizante).

Pero donde la cosa se pone más ardua es cuando se intentan explicar los distintos cuerpos, los distintos niveles de consciencia y hasta la conformación energética de nuestra *aura* y las características de funcionamiento, también energéticas, de los llamados *chakras* (que vemos seguidamente). Aunque las variaciones son sólo de detalles, reina una considerable diversidad que lleva a una cierta confusión y obliga a "optar" por el criterio que nuestra voz interior y nuestro entendimiento parecen indicarnos como el más acertado.

Y llegó el momento, vamos a conocer algo que la medicina nunca encontró ni encontrará en ninguna disección ni intervención quirúrgica, ni verá en ningún tomógrafo (al menos con la tecnología actual).

La palabra "chakra" en sánscrito significa "rueda", porque giran concéntricamente a gran velocidad, en forma de espiral.

Esta espiral tiene más vueltas en el chakra Coronario (encima de la "coronilla", en la parte superior de la cabeza), porque es el chakra que permite el paso de la energía vibratoria más *sutil*, y menos vueltas, más abierto, en el chakra Sexual o Raíz, porque es el chakra que permite el paso de la energía vibratoria más *densa*.

Contrariamente a lo que se dice, no son "centros de energía" del ser humano, pues no tienen energía propia, sino que permiten el *paso* de energía, por lo cual es más correcto llamarlos *"válvulas dosificadoras* de energía", las cuales, al estar armonizadas o desbloqueadas, permiten el ingreso de la energía necesaria y útil desde el exterior y, principalmente, desde los cuerpos sutiles hacia el cuerpo físico denso, o impiden el ingreso de energías nocivas. También permiten la salida hacia el exterior de la energía propia. La energía que penetra puede provenir del Cosmos, la Tierra, el "inconsciente colectivo" o de una persona individual, de ondas acústicas, eléctricas, magnéticas, de emociones y de pensamientos, y también de "otros planos".

Para algunos, tienen la forma y el tamaño de una lenteja, otros hablan de que miden cerca de 2,50 cm. de diámetro, y se ubican en el cuerpo físico etérico, en nuestro "doble" etérico (ver dibujos más adelante). Algunos sostienen que se "alinean" a lo largo de la columna vertebral, otros que se alinean en forma doble por delante y por atrás del cuerpo físico. Como sea, están en el doble etérico y, obviamente, deben desaparecer con este cuerpo en la desencarnación.

La bibliografía sobre este tema es muy numerosa, y lo más notable es que no hemos encontrado dos libros o autores que digan exactamente lo mismo, ni siquiera cuando se trata de testimonios de personas con videncia que aseguran ver y hasta tocar a los chakras. De todas maneras, si tienen colores y cuáles son los que pertenecen a cada uno de ellos; si tienen sonido (*bija mantra*); si asumen "formas" en sus giros (para los orientales como pétalos); si responden a ciertos mantras verbalizados; si tienen una especie de membrana protectora (como una malla para mosquitos) por detrás, justo en el contacto con el cuerpo físico llamada "tela búdhica"; inclusive los nombres --orientales u occidentales-- que se les asignan (especialmente a los llamados "mayores"), son circunstancias que no revisten una importancia insoslayable. Lo fundamental es que **existen** y que se puede hablar de 7 *mayores* (algunos orientales enumeran de 8 a 12 y otros dicen que por la evolución del ser humano van a quedar sólo 3 funcionando) y de 14 a 21 *menores* (otros agregan muchos más, pequeños --alrededor de 100-- a quienes llaman *"secundarios"*).

Además se pueden "testear" --como lo hacemos en nuestra escuela-- con elementos de radiestesia, para corroborar si están *desarmonizados* (abiertos los que deberían estar cerrados y viceversa, lo que causa una disminución de energía en el área de influencia que les corresponde) o incluso "bloqueados" (como se da en el chakra laríngeo), o si están totalmente "armonizados", permitiendo el flujo normal de energía desde nosotros y hacia nuestro entorno, y a la inversa. Pero también pueden sobrestimularse, lo que exacerba enfermizamente a esas zonas por exceso de carga energética en desorden.

Respecto de los principales, existen pequeñas discrepancias sobre la ubicación del chakra sexual (al cual lo dividen en una zona base y otra más alta), y del umbilical (que lo ubican desplazado hacia la izquierda, sobre la zona del bazo), y hasta les otorgan "funciones" compartidas. Nosotros optamos por los criterios que los ubican siguiendo una misma línea, por razones de simplicidad, tal como se puede advertir en los dibujos.

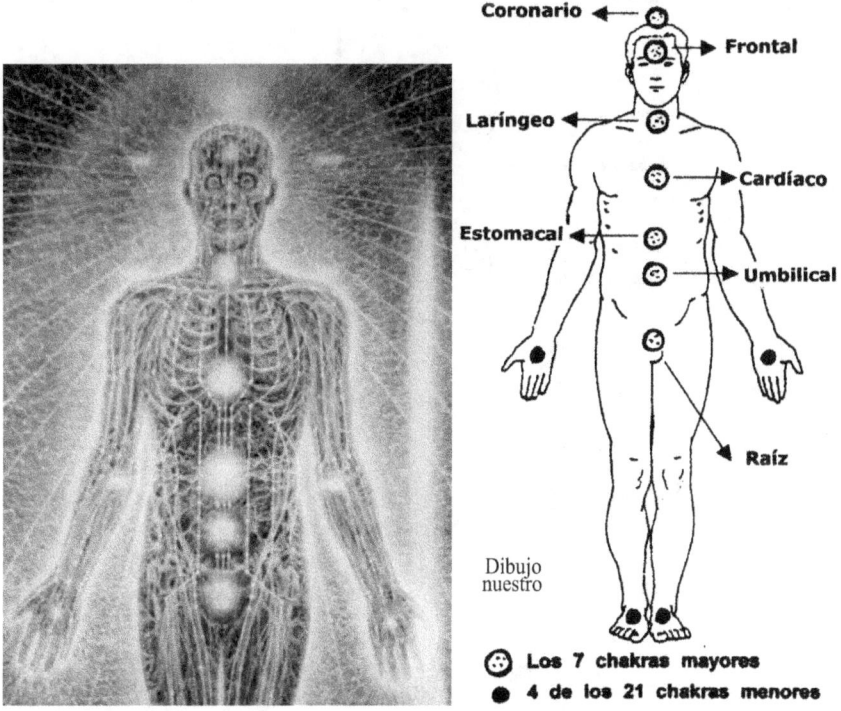

Coronario →

Frontal →

Laríngeo →

Cardíaco →

Estomacal →

Umbilical →

Raíz →

Dibujo nuestro

⊚ Los 7 chakras mayores
● 4 de los 21 chakras menores

Para poder ubicarnos con más precisión sobre nuestro cuerpo físico, se hace necesario conocer cuáles son las **glándulas** del mismo y, posteriormente, a que zona de influencia de cada chakra corresponden.

Las glándulas cerebrales son **bioeléctricas** (liberan hormonas pero, a su vez, responden a estímulos nerviosos o eléctricos): la Pineal y la Pituitaria.

El resto de las glándulas, liberan hormonas y todas dependen del "suministro" que hacia cada una de ellas le hace la Pituitaria o Hipófisis.

En el siguiente gráfico se hace muy fácil distinguirlas y, en la figura siguiente, la correspondencia con cada chakra, conforme al concepto más tradicional.

61

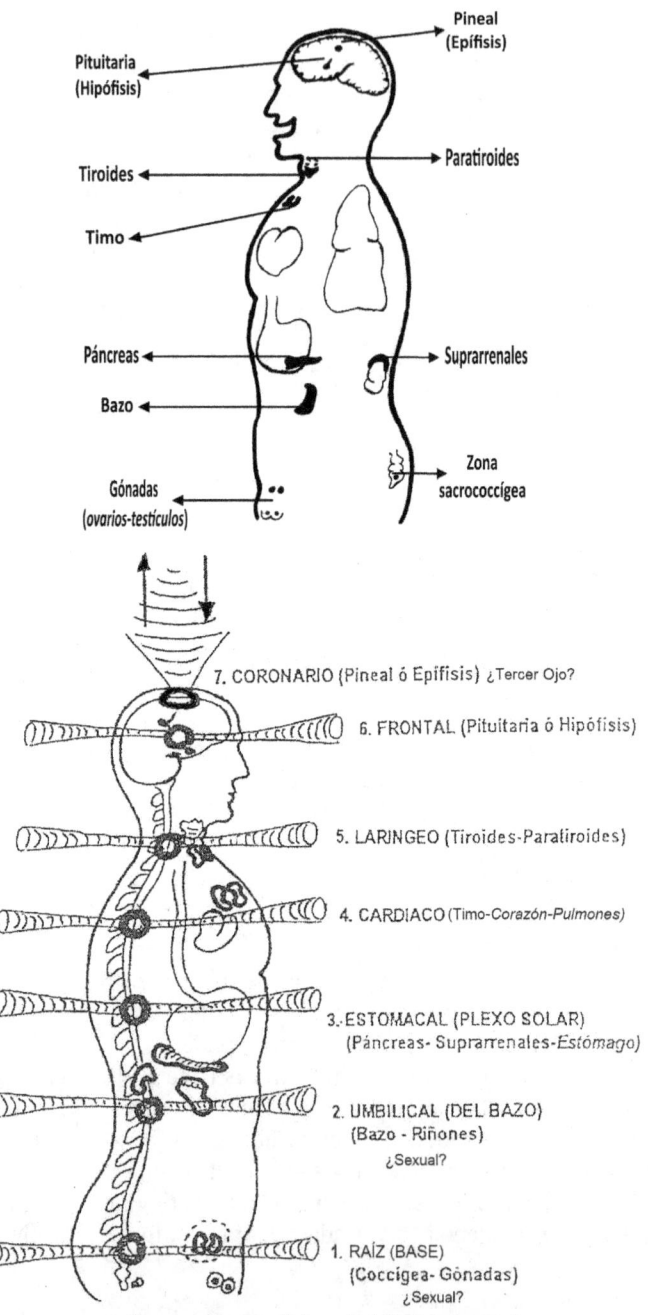

Pineal
(Epífisis)

Pituitaria
(Hipófisis)

Paratiroides

Tiroides

Timo

Páncreas

Suprarrenales

Bazo

Gónadas
(ovarios-testículos)

Zona
sacrococcígea

7. CORONARIO (Pineal ó Epífisis) ¿Tercer Ojo?

6. FRONTAL (Pituitaria ó Hipófisis)

5. LARINGEO (Tiroides-Paratiroides)

4. CARDIACO (Timo-Corazón-Pulmones)

3. ESTOMACAL (PLEXO SOLAR)
(Páncreas- Suprarrenales-Estómago)

2. UMBILICAL (DEL BAZO)
(Bazo - Riñones)
¿Sexual?

1. RAÍZ (BASE)
(Coccígea- Gónadas)
¿Sexual?

Concepto tradicional (dibujo nuestro)

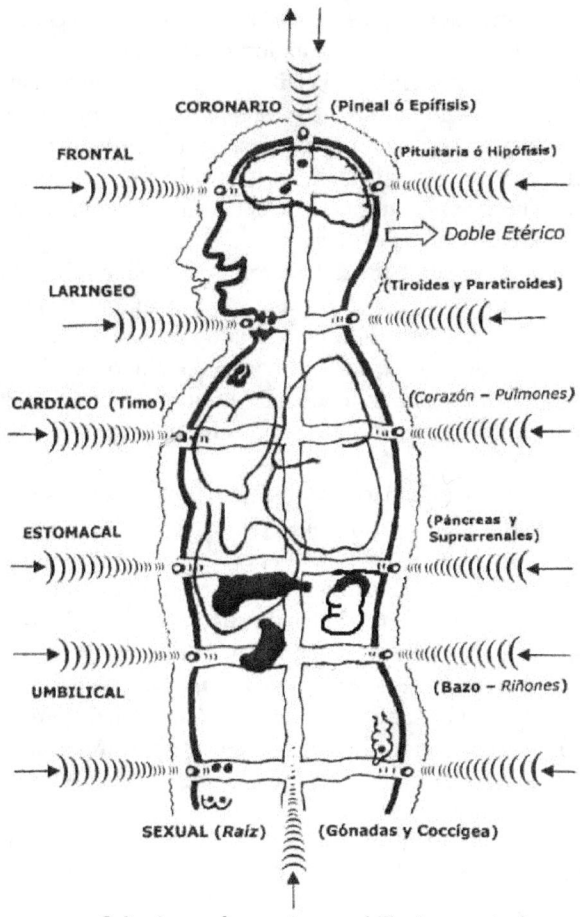

CORONARIO (Pineal ó Epífisis)

FRONTAL (Pituitaria ó Hipófisis)

Doble Etérico

LARINGEO (Tiroides y Paratiroides)

CARDIACO (Timo) (Corazón – Pulmones)

ESTOMACAL (Páncreas y Suprarrenales)

UMBILICAL (Bazo – Riñones)

SEXUAL (Raíz) (Gónadas y Coccígea)

Criterios más modernos (dibujo nuestro)

Chakras Mayores

1. Chakra Coronario (*Sahasrara --"más allá de las diferencias"--*, Corona, Coronilla):

Este chakra se vincula orgánica y fisiológicamente con la glándula Pineal o Epífisis, en el centro superior del sistema límbico, relacionada con la luz, y con los ciclos del sueño. A esta glándula se la considera un "ojo espiritual", el ojo de Horus egipcio, la letra "ayi" del alfabeto hebreo: la visión divina del hombre. Afirma **Etel Schulte**, en un interesante libro (24), que Corona significa "kether", de la Cábala Mística hebrea, el Sephirot superior del Árbol

63

de la Vida, la manifestación más elevada de Dios. Parece ser que es la glándula que más se activa en un curador o sanador.

Es el único chakra que **emite** y **recibe** energía *al mismo tiempo* y el que gira más velozmente, por lo cual tiene más espiral, para impedir el pasaje de energía densa y permitir el paso de energía sutil, razón por la cual se lo considera vinculado con la Espiritualidad o con lo Superior al ser humano. Simboliza el derecho a **saber**, a todo el Conocimiento. Está *consciente* día y noche. Para algunos está situado fuera de los límites del cuerpo, por lo que ejercería influencia sobre la totalidad del aura. Se considerar de color *violeta*.

Se dice que a través de un *hilo dorado* está íntima y necesariamente unido al chakra Frontal, por lo que cuando se habla de "percepción", "intuición" y aún "videncia" están interviniendo ambos chakras. Y que a través de un *hilo plateado* está íntimamente unido al chakra Cardíaco, por lo que lo fuertemente emocional influye sobre el Coronario, y lo espiritual lo hace con el Cardíaco.

Desde su testeo --que se hace solamente arriba de la cabeza--, rara vez se lo encuentra bloqueado. Esto no quiere decir que esté *activado*, pues se sostiene que su desarrollo en seres humanos "normales" es muy trabajoso. Nosotros hemos advertido que cuando aparece como bloqueado, se debe a que la persona atraviesa momentos de dudas en sus creencias religiosas o en una falta de fe generalizada, o no se siente parte de la Vida misma.

2. Chakra Frontal (*Ajña* -*"centro de mando"*-, del entrecejo):

Se vincula con la glándula Pituitaria o Hipófisis, en la parte inferior del sistema límbico, como ya vimos, directora de la gran orquesta hormonal, y que envía energía a las otras glándulas, energía que procede de la Pineal quien, a su vez, la tomó del Cosmos.

Es el chakra de la **coordinación**. Cuando está bloqueado incide sobre esta importante glándula y las reacciones pueden ser diversas, las más comunes se relacionan con el cerebro: dolores de cabeza, confusión, pesadillas, delirio místico y fanatismo religioso. Se habla que su bloqueo se debe a que la persona "no quiere ver" algo que acontece en su vida o que "viéndolo, se resiste a aceptarlo". Está vinculado con la visión, no sólo física sino, esencialmente con la espiritual, a través de los otros planos, por eso se lo ha llamado milenariamente el Tercer Ojo, o el ojo de la sabiduría, o el ojo de Shiva. También relacionado con la nariz, oído medio y sistema nervioso.

De este chakra y de los restantes (a excepción del Coronario --y algunos opinan que del Raíz--), se dice que son *duales*: hacia adelante del cuerpo parecen cumplir algunas funciones y hacia atrás cumplen otras. De allí que el testeo se pueda efectuar de adelante o de atrás de la persona. Simboliza el derecho a **ver**. Para algunos es *blanco* y para otros --la mayoría-- de un

64

tono índigo: una combinatoria de *azul* y *rosado*. Regido por el *radio* (que proporciona luz y energía) y Saturno --responsabilidades--.

3. Chakra Laríngeo (*Vishuddi -"purificar"*-, Garganta):

Se vincula con las glándulas Paratiroides y Tiroides y, por supuesto, con la Laringe y su principal componente: las <u>cuerdas vocales</u>, que lo convierte en el chakra de la **expresividad**: expresarse *creativamente* (sin ira, ni bloqueos, ni ahogos). Corresponde al lugar de la persona con respecto a la sociedad, a sus relaciones, a su trabajo. Se lo considera de color *turquesa*. Regido por el *éter* y Júpiter --expansión e integración--.

También relacionado con el oído interno, la boca, los hombros, los bronquios y el sistema linfático.

Su bloqueo puede traer problemas con el calcio, ganglios, vértigo, asma, hiper o hipotiroidismo, bocio, disfonía, anginas, dolor de garganta, dificultades en el habla. Es un punto de intersección entre los chakras considerados superiores (Frontal y Coronario) y los inferiores. Simboliza el derecho a **decir** y a **escuchar** la Verdad. Es la puerta de entrada del Prana y de salida del Verbo. De aquí la importancia que damos en nuestras enseñanzas al uso del lenguaje.

4. Chakra Cardíaco (*Anahatha -"invicto"*-, Cordial, Anímico, del corazón):

Se vincula con la glándula Timo, el director de la orquesta inmunológica y con el corazón y los pulmones, lo que lo hace muy sensible a las **emociones** propias: amor, alegría, optimismo, tristeza, angustia, depresión, temor, ira. Es el chakra que **distribuye** la energía propia de esos estados de ánimo al resto de los chakras. También relacionado con los brazos y las manos, la oxigenación de la sangre y la respiración. Se lo considera de color *verde*. Regido por el *aire* y Venus --amor, belleza, atracción--.

Su desarmonía trae baja de defensas, trastornos cardiovasculares y hasta respiratorios. Simboliza el derecho a **amar** y **ser amado**. Es Tiphareth, el Cristo de la Cábala Mística, es el Sagrado Corazón de Jesucristo, y debe actuar en total armonía con el Coronario, relacionándose las glándulas Timo y Pineal: amar desde lo humano y desde lo divino.

5. Chakra Estomacal (*Manipura -"ciudad de las joyas" o "gema lustrosa"*-):

Algunos estudiosos lo ubican a la altura del ombligo, otros sobre el estómago y otros, como en nuestro caso, sobre la misma boca del estómago. **Selecciona** las energías. Dicen los videntes que asemeja un "sol instalado en el abdomen", se lo considera el más hermoso de los chakras y, por ese motivo, es llamado milenariamente Plexo Solar. Se lo considera de color *amarillo*. Regido por el *fuego* (masculino --yang--) y el Sol.

Se vincula con el estómago y con las glándulas Páncreas y Suprarrenales, lo cual lo hace sensible, como el cardíaco, a las emociones, pero, en este caso, mucho más a las negativas. Veamos: el **Páncreas** es muy sensible a las *frustraciones* que pudieron vivirse en algún momento de la vida y que no fueron debidamente asumidas, eso trae insuficiencia con las hormonas responsables de la presencia de la glucosa (insulina y glucagón) en sangre por lo cual se puede derivar en hipoglucemia o en diabetes.

Respecto de las **Suprarrenales**, son muy sensibles al estrés, a la preocupación, al mal humor o la ira y al miedo, por lo cual segregan grandes cantidades de cortisol (en el caso del estrés) y adrenalina (en los otros casos), que disminuyen las defensas inmunológicas y provocan una situación de intoxicamiento al ser liberadas en circunstancias que no son las habituales para su liberación.

Un aspecto destacable que hemos podido corroborar es que la adrenalina, cuando se libera por motivos de mal humor, ira o miedo (es decir no liberada fisiológicamente por nuestro organismo para "comprimir" vasos sanguíneos por necesidad), se queda en el torrente sanguíneo hasta 3 días o más. Para ello sería muy conveniente que después de un estado alterado, resulte útil caminar a paso acelerado (o correr) unas cuatro cuadras y, al mismo tiempo hacerlo **riéndose**. Eso reabsorbería la adrenalina, de lo contrario, para quien vive, por ejemplo, permanentemente malhumorado/a, puede terminar con problemas cardiovasculares. Eso no ocurre en quienes practican deportes de riesgo, quienes antes de efectuarlo liberar mucha adrenalina, pero que, después de efectuado la reabsorben inmediatamente. En el caso del cortisol liberado por estrés (y no de manera natural para "desinflamar" alguna parte de nuestro cuerpo físico), se queda en el torrente sanguíneo hasta 30 días y comienza a actuar (al igual que los corticoides sintéticos o químicos) disminuyendo nuestro sistema inmunológico. En este caso lo ideal sería "des-estresarse", pero como eso no es tan sencillo, se podría apelar a la misma actitud descripta para la adrenalina y, además, comenzar a trabajar el buen humor.

Sobre su capacidad de controlar las emociones, nos dice Etel Schulte que si con el Cardíaco *sentimos* las emociones, si con el Laríngeo las *expresamos*, si con el Frontal y con el Coronario las *entendemos*, con el Estomacal las *vivimos*, de allí que muchas veces uno dice *"sentí* como un nudo en el estómago" o *"sentí* como si me latiera el corazón en el estómago", ante emociones muy fuertes.

Hablando de su fuerte luminosidad amarillenta, sostiene Schulte, que existe un punto muy brillante, como situado en el centro de la espiral que conforma el chakra, llamado por los Guías la *Puerta Dorada*: lugar de comunicación de los mundos invisible y visible. Por allí el ser humano puede

66

contactarse con otros estados de consciencia, de otros seres, pero también por allí pueden penetrarnos energías externas del mundo espiritual, tales como vibraciones densas, algunas agresivas como ciertas entidades desencarnadas. Por eso que cualquier persona, cuando está frente a otra persona de las consideradas muy negativas, o en alguna reunión donde se están hablando de temas densos, intuitiva o instintivamente ¡se cruza de brazos! ¡estamos protegiendo la puertita dorada! Observe que es una actitud muy repetida por parte de los religiosos, sea de la religión que sea: cruzar las manos sobre el estómago. Simboliza el derecho a **sentir** las emociones y también a **actuar**: obedecer sin someterse, rebelarse. Se explica en este otro dibujo nuestro.

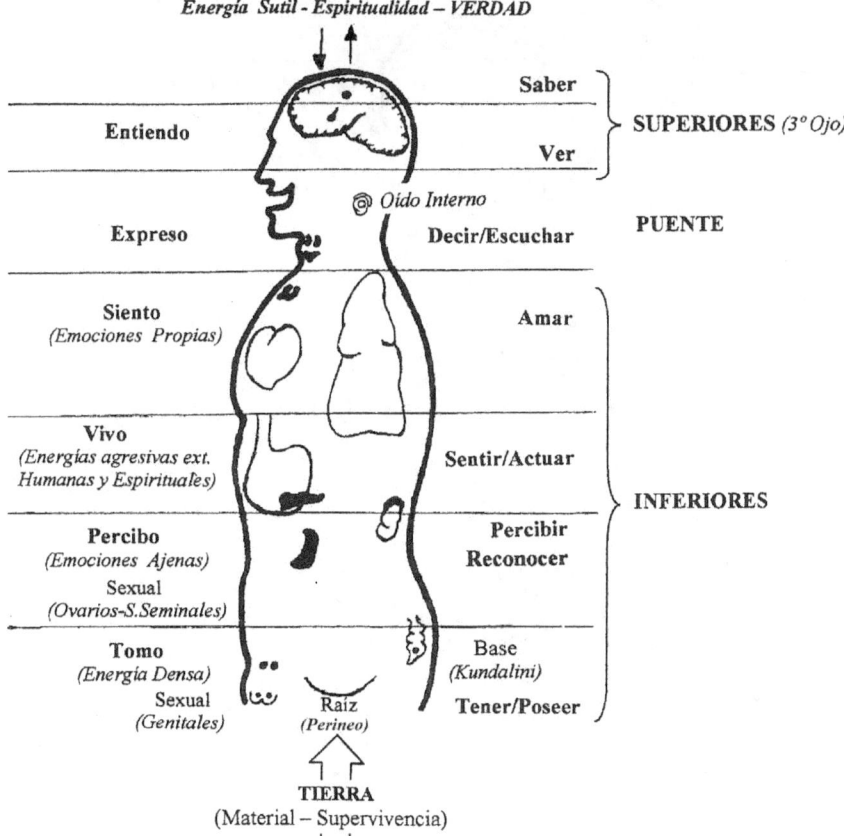

Energía Sutil - Espiritualidad – VERDAD

Entiendo

Saber

Ver

SUPERIORES *(3º Ojo)*

Oído Interno

Expreso

Decir/Escuchar

PUENTE

Siento
(Emociones Propias)

Amar

Vivo
(Energías agresivas ext. Humanas y Espirituales)

Sentir/Actuar

Percibo
(Emociones Ajenas)
Sexual
(Ovarios-S.Seminales)

Percibir
Reconocer

INFERIORES

Tomo
(Energía Densa)
Sexual
(Genitales)

Raíz
(Perineo)

Base
(Kundalini)

Tener/Poseer

TIERRA
(Material – Supervivencia)

6. Chakra Umbilical (*Svadisthana --"la propia morada"--*):

Con estos dos próximos chakras (Umbilical y Raíz) existen ciertas discrepancias. Para algunos éste chakra se llama Esplénico (de *spleen* = bazo

67

en inglés) o del Bazo y está situado a la izquierda del ombligo. Para otros éste es en realidad el chakra Sexual (ya que en la zona del bajo vientre están los ovarios en la mujer y los sacos seminales en el hombre), y aquí se manifestaría todo lo atinente al sexo y a las relaciones de pareja. Para otros, centrándose estrictamente en los genitales (vagina, testículos y pene) el llamado Sexual pasaría a ser el chakra Base o Raíz.

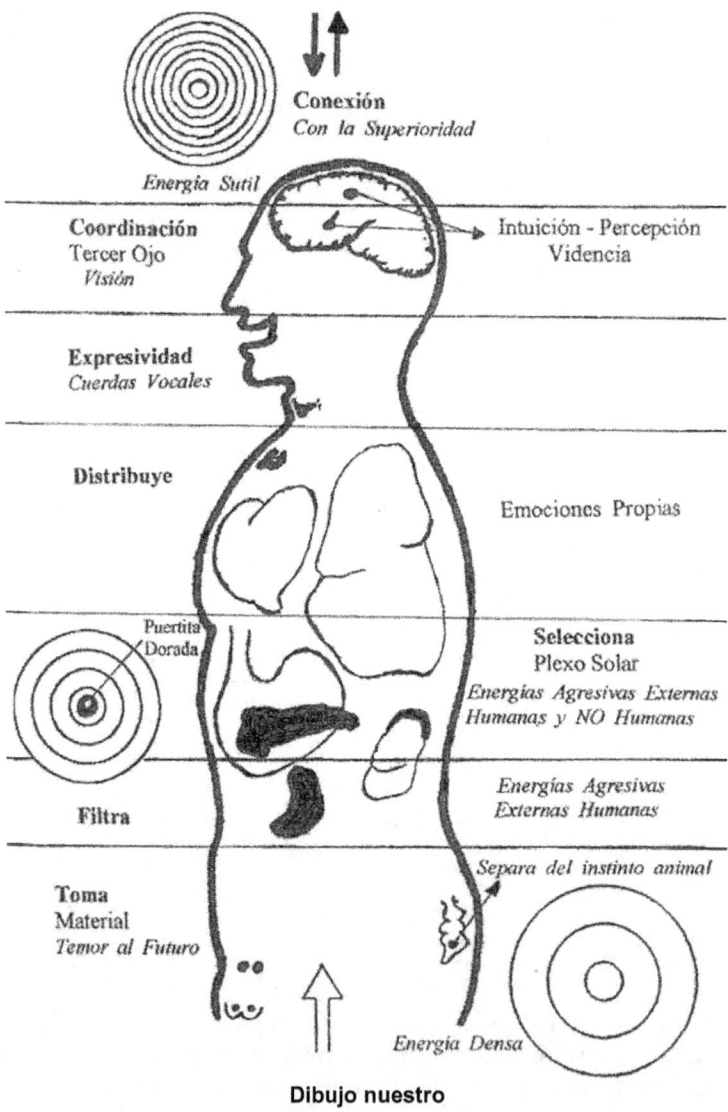

Dibujo nuestro

Se relaciona con el Bazo y los Riñones (por lo cual también es, como con el Timo, un centro *inmunológico*) y, tal como lo hacen estas glándulas, **filtra** las energías, tanto las que provienen del chakra Raíz, como las que provienen del exterior. Cuando está bloqueado o desarmonizado no puede ejercer su función y por allí penetran *energías agresivas externas humanas*, es decir las que se generan hacia nosotros por parte de otra persona que no nos quiere bien, que nos envidia, nos cela, nos odia, es egoísta, etc. En cuanto a las *NO humanas*, serían las energías agresivas que pueden "invadirnos" desde los Otros Planos (morada de las almas desencarnadas). También relacionado con las caderas y el aparato circulatorio. Se lo considera de color *naranja*. Regido por el *agua* (femenino --yin--) y la Luna. Simboliza el derecho a **percibir** las emociones, especialmente las ajenas.

7. Chakra Raíz (*Muladhara* -- "*raíz y soporte*"--, Básico, Fundamental):
Como ya advertimos, para algunos abarca sólo la zona del *perineo* (Raíz) --espacio entre el sexo y el ano--, para otros se extiende a la Base de la columna (zona del Sacro –Basal--), y para otros es el chakra Sexual. Se lo considera de color *rojo*. Regido por la *tierra* y por Marte --fuerza, lucha, violencia y brutalidad--.

Como sea, es el que **toma** energía de la Madre Tierra, energía densa, inicial, primaria, por lo cual se lo vincula con lo **material**, de allí que a la persona preocupada por el dinero o por el futuro laboral y económico le repercutirá en la zona sacro-lumbar en forma de agudos dolores o lumbalgia.

Se vincula con las piernas y los pies ("enraizarse"), los intestinos y el sistema linfático. Para quienes lo consideran sexual, lo relacionan con la llamada <u>glándula Coccígea</u> (mencionada por primera vez en 1850 por el Dr. **Luschkas**), en la extremidad del cóccix, aunque para la medicina actual es la terminación, como un globito, de la arteria sacra media. Sin embargo es la zona responsable del equilibrio emocional y sexual del ser humano, lo que <u>separaría el intelecto del simple instinto animal</u>. Cuando está bloqueado, la persona asume una conducta pendiente del apetito sexual, a veces muy exacerbado. En el caso del varón puede ocurrir que éste, en un extremo, se vuelva muy infiel y hasta violador (y aquí cabe considerar que no tiene que ver el intelecto, pues puede ser un violador un eminente profesor universitario). En el otro extremo, puede ocurrir que el varón, acuciado por el miedo al futuro económico, pierda todo su apetito sexual. Lo contrario ocurre con la mujer, ya que si ésta se encuentra en una situación parecida, puede buscar sus ingresos a través del sexo y se prostituye.

Es el chakra de la pulsión de la vida, un verdadero "volcán en erupción" que actúa como bomba energética ayudando a elevar esta energía hacia los otros chakras en forma circular como una serpiente sagrada a la que se le ha llamado **Kundalini**, y que representa el fuego de la Iniciación, por lo cual se lo relaciona con la **creatividad**: lo intelectual comienza a funcionar aquí.

Simboliza el derecho a **tener** o **poseer** lo necesario para la supervivencia (alimento, vestido, trabajo, dinero, vivienda, sanidad, calor humano, contacto físico, aprendizaje, educación). Por eso es que, para otros, su bloqueo o desarmonía puede deberse a una gran insatisfacción de vivir.

Muchos sostienen que solo "funciona" hacia abajo, en las entrepiernas, sin embargo, en los testeos se puede advertir que también es dual, se lo puede testear adelante en la pelvis y atrás en el cóccix.

Chakras Menores

Dentro de este grupo se encuentran los chakras de los hombros, de los codos, de las rodillas, varios en el abdomen, en el pecho y en la espalda, en las yemas de los dedos, etc., pero los que más nos interesan, porque con seguridad son los que se repiten en todos los seres humanos, son los del *centro de las palmas de las manos*, porque sirven para tomar energía del Cosmos y **proyectarla** o **trasladarla** sobre objetos, sobre otras personas (reiki) y sobre uno mismo (bioenergía) y porque tienen conexión práctica con la totalidad de los chakras mayores. También son importantes los de las *plantas de los pies* porque sirven para **descargar** energías y se contactan con el Raíz y el Estomacal. Las manos y los pies llevan escritas todas las vivencias pasadas, presentes y dicen hasta futuras de cada ser humano.

Temas evolutivos

Algo complicado este tema, ya que parte de la aceptación de 12 chakras mayores. Se dice que activando los *doce chacras* principales a nivel celular, y a nivel físico, y los chacras menores, las glándulas hormonales que estaban dormidas o limitadas, tendrán total funcionamiento, así como todo el sistema linfático empezará a trabajar a toda su capacidad.

Ahora ya con el sistema de doce Chacras el **Centro Cristico** que es la unión de varios chacras unidos **se sitúa a la altura de la Glándula Timo**.

El chacra *raíz*, que estaba desconectado de la Madre Tierra se reconectará en una nueva ruta, usando la Próstata en el hombre y Útero en la mujer en su punto llamado G, que segregan hormonas especiales activadoras y reconectadoras, será el **octavo** chakra.

El hemisferio *derecho* del Cerebro, corresponde al **chacra lunar** que controla los procesos neurales de la intuición o poderes dormidos actualmente y corresponde al **noveno** chacra.

El hemisferio *izquierdo* del cerebro, o **solar** corresponde a los procesos neurales lógicos y matemáticos tanto concretos como abstractos, y es el **décimo** chacra y este interactúa a nivel de todo el sistema solar.

El *hipotálamo* surte de energía e interconecta con sus hormonas al Tálamo con el resto del cuerpo físico y con el cuerpo planetario siendo este el que corresponde al **onceavo** Chacra, y que es el **chakra galáctico**.

El *Tálamo* es la pantalla donde se crean las imágenes tanto holográficas como virtuales, de los planos superiores y de la imaginación propia, es el **doceavo** chacra que corresponde a la conciencia Universal.

Los humanos actuales, físicamente, estamos completos, no nos falta nada somos entes totales, solo <u>desactivados</u>, hay glándulas desactivadas y estas entraran en uso cuando se complete la mutación.

Los síntomas de la mutación conocidos como el **síndrome de fatiga crónica** son: periodos de mucha fatiga sin motivo, deseos de dormir por largos periodos, periodos de mucha actividad incontrolada, dolores en los huesos y en las articulaciones, falta de apetito o mucho deseo de comer, y cosas sin sentido, periodos o lapsos de pérdida de memoria, deseo de regresar a casa, no se está a gusto en ningún lugar, descontento con las costumbres anteriores y deseo de un cambio profundo, tanto de trabajo como mental y espiritual, cambio en el esquema de valores, hinchazón de la piel sin sentido, engordar o enflaquecer rápidamente sin control, perdida de la capacidad de enfocar la realidad que tenemos, empezamos a escuchar voces, perdida de la noción del tiempo no se sabe en que día o semana se está, regresiones en el tiempo, sueños muy intensos o muy vividos, sin o con relación alguna. Estos solo son algunos de estos síntomas que irán pasando conforme avanza la mutación.

La necesidad de procesar glucosa para convertirla en energía será cosa del pasado ya que ahora será tanta la energía fotónica autogenerada que en lugar de recibir energía la sacaremos de nuestra rejilla y la emitiremos desde nuestro centro cristico y de todos los chacras principales y complementarios como los de las plantas de los pies, las palmas de las manos, los pechos y los ojos. Los ojos recuperarán su capacidad de emitir rayos de luz de diferentes frecuencias e intensidades teniendo la capacidad de emitir Amor y Sanación.

Empezaremos, a ver con el tercer ojo, a interactuar con otras realidades, la conciencia se expandará y podremos ver y aceptar verdades mas completas y profundas. La cuarta dimensión y la tercera serán una sola en nuestras vidas.

Esto ira de la mano con la entrada de todo el sistema Solar al Cinturón de Fotones que nos activara de todas maneras aunque no queramos. No todos los Humanos alcanzarán la iluminación y la ascensión, pero para eso está el cinturón de fotones que nos ayudará a entrar a la quinta dimensión.

La diferencia en este proceso es que cuando lo logramos por méritos

71

propios, adquirimos autosuficiencia, y podremos reconfigurar cualesquier cuerpo en cualquier dimensión, y en cualquier lugar o matrix. Mientras que los que lo hacen en el cinturón de fotones solo tendrán acceso a un cuerpo penta dimensional y no podrán volver a bajar a niveles inferiores mas que en cuerpos ya construidos por otras entidades. Los que no quieran la ascensión serán reubicados en otros Planetas o en ciudades Intraterrenas para terminar de completar la Mutación.

La Conciencia Cristica se va tallando vida tras vida por el Ego-Personalidad, hasta que este queda completamente pulido primero en el Chacra del Corazón para después pasar a ocupar su lugar en el centro Cristico al activarse el sistema de doce chacras.

Ejercicio de la Multiplicación

El sistema o método de la multiplicación da excelentes resultados, pero sólo puede ser aplicado cuando ya poseemos parte de lo que queremos conseguir. Su función es multiplicar lo que ya tenemos.

Si, por ejemplo, queremos conseguir **dinero**, para trabajar con este método, necesitamos tener por lo menos un billete.

Siéntate cómodamente, teniendo delante de ti un billete de dinero real. Respira **rítmicamente**. Mientras vas respirando, debes visualizar el billete de dinero que tienes delante de ti; sintiendo que va multiplicándose naturalmente cada vez más.

Cuando sientas que estás bien concentrado en el objetivo, cierra los ojos, si los tienes abiertos, y, mientras respiras, imagina que estas cargándote de energía. La energía proviene del subconsciente (el yo básico), para el supraconsciente (el yo superior) y se transforma en luz, en una energía más poderosa que se propaga por todo el organismo e irradia fuera del cuerpo.

Ahora, abre los ojos y dirige tu mirada al billete de dinero. Imagínalo en un circulo y proyecta dentro de ese círculo a través de la vista, la energía que se está irradiando en este momento, de ti, visualizando el círculo y el billete de dinero en su interior. Mantén esta imagen por un tiempo, mientras sientes que el dinero se está multiplicando de manera natural, y dices:

"El **dinero** es algo muy bueno para mí. Con el poder de mi yo superior ahora lo bendigo y lo poseo con alegría y en abundancia".

Repite esta frase varias veces. Por último, para concluir de forma natural el proceso deja que la imagen se desvanezca. Haz esto dos veces por día, de modo que una de ellas sea al finalizar la jornada.

Para trabajar algo tan importante como la **salud:** elegir una foto de una época en que estuvimos muy saludables, u otra donde aparezcamos saludables.

72

Efectuar el mismo procedimiento descripto anteriormente, hasta llegar el momento en que proyectamos la luz hacia el objetivo (nuestra foto) encerrado en un círculo, y decimos:

"La **salud** es algo muy bueno para mí. Con el poder de mi yo superior ahora la bendigo y la poseo con alegría y en abundancia".

Repite esta frase varias veces. Por último, para concluir de forma natural el proceso deja que la imagen se desvanezca. Haz esto dos veces por día, de modo que una de ellas sea al finalizar la jornada.

A continuación, y solo a título de curiosidad, una imagen de los chakras en animales, cuadrúpedos en este caso.

LOS CHAKRAS EN ANIMALES

7° Chacra Corona
Espiritualidad
Energía cosmica

6° Chacra 3er ojo
Clarividencia
Intuición

5° Chacra Garganta
Comunicación

1° Chacra Raiz
Kundalini
Fuerza vital

2° Chacra Sacro
Creatividad
Energía sexual

4° Chacra Corazón
Amor
Curación
Equilibrio
Emoción

3er Chacra Plexo solar
Inspiración
Psiquismo

12. Kundalini

Las religiones asiáticas hablaron de una fuerza mística llamada "la (o "el") Kundalini". A lo largo de la historia se le dieron muchos nombres a este poder: *orgone*, *esprit*, *loosh*, *prana*, *elan vital* y *bio-electricidad* son algunos de ellos.

Kundalini literalmente significa "enroscarse" como una serpiente. En la literatura clásica del Hatha Yoga, a Kundalini se la describe como una serpiente enroscada en la base de la columna. Comúnmente se la simboliza como una serpiente enroscada en tres círculos y medio, con la cola en la boca, y girando en espiral alrededor del eje central (el sacro o hueso sagrado) en la base de la columna. Puede ser descrita como un gran reservorio de energía creativa en la base de la columna vertebral.

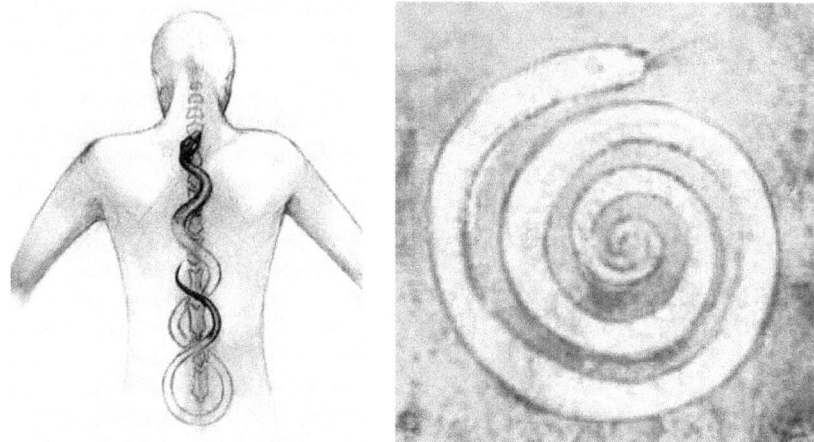

El concepto de Kundalini también se puede examinar desde una perspectiva estrictamente psicológica. Desde ese lugar, se puede pensar en la Kundalini como en una rica fuente de energía psíquica o libido en nuestro inconsciente.

Esta energía también está relacionada con el propio almacén personal de energía sexual. Kundalini toma la energía sexual en su forma sin refinar y la convierte en energía espiritual refinada de una frecuencia extremadamente elevada, la que entonces permite el cumplimiento y activación de las actividades paranormales tales como una experiencia fuera del cuerpo, la telepatía, la conversión materia-energía y la comunicación con entidades que habitan las vastas áreas de nuestro universo multi-dimensional (otros "planos").

La ascensión de la "Energía Kundalini" es tan antigua como la historia misma. También se la llama "El Fuego Serpentino" mientras se abre camino hacia arriba por el canal espinal (también llamado *sushumna*) en una espiral alternada que semeja un par de serpientes enlazadas.

Este ascenso de la Kundalini está conectado con una tibia energía líquidamente magnética cuando sube por la columna. Los síntomas físicos conectados a la apertura de la Kundalini pueden incluir crujidos en la base del cuello y dolores de cabeza inexplicables. Vemos el ascenso de la Kundalini representada muy acertadamente en el diseño del Báculo de Hermes, conocido también como el Caduceo. La profesión médica moderna adoptó ese símbolo como su modelo --dos serpientes entrelazadas alrededor de una vara que es

74

levantada en alto para que todos la vean--.

Cuando se activa la Kundalini, comienza a ascender en espiral un vórtice a través de cada chakra del cuerpo. Cuando se comienza a movilizar, todo cobra vida. Hay una aceleración en todas las partes del cuerpo y el alma de la persona. Se iluminan las sombras y es posible que se revelen los motivos ocultos. Eso no es sólo un proceso mental. Es uno bioenergético que tiene que ver con todos los aspectos de la personalidad humana al mismo tiempo. Por eso el movimiento puede ser tan veloz.

Si la Elevación de la Kundalini trae gran percepción y abre un deseo nuevo, puede haber un cambio repentino e inesperado en la conducta y/o estilo de vida de la persona. Si, en lugar de eso, ordena algún cambio en la vida que sea totalmente inaceptable para el Yo primordial de la persona, la violenta reacción adversa puede volar los circuitos de su sistema nervioso.

Dicen que un gran porcentaje de los casos de depresión y fatiga que hay en el mundo en la actualidad son el resultado de las Activaciones de la Kundalini que abortan repentinamente debido a la incompatibilidad del sistema y la sobrecarga de energía. Gran parte de las Activaciones de la Kundalini que ocurren en el planeta en este momento involucran alejar a la persona de una orientación hipermasculina de la vida (demasiado racional), y volver a instalar el respeto por la emoción, la intuición y la propia nutrición.

Marianne Williamson dijo: *"Nuestro miedo más profundo no es que seamos inadecuados. Nuestro miedo más profundo es que seamos poderosos más allá de toda medida. Es nuestra luz, no nuestra oscuridad, la que nos atemoriza".*

A veces las energías Kundalini se activan con un golpe en la cabeza u otro trauma físico sincronizado por su alma para despertar su viaje físico y sus capacidades innatas. Liberar la energía Kundalini demasiado rápido puede tener serios efectos emocionales en la persona. Uno no debería intentar abrir este envión de energía si no está psicológicamente equilibrado. No es para los que tienen el síndrome maníaco depresivo o bipolar. La manifestación de la energía Kundalini --la frecuencia de vibración-- se conecta con el término sánscrito *Chaitanya*: la fuerza integrada de sus cuerpos fisiológico, mental, emocional y religioso.

La Kundalini ascendente abre de golpe portales de toda suerte de paisajes místicos, paranormales y mágicos, pero pocos se dan cuenta de que puede impactar dramáticamente al cuerpo: largos períodos de enfermedades extrañas, así como radicales cambios mentales, emocionales, interpersonales, psíquicos, espirituales y de su modo de vida. Una y otra vez oímos relatos de visitas frustrantes, a veces desesperadas, a doctores, sanadores, consejeros, "brujos", etc., que no comprendían ni eran capaces de ayudar con la miríada de dolores y problemas. Veamos manifestaciones comunes de la Kundalini **elevada**:

- Torceduras musculares, calambres o espasmos.
- Erupciones de energía o de inmensa electricidad que circulan por el cuerpo.
- Comezón, vibración, pinchazos, estremecimientos, aguijoneo o sensaciones de arrastrarse.
- Intenso calor o frío.
- Movimientos corporales involuntarios (ocurren más seguido durante la meditación, el descanso o el sueño): espasmos, temblores, sacudimientos, sentir que una fuerza interna nos empuja haciéndonos adoptar posturas o mover nuestro cuerpo de formas inusuales. Puede ser diagnosticado como epilepsia, síndrome de piernas inquietas o trastorno periódico del movimiento de los miembros.
- Alteración en los patrones de ingesta y sueño.
- Episodios de hiperactividad extrema o, por el contrario, fatiga abrumadora (algunas víctimas del síndrome de fatiga crónica están experimentando el despertar de la Kundalini).
- Deseos sexuales intensificados o disminuidos.
- Dolores de cabeza, presiones dentro del cráneo.
- Palpitaciones, Dolores en el pecho.
- Problemas del sistema digestivo.
- Adormecimiento o dolor en los miembros (especialmente el pie y pierna izquierdos).
- Dolores y bloqueos en cualquier parte, muchas veces en la espalda y cuello, muchos casos de síndrome de Marinesco Sjogren, un trastorno genético muy raro caracterizado por ataxia (problemas de equilibrio y coordinación), están relacionados con la Kundalini.
- Estallidos emocionales; rápidos cambios de humor; episodios aparentemente no provocados o excesivos de pena, miedo, cólera, depresión.
- Vocalizaciones espontáneas (incluyendo la risa y el llanto) son tan inintencionales e incontrolables como el hipo.
- Oír un sonido o sonidos internos, clásicamente descritos como de flauta, tambor, cascada, canto de pájaros, zumbido de abejas, que también pueden sonar como rugidos, silbidos o ruidos atronadores o como zumbido en los oídos.
- Confusión mental, dificultad para concentrarse.
- Estados alterados de conciencia: como conciencia más clara; estados espontáneos de trance; experiencias místicas (si el sistema de creencias anterior de la persona es amenazado en demasía por ellas, pueden conducir a rachas de psicosis o fatuidad).

76

- Calor, actividad extraña y/o sensaciones de deleite en la cabeza, especialmente en la zona de la coronilla.

- Extasis, bienaventuranza e intervalos de tremenda dicha, amor, paz y compasión.

- Experiencias psíquicas; percepción extrasensorial; experiencias fuera del cuerpo; recuerdos de vidas pasadas; viaje astral; conciencia directa de auras y chakras al contacto con guías espirituales mediante voces interiores, sueños o visiones; poderes de curación.

- Aumento de la creatividad: nuevos intereses en la auto-expresión y la comunicación espiritual mediante la música, el arte, la poesía, etc.

- Comprensión y sensibilidad intensificadas: comprensión de la propia esencia; mayor comprensión de las verdades espirituales; conciencia exquisita del propio entorno (incluyendo las "vibraciones" de los demás.)

- Experiencias de iluminación: conocimiento directo de una realidad más expansiva; conciencia trascendente.

Cualquiera podría argumentar que la mayoría de estos "síntomas" podrían explicarse desde otros puntos de vista, especialmente médico-científicos... y tendría razón.

Pero numerosas veces ocurre que tampoco se alcanzan a diagnosticar --y menos aún a resolver—con precisión, muchas de estas "alteraciones", desde lo médico-científico.

4

EL AURA

Al menos una vez en la vida
conviene poner todo en discusión.
DESCARTES

13. Primitivos criterios

En el Antiguo Testamento se hace mención por primera vez a la "blanca luz" que rodeaba a Moisés, cada vez que bajaba del monte Sinaí, y que por todos era vista. En el momento de la Transfiguración de Jesucristo se hace referencia igualmente a que irradiaba luz, que parecía salir de sus vestiduras (recordemos los numerosos estudios hechos sobre la famosa "Sábana de Turín", aparentemente la tela que amortajó su cuerpo físico y que quedó impregnada energéticamente con las formas del cuerpo del maestro). Nuevamente aparece Hipócrates, que hablaba de las "misteriosas" energías fluídicas que emanaban del cuerpo, y hacía referencia al *augoeides* o "aura de luz" alrededor del cuerpo humano.

Desde tiempos antiguos muchos artistas y místicos han asegurado haber visto y plasmado en sus obras dicho efecto luminoso: se conocen esculturas asiáticas, pinturas rupestres australianas y tótems norteamericanos que muestran figuras rodeadas por zonas de luz o de líneas que emanan de sus cuerpos. Asimismo se cree que el "halo" y la "aureola", unos motivos omnipresentes del arte religioso occidental, son una especie de aura dorada que rodea el cuerpo o la cabeza de la Divinidad y de los hombres santos.

Fue en 1845 cuando aparece el primer trabajo científico sobre el tema: el barón **Von Reichenbach** afirma que los seres humanos, las plantas, los animales, los cristales y los magnetos emitían radiaciones de color que podían ser vistas y "sentidas" en la oscuridad por personas sensibles.

Basado en estos estudios, en 1911, el médico inglés **Walter J. Kilner**, pionero, publicó en el libro "La Atmósfera humana", sus experimentos realizados para visualizar el aura, realmente sorprendentes. En 1919 formuló un método de diagnóstico áurico de las enfermedades. En la tapa del libro iba pegado un regalo: una pantalla consistente en dos placas de cristal herméticamente selladas entre las que había una solución alcohólica de azul

79

de quinolina, un colorante yodado. Había que mirar a través de la placa a plena luz del día y luego contemplar en un cuarto poco iluminado el cuerpo desnudo de una persona sobre un fondo oscuro. Se podía distinguir tres capas de radiación: una primera oscura e incolora alrededor del cuerpo de 1,5 cm. de espesor, la segunda de 9 cm. y la tercera de 30 cm. También se advertían rayos que emanaban del cuerpo de las personas sanas.

En 1935, **Harold Burr** y **Northrop**, de la Universidad de Yale, expusieron la "Teoría Electrodinámica de la Vida", indicando que todas las formas orgánicas están mantenidas por un campo electrodinámico subyacente.

Todos los reinos tienen aura, inclusive las cosas materiales, ya que todo es energía y cada uno tiene diferentes colores. El aura es un campo de energía que parece emanar de todas las formas vivientes. Se dice que las auras de las plantas, los animales y los minerales se comunican e interactúan mutuamente. Todo es energía vibratoria, es decir produce un cierto brillo, desde las cosas inanimadas hasta los seres vivos, los desencarnados, y por supuesto los seres evolucionados de otros planos.

Se sostiene que alrededor de nuestro cuerpo físico, lo hemos descripto, se advierte un "brillito" de unos 4 cm. que es nuestra **energía vital**, llamada Doble Etérico. A su alrededor se conforma una energía (de unos 40 cm.) que emana de las vibraciones de nuestras **emociones**, el Cuerpo Astral, y a su alrededor otra energía que emana de las vibraciones de nuestros **pensamientos**, el Cuerpo Mental (de unos 60 cm. más), y así se forma este *campo bioenergético oval*, una especie de efluvio electro-magnético-vital, compuesto de todos los colores primarios, llamado *Aura*. Palabra que proviene de una voz griega que puede ser: "brisa", "viento", "atmósfera". Permanece constantemente, y continúa acompañando al resto de los cuerpos después de la desaparición del físico. Una definición sería:

Campo magnético o eléctrico que rodea especialmente el cuerpo animal y que contiene colores debidos a la frecuencia vibratoria de la energía de este campo. Semejante energía se debe al desarrollo psíquico y a las fuerzas vitales del cuerpo. El aura cambia de color en el curso de la evolución psíquica. El aura es visible en ciertas condiciones y ha sido fotografiada. Puede afectar ciertos instrumentos cuya receptividad ha sido perfectamente regulada. Toda célula viviente tiene su aura y lo mismo ocurre con grupos de células.

La creencia en el aura ha estado siempre unida a la "teoría vitalista", según la cual existe una energía cósmica que anima e impregna todo el universo, llamada **chi** por los chinos, **ruasch** por los hebreos, **huaca** por los incas y **prana** por los hindúes.

Aquí un dibujo bastante esquemático y tradicional (que nos pertenece):

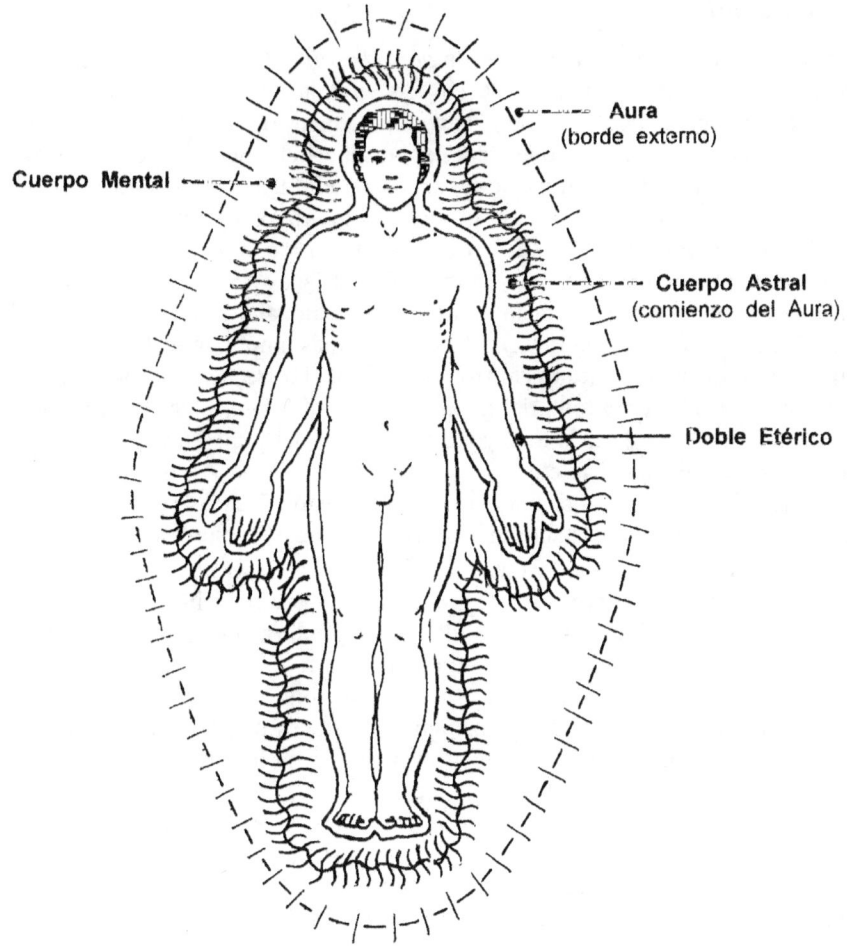

Aunque normalmente no estamos conscientes de ella, el aura determina nuestra primera impresión ante los demás y nuestra manera de reaccionar ante ciertas situaciones ya que es más rápida y sensible que nuestras facultades racionales. Por ejemplo, la incomodidad que a veces sentimos en presencia de algunas personas (vulgarmente decimos: "sentí un rechazo *a flor de piel*"), suele deberse a que sus auras no armonizan con la nuestra. Lo mismo ocurre a la inversa, con la sensación de paz que nos producen algunos lugares, y es porque en ellos no hay auras incompatibles (también puede deberse a que tampoco hay energía de baja frecuencia vibratoria o "negativa" *impregnada* en las paredes y objetos).

81

Capas del aura

a) mas cerca del cuerpo, llamada *aura de salud*. Cuando un ser humano no está sano, posee una acumulación de energía vital, encontrada en la alimentación, en la bebida y en la respiración, la cual irradiará unos 10-15 cm. en forma de líneas rectas que van de la superficie del cuerpo en todas direcciones. Cuando un órgano está enfermo, el lugar donde está situado irradia más débilmente, volviéndose borrosos los rayos de luz.

b) más expandida, llamada *astral* o *emocional* es mucho más sutil. Se extiende también alrededor del cuerpo físico; sus vibraciones son muy sensibles a todo lo que afecta la naturaleza emocional.

c) más alejada, llamada *mental* es mucho más amplia que el del cuerpo astral, hasta donde dan nuestros brazos extendidos. La frecuencia vibratoria de esta capa depende sobre todo del grado de desarrollo intelectual. Se constata que cuanto más elevada es la inteligencia cósmica, más pura y esplendorosa se vuelve el aura mental del sujeto.

Otros dicen que el aura humana tiene al menos 7 capas y algunos que llega hasta 9 capas, de bastante difícil visualización y comprobación.

Primera capa - Cuerpo Etéreo

El cuerpo Etéreo, proviene de Éter, que es el estado intermedio entre la energía y la materia. Este tiene idéntica estructura que el cuerpo físico incluyendo las partes anatómicas. Este cuerpo etéreo es una matriz energética sobre la que se forma y apoya la materia física del tejido corporal. El campo es antecedente del cuerpo físico. Un ejemplo de esto es que la planta proyecta primero una matriz de campo energético en forma de hoja antes de que ésta crezca y luego la hoja llena esa forma ya existente.

Esta estructura está en constante movimiento y se extiende de 1,25 cm hasta 5 cm más allá del cuerpo físico. Su color varía de un azul claro a un gris. El color también varía de acuerdo a la sensibilidad de la persona, alguien más sensitivo tendrá un color azulado, mientras que el grisáceo corresponde a una persona más atlética y robusta.

Segunda Capa - Cuerpo Emocional

Es el segundo cuerpo aural y está asociado con los sentimientos. Sigue también el contorno del cuerpo físico, pero su estructura es más fluida que la del etéreo. Está formado por nubes de los colores del arco iris. Su color varía desde matices transparentes y brillantes a turbios y opacos. Los sentimientos claros como el amor, la excitación, la alegría son brillantes y transparentes, en cambio todos los sentimientos confusos son oscuros y turbios.

Tercera Capa - Cuerpo Mental

Compuesto por sustancias aún más finas, y todas ellas están relacionadas con los pensamientos y los procesos mentales. Aparece normalmente como

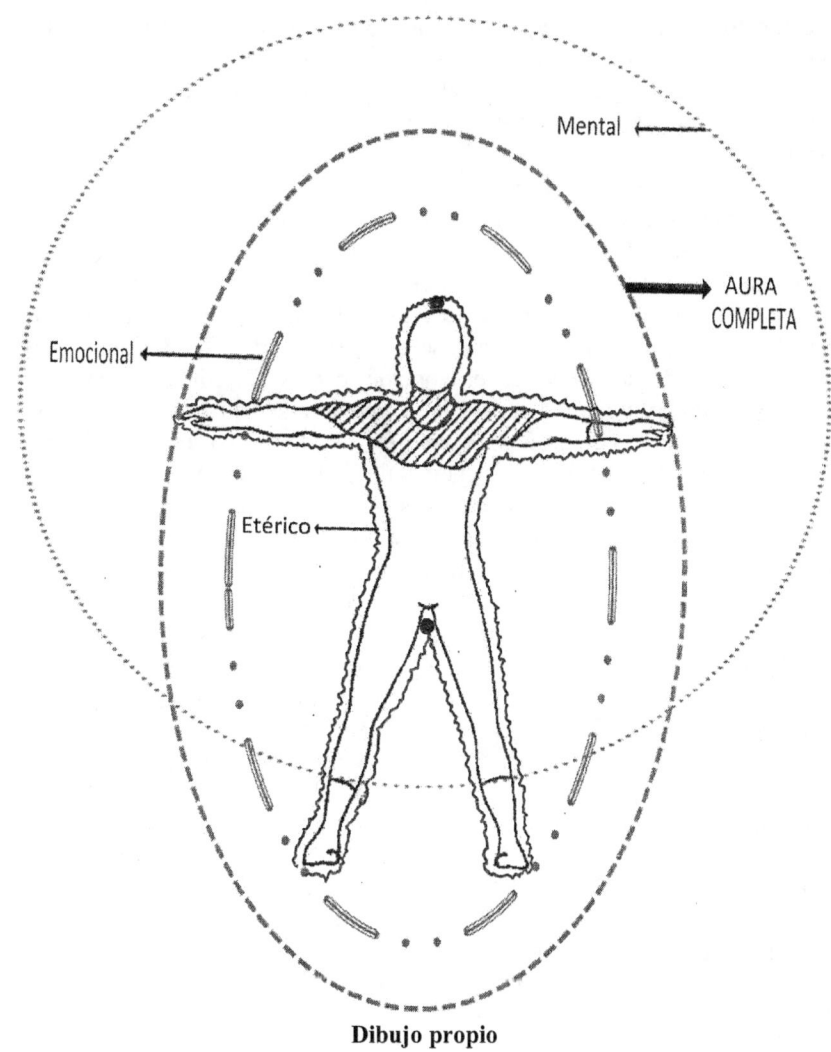

Dibujo propio

una luz brillante que irradia la cabeza y los hombros y se extiende alrededor de toda la parte superior del cuerpo físico. Se extiende mucho más cuando la persona está concentrada en procesos mentales muy profundos. Cuanto más clara y definida sea la idea, más clara y definida será la forma de pensamiento relacionada con dicha idea. Los pensamientos habituales son fuerzas muy poderosas, que afectan nuestras vidas. Es por eso que debemos tener siempre pensamientos positivos ya que el pensamiento crea. Por lo tanto si pensamos en forma positiva crearemos cosas positivas.

Estos tres planos o cuerpos mencionados arriba, están dentro de los planos físicos, de los que más tenemos conciencia. Las tres capas aurales inferiores metabolizan las energías relacionadas con el mundo físico, y las tres capas superiores metabolizan las energías relacionadas con el mundo espiritual.

Cuarta Capa - Cuerpo Astral

La cuarta capa denominada cuerpo astral es el puente entre el plano físico y el plano espiritual. Es el plano que comunica uno con otro. Este plano esta relacionado con el Amor, es el corazón, el centro del amor. Es la puerta que nos permite percibir otros estados de Realidad. La energía espiritual debe pasar por el corazón para transformarse en energías físicas inferiores y las energías físicas deben atravesar el corazón para convertirse en energías espirituales. Tan pronto como se abre la percepción de las capas superiores se inicia también la percepción de personas o seres que no tienen cuerpo físico. Cada una de las capas situadas por encima de la tercera es una capa completa de realidad en la que se incluyen seres, las formas y las funciones personales que sobrepasan lo que normalmente llamamos "humano". Cada una es un mundo completo en el que vivimos y tenemos nuestro ser.

Quinta Capa - Cuerpo Etéreo del Plano Superior

Es el nivel donde el sonido se hace materia, por eso la música es muy efectiva para la curación a este nivel. Se parece al negativo de una fotografía. Su forma es de líneas translúcidas sobre un fondo azul cobalto. Tiene el aspecto de una forma oval completa. Contiene la estructura completa del campo, incluyendo los chakras, los órganos corporales y las formas del cuerpo.

Sexta Capa - Cuerpo Celestial

El sexto nivel es el nivel emocional del plano espiritual. A este nivel experimentamos lo que se llama **Gozo**. Este lo podemos alcanzar por medio de la meditación, del canto, de la danza, y otras formas de transformación espiritual. Cuando alcanzamos el punto del Ser donde conocemos nuestra verdadera conexión con la humanidad, con todas las criaturas vivientes y con el universo, podemos ver todo a través de la luz y el amor y sentirnos parte del Todo, de la Unidad. El amor incondicional fluye a través del chakra del corazón y el chakra celestial o de la garganta. El color del cuerpo celestial es de color oro-plata, es una hermosa luz tornasolada, brillante y opalescente. Se semeja al brillo de una vela encendida. Dentro de este brillo hay también rayos de luz más intensos y brillantes.

Séptima Capa - Cuerpo Cetérico

Esta capa es el nivel mental del plano espiritual. Esta es la Unidad pura y somos Uno con el Creador. Contiene todos los cuerpos aurales asociados con la encarnación por la que esta pasando un individuo. Se asemeja a un conjunto de millares de hilos dorados. Es la capa más fuerte y elástica y es la capa que protege todo nuestro campo aural. En este plano están las bandas de la vida anterior. Este nivel es el último nivel aural en el plano espiritual más allá de éste se encuentra el plano cósmico, el cual hay que estar muy evolucionado y nada condicionado.

Octava y Novena Capa - El Plano Cósmico

Ambos están asociados con los chakras octavo y noveno los cuales están fuera del cuerpo, ellos están situados por encima de la cabeza. Cada nivel parece ser cristalino y estar compuesto por vibraciones muy altas y finas. Se sabe muy poco por ahora de estos niveles.

Colores en el aura

Según descripciones de **Jorge Adoum**, la forma ovoidal del aura tiene, en la mayoría de las personas, una parte más ancha abajo y una más estrecha arriba, en la cual se hallan los colores nítidos y brillantes que permanecen inalterados por mucho tiempo. En la parte baja ancha, los colores son más turbios y sucios con vibraciones lentas y groseras y cambian o desaparecen con mucha rapidez siendo reemplazados por otros parecidos.

Esto concuerda con la teoría metafísica que habla del *cinturón electrónico* o cinturón *karmático*: la sustancia viciada o negativa acumulada en las encarnaciones forma en el aura como "un timbal que se extiende desde la cintura hasta más abajo de los pies".

Los colores, entonces, varían de acuerdo a muchas circunstancias. Alguien poco evolucionado o en quien aún persisten elementos de naturaleza muy baja, densa, casi animal, presenta un contorno indefinido, con poco colorido y se entremezcla con los contornos del cuerpo físico. Si las emociones o sentimientos son muy sombríos los colores comienzan a degradarse hacia los grises, pudiendo llegar a ser bastante oscuros; y con "relámpagos" en quienes se entregan al mal, como los llamados "magos negros".

Quién convive con HMN, muestra colores "desteñidos", con ausencia o predominio de algún color sobre otros, generando vibraciones *contagiosas* que producen sensaciones desagradables y enfermizas. También muestra "marcas" quien tiene enfermedades, y esas marcas coinciden con el lugar del cuerpo físico donde se manifiesta la patología o el órgano dañado.

Prosigue Adoum que muy pocas personas tienen el cono invertido, con la parte ancha muy bien delineada y de una luminosidad de sorprendente belleza. Los Guías y Maestros espirituales, al igual que otros "seres de luz" como los

Ángeles, irradian, dicen, un brillo muy particular que, en algunos --según testimonios-- puede ser benignamente enceguecedor, y en otros parece "como si quemara", realmente abrasador. Los Maestros, que son los que podemos ver encarnados, tienen un aura que puede extenderse hasta varios kilómetros, lo que explicaría su influencia sobre numerosas personas y les permite detectar aspectos de la realidad inmanente a gran distancia, así como conectarse naturalmente con los niveles superiores de consciencia. Debido al gran equilibrio interior.

Rojo: Actividad, fuerza de voluntad, emociones expresivas y gran vitalidad. Al rojo le gusta la pelea y el desafío; un rojo intenso significa hiperactividad.

Naranja: Creatividad, potencial artístico, inteligencia activa. Vibra más lentamente que el rojo y combina actividad y pensamiento.

Amarillo: Actividad a nivel mental. Indica condiciones óptimas para un perfecto funcionamiento de nuestra capacidad intelectual.

Verde: Señala el centro y el equilibrio.

Azul: Seguridad, tranquilidad. La mente puede penetrar en dimensiones más elevadas del ser, gracias a que el cuerpo vibra más lentamente.

Violeta: Búsqueda de soluciones mágicas y místicas. Transmutación, intuición. Este color señala una energía psíquica muy sutil que rechaza la violencia y la confrontación.

Blanco: Espiritualidad, actividad mística, concentración, energía.

No hay un criterio único sobre el significado de los colores del aura y la naturaleza de los cuerpos sutiles que nos rodean, aunque en general se habla del **cuerpo físico** (relacionado con el chakra raíz situado en el perineo y el color *rojo*); el **emocional** (conectado con el chakra del aparato reproductor y con el color *naranja*) que refleja los deseos; el **mental** (asociado al chakra del plexo solar y al color *amarillo*); el **cordial o anímico** (relacionado con el chakra del corazón y el color *verde*); el cuerpo **etérico**, también conocido como aura pránica, intermediario entre los mundos físico y espiritual (asociado al chakra de la garganta y al color *azul o turquesa*); el cuerpo **astral** (chakra de la frente y color *azul y rosa*); y el cuerpo **causal**, en el que se depositaría la semilla que reencarna vida tras vida (chakra de la coronilla y color *violeta*).

Todas estas auras influyen unas sobre otras y son percibidas por los videntes como una colorida atmósfera luminosa. El predominio del color azul, por ejemplo, indica gran espiritualidad, mientras que el amarillo y el naranja señalan pensamientos elevados.

Cuando la persona no está en armonía, los colores se ven teñidos por manchas y la forma ovoidal presenta disgregaciones.

Percibir el aura

Aquí explicamos brevemente tres maneras de percibir el aura humana.

a) sobre otro. Es esencial buscar una habitación con la iluminación suficiente para poder distinguir las facciones del sujeto al que se va a observar, aunque evitando una luminosidad excesiva. La persona se coloca sobre un fondo neutro, una pared lisa y blanca. Comenzar situándose frente a él, cómodamente sentado y poniendo sus dedos índice (los de ambas manos) a la altura de los ojos, con una distancia de unos diez centímetros entre ellos. Manténgalos siempre dentro de su campo de visión y concentre su atención en el sujeto que va a observar hasta que note cómo se va perdiendo su visión lateral. Entonces, únicamente verá la figura y un halo fluctuante que emana de él. Pídale que respire profundamente.

Es conveniente que el individuo imagine cómo el aire penetra en él y llega hasta su cabeza. Entonces, usted percibirá fluctuaciones de niebla sobre la zona de la coronilla. Si a continuación le pide que, mentalmente, concentre el aire en la palma de una mano, las variaciones se producirán en esa zona.

b) sobre uno mismo. Siguiendo las anteriores instrucciones y empleando un espejo. Asegúrese de que detrás de usted haya una pared lisa. Concentre su mirada en su reflejo, utilizando la técnica que mejor resultado le haya dado en sus prácticas anteriores. También puede utilizar la "visión periférica". Este sistema lo conseguirá fijando la mirada en un punto que se sitúe a unos cinco centímetros por encima de su cabeza pero sin perder de vista el contorno de su silueta. Lentamente, se formará ante usted el halo de luz que rodea su figura.

c) mediante el uso del tacto. Coloque sus manos a cierta distancia y con las palmas dirigidas hacia el cuerpo del individuo cuya aura va a explorar. Para iniciar el examen acerque lentamente las manos hasta que note un campo de energía entre sus palmas y el organismo del otro. Podrá percibirlo en forma de cambio de temperatura o de vibraciones. Acostúmbrese a su tacto y comience a recorrer todo el cuerpo sin perder esa sensación. Observe en qué lugares se intensifican los flujos de energía o cambian de forma. Cuando finalice el ejercicio, es conveniente realizar un dibujo y anotar todas las impresiones que el experimento le haya producido.

No olvide señalar las zonas de resistencia, los cambios de temperatura, las distintas capas o niveles perceptibles... Esto le ayudará a ir desarrollando su propio sistema interpretativo. No descarte el dejarse guiar por su intuición, ya que se trata de una experiencia muy personal. Poco a poco descubrirá cuáles son los puntos donde se ubican los bloqueos de energía. Observe si éstos coinciden con la localización de los chakras; es una buena fórmula para detectar las anomalías físicas.

La contaminación áurica por las relaciones sexuales

La contaminación áurica sucede frecuentemente cuando unimos nuestra energía en las **relaciones sexuales**, dado que también damos nuestro poder y vibración de vida a la otra persona, creando lo que antiguamente llamaban *puentes de poder* o *lazos kármicos*.

Tema algo complicado, que ha sido motivo de bastante investigación, y aquí desarrollamos las probables conclusiones.

Se dice que los líquidos seminales y vaginales se convierten en plasmas energéticos dentro de los cuerpos sutiles y por ello el lazo no se rompe fácilmente. Es así como seguimos unidos con todo aquel con quien hemos compartido nuestra cama, nuestro espacio y nuestro cuerpo físico y energético. Para algunos, esta unión energética dura siete años a partir de la última relación sexual. Si bien la unión energética hace que la energía del otro se mezcle con la de nuestra aura, al fusionarse una con otra, también durante la unión se forman lazos o cordones a través de los chakras.

Tales cordones también son perdurables y sirven de puente para la constante comunicación energética, aun cuando la relación haya terminado. Esto explica las relaciones adictivas (según el chakra con mayores cordones), los apegos y las dificultades que se tienen para romper definitivamente con relaciones no sanas.

Los lazos energéticos en las **relaciones sexuales** tienen un aspecto positivo y un aspecto negativo. Si tenemos un lazo con alguien que nos quiere, nos enviará buenos pensamientos y energías. Si la persona no nos quiere y está pensando mal sobre nosotros, o está apegada y obsesionada, recibiremos por medio del "hilo energético" malos pensamientos, bloqueos, obstáculos y malas energías, hasta el punto que podemos llegar a enfermarnos. Al mismo tiempo, esto obstaculiza la formación de una mejor relación de pareja.

Ocurre también que una de las dos personas, o ambas, tiene sexo con varias parejas muy densas y contagiadas con energías de otros, creando lo que se denomina un **nido de larvas**, dentro del cual se mantienen relaciones promiscuas, y allí comienza la contaminación áurica.

Si una mujer queda embarazada en este tipo de vínculo, el ser que encarna viene del más bajo astral o muy impregnado con cargas densas, lo que tiene repercusiones en su próxima calidad de vida.

Las cosas se complican cuando la cadena es grande; y los casados o comprometidos infieles contaminan a sus parejas al traer toda esa basura energética a su vínculo conyugal, "adulterando" la energía creada en su relación estable. Conociendo todas estas implicaciones, antes de tener sexo con alguien, deberíamos ponderar qué es lo que esto va a generar en nosotros mismos y en la otra persona. Conocer al otro se hace importante en todas las relaciones sexuales.

Lo anterior es difícil en los actuales tiempos, caracterizados por las relaciones rápidas guiadas por la atracción relámpago y una supuesta "química sexual". Ello hace que la mayoría de las personas tengan alta contaminación energética en sus campos, siendo posiblemente una de las principales causas de las dificultades que muchos experimentan para formar pareja y establecer relaciones estables y armónicas.

Como resultado --contrario a los buenos deseos-- se comienzan a atraer personas cada vez más cargadas y los problemas que se presentaron en las relaciones anteriores, aumentan en potencia y hasta se multiplican, pues por Ley de Atracción, quienes se acercan comparten nuestra vibración según las "cargas energéticas que se portan en el aura".

El sexo es espíritu y vida al servicio de la felicidad y de la armonía del universo. Por consiguiente, reclama responsabilidad y discernimiento, dónde y cuándo se exprese. El individuo necesita y debe saber qué hacer con su energía sexual, observando cómo, con quién y para quién se sirve de tales recursos, entendiéndose que todos los compromisos en la vida sexual están igualmente subordinados a la Ley de Causa y Efecto; y, según ese exacto principio, de todo lo que demos a otro en el mundo afectivo, ese otro también nos dará. ¿Es posible limpiarse energéticamente?

Ante ello, existen algunas opciones, que no eximen de la responsabilidad y toma de consciencia recomendada en párrafos anteriores. Las propuestas son las siguientes:

- Ayuno sexual: es el método más limpiador, principalmente luego de terminar una relación, siendo lo mejor para vaciarnos de la información del otro. Sería ideal, tomar al menos un año de ayuno sexual luego de finalizar una relación.

- Elevar la vibración: meditando y agradeciendo a cada una de las parejas, perdonando y autoperdonándose para ir limpiando los cuerpos energéticos a través de meditaciones con luz blanca, dorada, o violeta. La idea es cambiar la frecuencia vibracional a través de pensamientos y actitudes positivos.

14. Auraterapia

Mientras que algunas personas creen que sólo ciertos individuos dotados pueden ver auras (cosa que es cierto), en la actualidad existen ejercitaciones que pueden llevar a desarrollar en mayor o en menor grado esa capacidad en cualquiera de nosotros. Los que practican auraterapia suelen ser terapeutas heterodoxos interesados en el dominio de lo espiritual. Por lo común su capacidad para ver el aura y usarla con fines terapéuticos es producto de años de experiencias con pacientes.

Los auraterapeutas se basan en que el estado del aura (que es de cambios constantes) permite determinar la personalidad, las emociones, el estado de salud física, la relación con el entorno y hasta el grado de evolución espiritual del paciente. Una vez que se ha conseguido interpretar con claridad el aura, se procede a iniciar el tratamiento, que puede adoptar diversas formas y acudir al apoyo de otros sistemas terapéuticos, incluida la necesidad de que el mismo paciente intervenga en su propio proceso curativo, ya que el objetivo es modificar las causas que llevaron a que en el aura se manifiesten (se visualicen o se "lean") los efectos o los cambios que alteraron a la persona. El aura *no se enferma* (como dicen impropiamente algunos), es el ser humano "el enfermo", el que presenta un estado físico, mental y espiritual alterado y es esto lo que se refleja en el aura. Estos "cambios áuricos" pueden ahora detectarse con aparatología. Veamos cuales son.

1. Kirlianterapia

Los colores del aura, su intensidad y su variación, se pueden fotografiar y, desde allí, ser objeto de interpretación médica y psicológica. En 1939, el ingeniero ruso **Semyon Kirlian**, y su esposa, descubrieron accidentalmente lo que después convertirían en un método de gran difusión en 1960: se toman fotografías especiales de los **dedos** de las manos y allí se obtiene el "cuerpo" del dedo que se trate (generalmente en color negro) con todo su contorno luminoso y en colores a través del cual es posible evaluar las condiciones en que se encuentra la persona y hasta detectar una posible enfermedad cuando recién se está gestando y no se ha manifestado aún.

Actualmente, los rusos ya poseen cámaras para fotografiar el huevo áurico en su totalidad, ver más adelante las maniobras de Korotkov.

En diferentes secuencias fotográficas podemos comprobar las asombrosas modificaciones que se producen en las estructuras energéticas mientras la persona realiza prácticas en el campo de la alteración de la conciencia. El aura de los dedos muestra un aumento sustancial de la corona tras estar meditando diez minutos y, después de veinte, la imagen muestra que el individuo ha alcanzado un estado de onda cerebral alfa.

No hay duda de que lo que en ellas se capta es un campo energético que tiene que ver con la vida y la conciencia. Es cierto que es difícil aplicarla como método de diagnóstico, debido a los múltiples factores que interfieren en la técnica y a que nuestro campo energético oscila continuamente. Pero ha revelado que la conciencia y el pensamiento --incluso los ajenos-- influyen en los colores e intensidad del campo energético, lo mismo que la enfermedad.

Y no deja de ser revelador que refleje en las manos los mismos puntos energéticos que señala la acupuntura. Veamos algunos **ejemplos**.

90

• Cuando una persona goza de buena salud, la corona de los dedos es azul y blanca; cuando está nerviosa las yemas de los dedos emiten formas rojas.

• Los tumores cancerosos se presentan con sombras blancas o grises en torno al lugar del cuerpo donde se hallan.

• La intoxicación con drogas (alcohol y marihuana) producen un aumento en el brillo de la corona.

• Durante su actividad mediúmnica, los psíquicos muestran una corona puntiaguda muy concentrada en las puntas de los dedos.

Cuando estamos enfermos, ya sea física o mentalmente, la forma del aura se modifica notablemente. Uno enseguida se da cuenta cuando un aura es anormal, ésta pierde su simetría y se ve mucho menos intensa o brillante, también puede ser nula, según el tipo de enfermedad. Una foto Kirlian por ejemplo puede revelar una enfermedad 6 meses antes de que se manifieste en el cuerpo. Lo que revela una foto kirlian de uno mismo puede ser muy impresionante.

A nivel general cuando un individuo goza de buena salud, física, mental, emocional y espiritual el color de su aura puede ir del púrpura al rosa. Si el individuo está enfermo, presentará un color que va desde el púrpura al blanco. La intensidad varía según cada individuo.

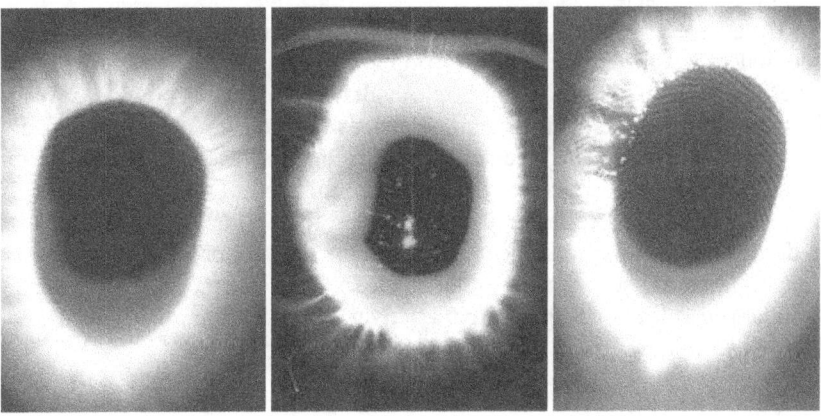

Inflamación de ovario

2. "Kirlian Videk GDV"

Desarrollado por el físico y matemático ruso Konstantín G. Korotkov, consiste en una modernizada cámara Kirlian y un ordenador o computador portátil cuyos softwares procesarían todos los parámetros posibles de la energía física y de la emocional siempre a través de los dedos de la persona. Este nuevo sistema se llama "bioenergoinformática". Ver apartado N° 17.

91

3. "R.I.F."

El "Resonant Field Imaging", inventado por Mathew Greene, es un sistema de resonancia magnética para captar imágenes del aura, con gráficos bioenergéticos a todo color de objetos, plantas, animales e incluso "bioenergía ambiental" (ondas cerebrales en el aire). Interpreta 15 colores bioenergéticos que serían los que dicen se pueden distinguir dentro del espectro óptico.

4. Aura Video Station

Un programa de computación que permite ver en el monitor el aura total sobre el cuerpo físico, y los colores rojo, naranja, amarillo, verde, azul, violeta y blanco. A través de poner la mano en el Bio Guante, el software capta las variables de movimientos y emociones, haciendo variar en forma inmediata la combinatoria de colores en la pantalla.

5. Aura - Soma

Aura Soma es un sistema terapéutico que fue concebido en Inglaterra por **Vicky Wall** tal como lo cuenta en su libro "El Milagro de la Sanación por el Color". Un método **auto-selectivo** y no intrusivo, fácil de usar. Dicen que ayuda a re-equilibrar al Ser gracias a la acción de los colores apropiados. Nos da la posibilidad de experimentar el color como espejo de nuestra consciencia ayudando a la sanación.

El proceso terapéutico funciona de la siguiente manera: de una vidriera donde podemos ver **99** botellas de vidrio de aceites de colores que contienen las energías de las plantas, de los cristales y del color, llamada por Vicky Wall "El Espejo del Alma", se eligen **cuatro frascos** guiándose por los colores que más atraigan. Desde el lenguaje del color estos cuatro frascos reflejan aquello que necesitamos saber acerca de nosotros mismos. La selección es el diagnóstico: significa prescribirse a uno mismo todo aquello que se necesita para desarrollar el propio potencial. Esto forma parte del proceso terapéutico, es decir que por primera vez el terapeuta es uno mismo. El profesional interpretará la selección y guiará para activar el proceso que ha comenzado durante la sesión.

5

RADIESTESIA Y RADIÓNICA

La Radiestesia es la percepción olvidada.
EPIFANIO ALCAÑIZ

La Radiónica es la sensibilidad
de una máquina
especialmente diseñada.
MIRTHA MANNO

15. Concepto de Radiestesia

Maniobra mental y manual mediante la cual se detecta in situ o a distancia y a través de un instrumento, las radiaciones emitidas por cualquier cuerpo o forma de energía: personas, objetos, animales, plantas, vetas de agua, etc. Sirviendo también para obtener la ubicación de un elemento determinado a partir de la incertidumbre de su ubicación.

Esta disciplina fue denominada **Radiestesia** por el monje francés abate **Alexis Bouly**, hacia el año 1898, quien fundaría la Sociedad Amigos de la Radiestesia. El nombre está formado por la palabra latina *radius* que significa **radiación** y por el vocablo griego *aisthesis*, en su acepción de **sensibilidad**.

Breve historia de la radiestesia

En dibujos realizados en cuevas en Sudáfrica hace unos 16.000 años a.C. se representan individuos con una varilla en sus manos. Igualmente en inscripciones en piedra en Tassilo situada en el Sahara del Norte. De igual antigüedad son unos jeroglíficos al noreste de África, en la localidad de Kaplan.

Inicialmente se denominó **Rabdomancia**, *rabdos*: rama, varilla; y *mancia*: adivinación. También se llamó a quien realizaba el testeo, *Zahorí*, persona a quien se atribuye un poder de descubrir lo oculto, especialmente corrientes o pozos subterráneos de agua, alguien muy perspicaz, que se vale de una varilla radiestésica o de la simple **horqueta** de una rama de árbol (en especial de duraznero).

El nombre "zahorí" es de origen árabe (*zuharí*) y significa "geomante" ("mago o adivino de la tierra"). *Zuharí* viene del nombre con el que los árabes nombran a la estrella Venus (*azzuharah*), es decir, que los árabes consideraban a los zahoríes, "astrólogos de la tierra".

Las prácticas adivinatorias basadas en la llamada "magia popular", para buscar agua subterránea, son antiquísimas. La mayoría de los pueblos y culturas han necesitado de esta práctica en mayor o menor medida y tanto los geomantes chinos y coreanos como los aborígenes australianos han utilizado técnicas adivinatorias para encontrar agua desde muchísimo antes de la Edad Media y, por supuesto, en lugares alejadísimos de Europa.

El tesoro más preciado para el ser humano es el agua, sin el cual no podemos subsistir. Por eso las grandes civilizaciones de antaño se han formado siempre a lo largo de los grandes ríos. Sin embargo el hombre fue ampliando sus dominios, y descubrió que en muchas partes podía cavar pozos en el suelo y obtener agua de las entrañas de la tierra. Había que saber sólo dónde y a qué profundidad había que cavar para obtener el agua. Esto es especialmente importante en terrenos áridos o rocosos, donde la perforación de un pozo puede ser un asunto sumamente costoso.

Lo que sí es cierto es que los métodos estándares y prácticas concretas de los zahoríes **europeos** (especialmente el uso de varas) tienen sus orígenes en la Edad Media y en Centroeuropa. Con la expansión colonial europea, esas prácticas de "magia popular" fueron llevadas por los colonos a muy diversas partes del mundo y es por eso que, hoy por hoy, las técnicas zahoríes "europeas" son las más extendidas.

James Randi, el famoso "mago escéptico", menciona en sus informes desmitificadores sobre los zahoríes que éstos emplean el llamado "efecto ideomotor": un fenómeno psicomotriz en el que las personas mueven las cosas inconscientemente.

En los documentos de épocas antiguas como la de la construcción de las Pirámides de Egipto y también en los libros sagrados como en La Biblia, se mencionan hechos acerca de estos fenómenos. Por ejemplo, el pasaje bíblico cuando **Moisés**, usando una vara hizo brotar agua de la ladera de un monte para calmar la sed de su pueblo.

En el 2200 a.C. el Emperador **Kuang Yu**, creó la profesión de geomante, y escribió un libro acerca de este arte. **Homero** en "La Odisea", Canto 24, habla de Rhabdos. El Oráculo de Delphos habla del Péndulo de Phytia.

Durante la Edad Media un técnico de minas alemán escribió un manuscrito en el que describía el empleo de las varillas para la localización de minerales y pozos subterráneos.

El zahorismo, tal y como se practica hoy en día parece haberse originado en Alemania durante el siglo XV para encontrar metales. Ya en 1518 **Martín Lutero** la citaba como una violación del primer mandamiento, al considerarlo un acto de brujería en su obra "Decem praecepta". En la edición de 1550 de la "Cosmographia" de **Sebastián Münster** aparece un grabado de un zahorí con una varilla en Y en unas extracciones mineras. En un grabado del libro "De Re Metallica", de **Georgius Agricola** aparecido en el año 1530, se puede apreciar cómo se buscaban estos tesoros subterráneos mediante una horquilla que efectúa un movimiento en las manos del portador al pasar éste por encima de un yacimiento metálico. En 1556, este autor, realiza una detallada descripción del zahorismo para la búsqueda de metales.

En 1662, el jesuita **Gaspar Schott** afirmó que la práctica era una superstición, e incluso satánica, aunque posteriormente diría que no estaba seguro de que el diablo fuera siempre el que movía la varita. El uso de varas o ramas para la localización ha sido un elemento popular de las creencias populares de principios del siglo XIX en Nueva Inglaterra. Los primeros líderes mormones, religión surgida en esa época, participaron de esas creencias. Así, **Oliver Cowdery**, escriba del "Libro de Mormón" y uno de los doce apóstoles de la Iglesia Mormona, usó una varilla para practicar la adivinación. En el siglo XVIII, **Meissen**, otro minero alemán, contribuyó a dar un gran auge a esta ciencia y ganó para los zahories el crédito y el respeto de la comunidad.

Segun pasaba el tiempo, la radiestesia quedo enfocada a las zonas rurales y los pueblos, excepto en Francia donde se usaba para la arqueologia. Ya a principios del siglo XX se comenzó a estudiar la radiestesia desde el punto de vista científico. **Alexis Mermet** escribe acerca del péndulo y la varilla radiestésicos. Hoy en día no es raro encontrar radiestesistas en compañías petroleras, como parapsicólogos ayudando en la investigación policiaca o trabajando para proyectos arqueológicos.

En 1940, otro investigador llamado **Víctor Mertens** escribe su libro, "Radiestesia y Telerradiestesia", y en el mismo año **Jean Charloteaux**, en Bruselas, edita "Tratado de Radiestesia Física" En 1943, **Antoine Luzi** escribe en París, "Radiestesia Moderna". **José M. Pilón**, escribe en Madrid, 1975, "Radiestesia Psíquica". **Alexis Carrel**, Premio Nobel, también escribió sobre radiestesia.

Como funciona

Primero y principal, ¿quién o qué "mueve" un instrumento de radiestesia ya sea para efectuar preguntas o para testear vibraciones o energías? Existen dos líneas de conocimiento que intentan explicarlo.

1. Nuestra propia mente subconsciente manifestada en imperceptibles movimientos neuromusculares.

Es conocido incluso por la ciencia de la existencia de un campo magnético que rodea el cuerpo humano que puede mover pequeñas masas como las agujas de un compás, o las oscilaciones de un péndulo a sola voluntad de la mente o a voluntad del subconsciente si se le invoca. Esta pequeña capacidad (la de mover una aguja o un péndulo) que tenemos los seres humanos pasa enormemente desapercibida durante toda nuestra vida. Se dice que esta fuerza es una energía "motora" similar a los impulsos nerviosos del sistema nervioso autónomo. La diferencia radica en que también es conductora de respuestas del subconsciente.

Si a todo esto se lo ayuda con algún "instrumento" que dé indicaciones direccionales entonces es posible encaminar o disciplinar las respuestas.

Nuestro cuerpo actúa como una gran antena que capta esas radiaciones y provoca que los músculos de nuestro cuerpo tengan como pequeñas contracciones imposibles de percibir si no es con un amplificador, en este caso un péndulo o varilla. Cuando se consigue una concentración suficiente como para solo centrarse en una persona, objeto, etc., nuestro cuerpo solo recibe las radiaciones de ese otro cuerpo e ignora las demás, pudiendo así localizar lo que uno quiera.

Otros hablan de la *convención mental*, una especie de "acuerdo" de lenguajes y significaciones entre el hemisferio cerebral derecho (más espacial y totalizador) y el izquierdo (más racional y consciente), para que los movimientos de los instrumentos sean comprensibles conscientemente por nosotros.

2. Una presencia extracorpórea.

¿Hay una existencia fuera de nosotros, de nuestra mente subconsciente, que pueda interrelacionar con nuestras inquietudes? Tal parece que sí, y es posible comunicarse con su presencia a través de la radiestesia (péndulo o testeador). Obtener respuestas de su parte. Saber si tenemos su asistencia para armonizar a terceras personas (siempre la tenemos para nosotros cuando nos autoarmonizamos). Una característica muy notoria es que antes de formularle la pregunta verbalmente, ya está respondiendo con el movimiento del instrumento de radiestesia que estemos usando.

Se trata, según numerosas líneas de conocimiento (esotéricas, filosóficas y/o religiosas) de esa alma evolucionada que nos asiste desde nuestra encarnación en el seno materno hasta nuestra desencarnación, conocida como Guía Espiritual (Ángel de la Guarda para los católicos, etc.)

Según algunos médiums o "contactados", nadie puede leer nuestros pensamientos, ni siquiera nuestro Guía Espiritual, entonces ¿cómo responden a nuestras preguntas formuladas "in mente"? Creemos que, simplemente, es por el fenómeno de la **telepatía** (aunque corroboramos que **SI** los "leen").

96

¿Como saber si se tiene capacidad para realizar radiestesia? Todas las personas pueden practicar la radiestesia, como toda ciencia o todo arte requiere paciencia y constancia, pero es verdad que algunas personas tienen mas facilidad para practicar este arte, aunque con práctica, cualquiera puede ser un buen radiestesista.

Instrumentos de radiestesia (sólo algunos)

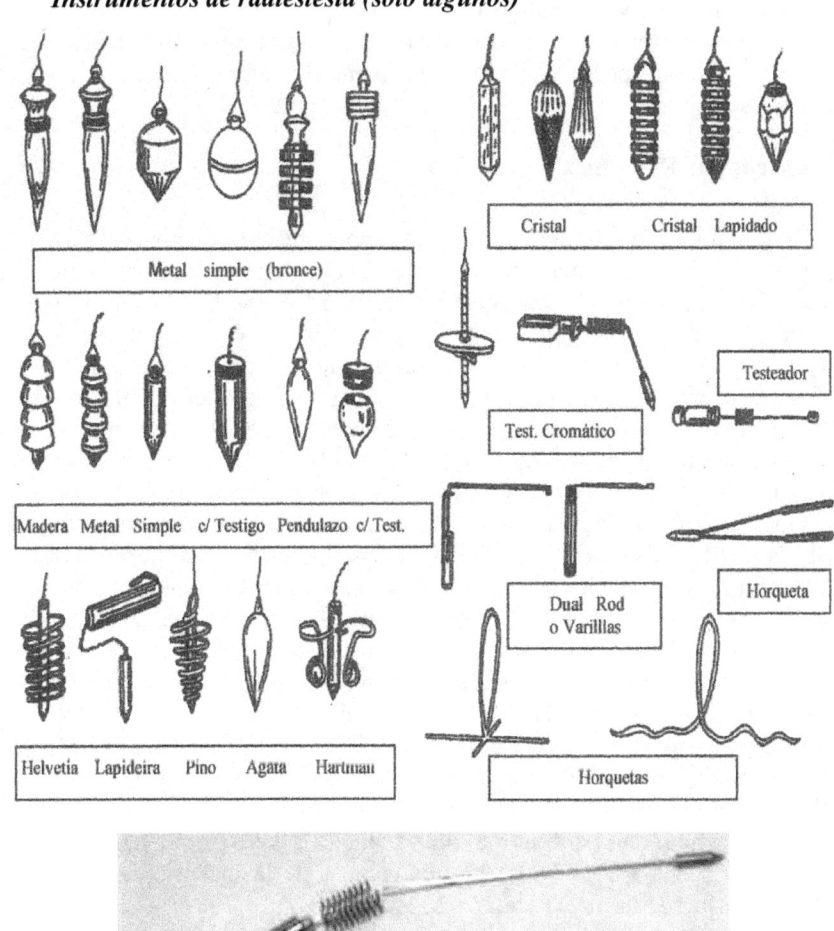

Metal simple (bronce)

Cristal   Cristal Lapidado

Test. Cromático

Testeador

Madera Metal Simple c/ Testigo Pendulazo c/ Test.

Dual Rod o Varilllas

Horqueta

Helvetía Lapideira Pino Agata Hartman

Horquetas

Ultimo instrumento de radiestesia

Lo llamamos simplemente *Testeador*

97

Radiestesia Médica

Es la especialización por la cual se diagnostica el estado de salud y enfermedad de la persona, los síntomas anátomo-fisiológicos y psíquico-patológicos, energía y chakras, carencias y excesos, alimentos no propicios y convenientes, remedios exactos y sus dosis, mejores técnicas para que la persona se sane, etc. Ver Péndulo Hebreo en la pág. 143.

Se debe entrenar exhaustivamente para este procedimiento y tener una correcta ética con los pacientes (sobre no comentar y pedir permiso cuando se realiza a distancia).

16. Concepto de Radiónica

La última batalla en la Galia, ha puesto de manifiesto que los "Bárbaros del Norte" no son precisamente un enemigo fácil de derrotar. El Gran Imperio Romano tiene que aceptar el valor y la belicosidad de estos temibles guerreros. El General Titius ha sido gravemente herido con la espada de Vertolux, y es trasladado a Roma para ser atendido por los galenos romanos. Pero las heridas no remiten. Ve próxima su muerte y siguiendo el código del honor de todo buen soldado, envía un mensajero para felicitar a Vertolux, asegurándole que considera un honor caer abatido por tan noble enemigo. Vertolux, se ve sorprendido por tal gesto y acude al Druida, quien le dice le traiga la espada con la que hirió al romano y que le iba a curar a la distancia. Vertolux entrega la espada y el Druida extiende un brebaje a base de hierbas antibióticas sobre la hoja de la misma. Repite la misma operación durante los siguientes quince días. Finalmente llegan al poblado unas extrañas noticias: ¡el General Titius ha comenzado a mejorar en forma extraña desde el mismo día en que le fue aplicada a la espada la pócima del Druida y milagrosamente ha sanado! Esto es Radiónica: la técnica que maneja la **acción** a distancia.

Radiónica médica: es la parte de la Radiónica que maneja la **curación** a distancia. En algunos países como la India, se le denomina *Telecuración*.

La Radiónica es la **Ciencia de las Vibraciones**. Es la técnica capaz de transmitir una onda vibratoria de un lugar a otro, produciendo una somatización o una alteración en las condiciones de la materia. Es también la forma más moderna de la antigua Magia.

Actualmente la Radiónica se utiliza sobre todo en las aplicaciones médicas, para inducir consuelo o alivio al enfermo, también para potenciar medicamentos mediante la inserción de la vibración de otras sustancias, que queremos aplicar sobre tal o cual producto. Para enviar frecuencias vibratorias a grandes distancias. Para realizar un proceso alquímico.

98

Se requiere de poco material para experimentar en Radiónica. Basta con un pequeño péndulo, una buena disposición mental, unas pequeñas plantillas y una buena dosis de fe. Para los más exigentes se dan sofisticados métodos y máquinas de naturaleza electromagnética, que buscan los mismos resultados, y que nos adentran en el campo de las radiaciones electromagnéticas del futuro y en las posibilidades de la Física Cuántica.

Estamos ante un mundo de posibilidades sugerentes e infinitas que empeñan la parte más audaz de nuestra mente, en la búsqueda de la Magia, de la Alquimia, del Poder Mental y de la Psicocinesis. Cuando ingresa la electrónica se empiezan a construir "máquinas" de radiónica: la emisión de frecuencias vibratorias hacia personas, animales, plantas, remedios, objetos, en presencia o a largas distancias, a través de máquinas electrónicas expresamente preparadas (sin ningún tipo de contraindicaciones).

Cajas que constan de una placa donde se pone un producto que tratamos de enviar o trasladar a otra placa donde ponemos el testigo del enfermo o bien otro producto que deseamos enriquecer con lo que a su vez hemos puesto en la primera placa. Por ejemplo ponemos un complejo de vitamina B, y en el otro lado de la placa ponemos una simple aspirina. O unas flores de Bach. Comprobamos entonces que el producto resultante se impregna de dicha vibración.

O ponemos en la placa primera tal o cual medicina y en la otra ponemos un cabello del enfermo, una gota de sangre o un poco saliva. Vemos después que a la persona ausente, aunque estuviera a miles de kilómetros de distancia le llegan los efectos. Pero suele ocurrir que una enfermedad compleja recibe los resultados en una forma importante, y otras veces no se puede con una simple gripe. Y es que en la radiónica, la lógica que interviene no responde a la intensidad ni a las buenas intenciones, ni siquiera a la frecuencia con que se utilice en la máquina. Depende muchas veces si la persona tiene la "asistencia" para ser curada.

Un buen estudiante radiónico debería manejarse con soltura en Electromagnetismo, Naturopatía, Control Mental, Bioenergética, Kabbalah, Astrología, Esoterismo y sobre todo en una buena higiene mental, grandes dosis de fe y un tremendo espíritu de aventura.

Algo importante: no se logra obtener los mejores resultados con ninguna máquina de Radiónica si no se domina profundamente la Radiestesia.

Máquinas de radiónica

Actualmente se está convirtiendo en una nueva especialidad médica: la **Electromedicina** (donde existen otras máquinas aún más específicas para tratar concretamente patologías orgánicas).

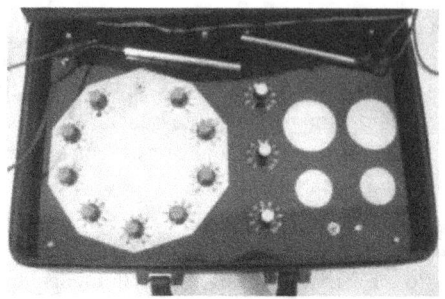

Máquina de Radiónica utilizada por nosotros

A esto nosotros le combinamos otras técnicas energéticas, que terminan dando excelentes resultados, para tratar temas físicos, mentales, emocionales, energéticos y aún espirituales (pues existen más de 800 frecuencias distintas para transmitir).

Pioneros

Royal Raymond Rife (1888-1971) fue un inventor estadounidense, de quien existe muy poca información confiable sobre su vida. No se sabe con certeza que tipo de estudios cursó, pero existe una patente de 1929 sobre una lámpara de alta intensidad para microscopio.

Afirmó haber encontrado una cura para el cáncer terminal, así como otras enfermedades, por medio de un aparato que llamaría "beam ray machine", que según sus teorías, *"trabajaba por medio de una frecuencia inducida, la cual vibraba a la resonancia del patógeno en cuestión"*. La información exacta para la construcción de sus instrumentos ha sido insuficiente (u ocultada).

En 1920, Rife construyó lo que llamó "el primer microscopio para virus" del mundo. En 1931 afirmó haber construido el "microscopio universal", un tipo de microscopio óptico que --según él-- tenía ampliación de imágenes de hasta 60.000 veces su tamaño real, muy superior a la de cualquier microscopio de su tiempo (en que no existía el microscopio electrónico). Identificó la firma espectral de cada microbio que investigaba; de ahí, giraba un prisma de cuarzo para enfocar luz, de una longitud de onda específica sobre el microorganismo examinado.

Luego seleccionaba la longitud de onda, la cual "vibraba o resonaba" igual que la "firma espectral" del microbio basándose en la idea de que cada molécula oscila en su propia frecuencia distintiva, en otras palabras que al igual que una gota de agua, o una escarcha de nieve, o las huellas digitales, las cuales nunca se repiten, así las moléculas o microbios, poseen una única firma espectral.

Rife y su impresionante microscopio

Los átomos que componen una molécula permanecen juntos en su configuración molecular con una energía de enlace covalente las cuales emiten y absorben energía en su propia frecuencia electromagnética específica. No existen dos clases de moléculas que tengan la misma firma espectral u oscilación electromagnética.

El resultado de usar de una longitud de onda resonante es que el microorganismo que es invisible a la luz blanca, pueda llegar a hacerse visible con un destello brillante de luz, cuando estos son expuestos a la frecuencia que "resuena" con su propia firma espectroscópica distintiva, de esta manera Rife pudo ver a los microbios que de otra manera serían invisibles a simple vista u otros instrumentos ópticos, y así observarlos en plena actividad invadiendo tejidos, adaptándose y mutando, en el cuerpo humano.

Rife afirmó que cerca del 80% de los organismos que observó a través del Microscopio Universal solamente pueden ser visibles con luz ultravioleta o Luz polarizada. Pero esta luz está fuera del espectro visible humano. Intentó superar esta limitación, por medio de la **heterodinamia**, una técnica que fue popular en las primeras emisoras de radio. Afirmó iluminar el microbio (generalmente, un virus o una bacteria) con dos diferentes frecuencias de luz ultravioleta las cuales resonaban con la firma espectral del microbio. Estas dos frecuencias producían una interferencia cuando se mezclaban. Estas interferencias daban una tercera de longitud de onda más larga que caía en la porción del espectro visible de espectro electromagnético, así fue como Rife

101

hizo visible a los microbios invisibles sin matarlos, algo que los microscopios electrónicos de hoy no pueden duplicar, esta tecnología estaba muy avanzada para su tiempo (1930), así pues sus colegas no podrían comprender lo que hacia, sin antes visitar su laboratorio en California.

Todo organismo es energía, y como tal, es un campo electromagnético. A su vez, todo proceso químico sobre las células se realiza a través de frecuencias electromagnéticas. Este conocimiento de los efectos de ondas electromagnéticas sobre el organismo humano ya era conocido en los años de 1930. Los nazis habían descubierto la posibilidad de manipular la mente a través de ondas electromagnéticas de alta o baja frecuencia. Ver más adelante cuando hablamos de **Psicotrónica**.

Pero en aquellos mismos años, Rife investigaba con intención de curar, no de controlar: demostró la posibilidad de alterar células bacterianas o virales con ciertas frecuencias eléctricas. Describió el tratamiento con su máquina de frecuencias electromagnéticas: *"Con el tratamiento de frecuencias, ningún tejido es dañado, no se siente dolor, no se oye sonido alguno, y no se siente nada. Un tubo luminoso se enciende y tres minutos después el tratamiento está terminado"*. En el verano de 1934, en el Scripps Institute, en La Jolla (El Cajón- California), Rife afirmó haber curado el cáncer terminal a 16 personas, de las cuales 14 se recuperaron en sólo tres meses, y las 2 restantes en seis meses y no hacía falta la quimio ni la radioterapia. Fue ayudado por los doctores Milbank Johnson y Alvin G. Foord.

El interés en Rife fue revivido en los años ochenta por el escritor **Barry Lynes**, quien escribió "La cura contra el cáncer que funcionó". El libro afirma que la máquina "beam ray machine" de Rife funcionaba y curaba el cáncer, pero que todos los descubrimientos de Rife fueron censurados en los años de 1930 por una conspiración liderada por la Asociación Médica Estadounidense.

Como era de esperar, la industria farmacéutica, que no busca curar sino cronificar para seguir haciendo negocio, lo declaró enemigo número uno: Rife, que trabajaba en la Fundación Internacional contra el Cáncer fue despedido; acusado de fraude, perseguido ante los tribunales y desprestigiado por el mundo científico. Murió, amargado y desilusionado, al norte de San Francisco (varias instituciones de investigación se encuentran en esa zona), a los 83 años, debido a una sobredosis de Valium y alcohol.

Después de la muerte de Rife se empezaron a comercializar varios tipos de aparatos por internet afirmando usar los mismos principios y curar todo tipo de enfermedades, desde el acné hasta el sida. Su conexión con los dispositivos de Rife es dudosa.

Sin embargo, se afirma que su máquina existe, y el tratamiento se puede conseguir, pero sólo está en manos de algunos doctores que trabajan para

102

pacientes muy particulares. Así, el cáncer tiene cura hace más de 50 años. Y está disponible, para algunos privilegiados.

Sería interesante contabilizar el número de personas de la Élite que mueren de cáncer: si no muere ninguno es que tienen acceso a ella. Según el Dr. Nick Begich, director del Lay Institute of Technology, hay científicos que *"han conseguido aislar muchos de los códigos de frecuencia que pueden curar al ser humano y, lo que es más importante, esto se está sumando a un creciente número de importantes avances en el diagnóstico y tratamiento de numerosas enfermedades"*.

El cancer tiene cura, pero aun persiste el ocultamiento y secuestro del conocimiento que permitiría un mundo libre del imperio de las farmacéuticas. Sólo es cuestión de tiempo, cuando los médicos pierdan el miedo y haya laboratorios dispuestos a enfrentarse a la Big Pharma, otro mundo será posible.

Hulda Regehr Clark (1928-2009) fue una naturópata canadiense, y autora, que afirmaba que todas las enfermedades humanas están relacionadas con infecciones parasitarias de todo tipo, y también decía poder curar todas las enfermedades, incluidos el cáncer y el VIH/SIDA, al destruir estos parásitos al "electrocutarlos" (*Zap'em*) con dispositivos eléctricos que ella misma comercializaba.

A pesar de que se hacía llamar doctora, éste era un grado académico, que nada tenía que ver con el título de médico, por lo que no podía diagnosticar enfermedades, ni tratar enfermedades de seres humanos. Aunque se licenció en Fisiología y Biología con mención honorífica en la Universidad de Saskatchewan (Canadá), así como en Biofísica y Fisiología Celular en la Universidad de Minnessota (EEUU) donde también obtuvo su doctorado en Fisiología en 1958. En 1979 se laureó como naturópata en el Clayton College de medicina alternativa.

Según Clark, todas las enfermedades son causadas por organismos extraños y contaminantes que dañan el sistema inmunológico. Afirmó que cuando se eliminan parásitos, bacterias y virus del cuerpo usando remedios herbales o electrocución, a la vez que se eliminan los contaminantes de la dieta y el medio ambiente, se podrían curar todas las enfermedades conocidas por el hombre.

En su libro "La cura de todos los cánceres", Clark postuló que todos los cánceres y muchas otras enfermedades son causadas por el gusano plano *Fasciolopsis buski*. Entre las enfermedades de las que es culpable este parásito se encuentran el cáncer, la endometriosis, el SIDA, el alzheimer, el lupus eritematoso, la esclerosis múltiple y la enfermedad de Hodgkin. El problema es que el *Fasciolopsis buski* es un notable parásito de importancia médica en humanos y veterinario en cerdos, pero que es frecuente en el sur y este de Asia, no en Estados Unidos ni en México.

Las aseveraciones y los dispositivos de Clark han sido rechazadas por autoridades, que van desde la Comisión Federal de Comercio de los Estados Unidos y la Administración de Drogas y Alimentos, por ser científicamente infundadas, y potencialmente fraudulentas. Tuvo que abandonar EEUU por el acoso de las autoridades sanitarias debido a la amenaza que suponía para la medicina ortodoxa el éxito de su terapia. Se mudó a Tijuana, México, donde dirigió la clínica Century Nutrition hasta que fue clausurada en 2001. En junio del mismo año, las autoridades mexicanas anunciaron que se permitiría la reapertura de la clínica, pero que solo podrían ofrecer atención convencional.

Su método de curación se conoce como **Terapia Clark**. Con respecto a la efectividad de ese tratamiento, Clark escribió: *"El método es 100% efectivo para detener el cáncer, independientemente del tipo de cáncer o de lo terminal que sea. Por lo tanto, este método también debe funcionar para usted, si es capaz de llevar a cabo las instrucciones"*.

Clark dijo que los alimentos y los suplementos son contaminados por metales pesados, subproductos de la fabricación, residuos y moho, y desarrolló la **Homeografía**, que según Clark, es una *"nueva ciencia: el análogo electrónico de la homeopatía"*. Dijo que la firma electrónica de una sustancia puede transferirse a botellas haciendo una copia en botella de esa sustancia original y que puede hacerse por tiempo indefinido.

Ella abogó por el uso de una "limpieza del hígado". Dijo que elimina los cálculos biliares y parásitos del hígado y los conductos biliares. Esto implica el ayuno, laxantes de sal de Epsom y una mezcla de aceite de oliva y jugo de toronja.

También aseguró que las personas tienen parásitos que causan numerosos problemas. Describió métodos herbales y electrónicos para eliminarlos, como su dispositivo **Zapper**, un dispositivo pensado para transmitir corriente continua de baja tensión a través del cuerpo a frecuencias específicas. Clark dijo que este dispositivo mata virus, bacterias y parásitos.

A todo esto le agregó el **Sincrómetro**: un dispositivo de biorresonancia y que se dice que detecta contaminantes en sustancias hasta una parte por cuatrillón. Este dispositivo, también de su invención, detecta frecuencias resonantes entre dos sustancias, un "testigo" del tóxico o contaminante y el objeto a analizar. Un único dispositivo que nos permite testar prácticamente de todo: alimentos, agua, suplementos nutricionales, complejos vitamínicos, medicamentos, productos de higiene personal corporal, cosméticos, tintes de pelo, perfumes, productos de limpieza...

Mediante una muestra de <u>saliva</u> el sincrómetro también detecta la presencia de un determinado tóxico, metal pesado, parásito, hongo, virus o bacteria en el organismo, pudiendo incluso localizar con exactitud el órgano o tejido en el que se encuentra. El sincrómetro es una herramienta mucho más sensible y versátil que los análisis de laboratorio.

50 años de investigación y la curación de cientos de pacientes, muchos de ellos enfermos terminales de Cáncer y de Sida desahuciados por la medicina convencional, respaldan el trabajo de Hulda Clark, que afirma que el origen de la mayoría de las enfermedades está en los parásitos, virus y bacterias que se alimentan de la multiplicidad de tóxicos, químicos y metales pesados con los que hemos contaminado el medioambiente y envenenado nuestros cuerpos.

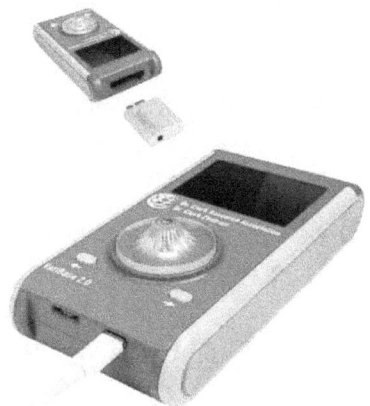

Hulda trabajando con el sincrómetro　　　　　**Antiguo modelo**

Aquí un modelo reciente de Zapper.

105

Veamos otros de los muchos modelos de máquinas que existen. Cabe aclarar que todos estos equipos tienen una amplia base de datos que incluyen: homeopatía, acupuntura, productos ortomoleculares, hierbas, colores, flores de Bach, minerales, etc. Y, a partir del "diagnóstico" efectuado por los distintos softwares de cada máquina, aparece indicado el mejor tratamiento.

1. METATRON (antiguamente Oberon)

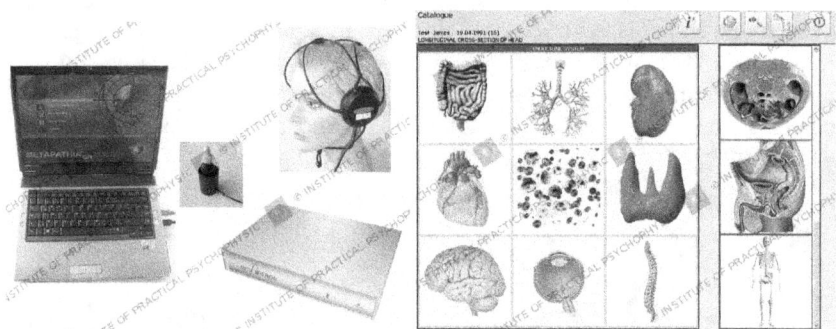

C&M- Communication & Medicine KG, de Alemania, posee experiencia de muchos años en esta tecnología y cuida el continuo intercambio con el precursor Prof. **Nesterov** del instituto IPP en Omsk / Rusia. **Metatron** se basa en los conocimientos de la física cuántica. Ha sido desarrollado en una actividad de investigación internacional de muchos años.

El sistema es capaz, de manera no invasiva sino solo a través de un auricular, de determinar la perdida de información, quiere decir, la variación de la función óptima de cada órgano, célula, organela celular y también molécula de una forma individualizada. La información carente que apoya la vuelta hacia el funcionamiento armónico natural, es averiguada en cada persona específicamente en segundos.

Esta aparatología es capaz de reconocer el equilibrio perturbado en órganos, células individuales, organelas celulares y hasta en el juego de cromosomas y mitocondrias (grado de desviación–entropía), del sistema linfático y hasta los nudos linfáticos individuales, de los vasos sanguíneos incluyendo los vasos coronarios, arterias, venas y hasta capilares individuales del sistema nervioso incluyendo la medula espinal y el cerebro.

2. BIOGEN-PROG (equipo de procedencia argentino)

El Biogen-Prog es un equipo generador de frecuencias biológicas totalmente programable. Su versatilidad permite que pueda utilizarse en los 2 tipos de terapias descriptas en su manual, así como también en muchas otras aplicaciones de diferentes índoles.

Este equipo permite generar frecuencias con muy alta precisión (aprox.0,01% de su valor) gracias a un sofisticado chip oscilador. Asimismo la forma de la onda cuadrada está garantizada por las salidas del microprocesador que comanda el equipo.

El Biogen-Prog puede funcionar mediante la terapia de una única frecuencia de resonancia referida al patógeno que se quiere atacar (virus, hongo, bacteria o parásito de la lista de Hulda Clark), o también puede realizar una terapia de múltiples frecuencias referidas a enfermedades en particular, investigadas por Royal Rife.

Tanto las modalidades Manual como Fija, pertenecen a la terapia indicada por Clark con una única frecuencia de resonancia para cada hongo, virus, bacteria o parásito.

La modalidad Múltiple corresponde a la terapia de Royal Rife, que consta de 10 frecuencias diferentes para cada enfermedad. La lista de enfermedades es muy extensa y cada una de ellas contiene las 10 frecuencias experimentadas por Rife. Dichas frecuencias están expresadas en KHz (KiloHertz). Esta terapia consiste en la aplicación sucesiva de estas 10 frecuencias durante 5 ó 10 minutos cada una.

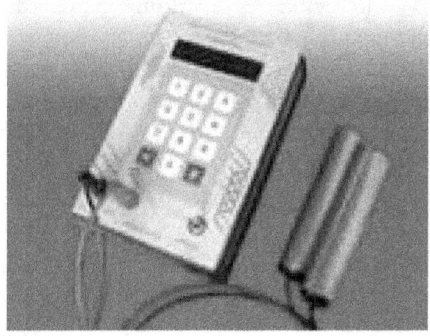

3. PLACAS PÚRPURA

Nikola Tesla llamó a estas placas "Antenas o Portadores de Energía Libre".

Las Placas Púrpuras elevan el estado vibratorio de la energía del cuerpo humano, como las mediciones con dispositivos de radiónica lo indican. Estas Placas en color púrpura pueden crear un campo de armonización que afecta el cuerpo y el alma positivamente. Pueden reducir las vibraciones negativas de los alimentos y el agua y promover el crecimiento de las plantas y las verduras.

Muchas personas las usan para mantenerse sanas a sí mismas, a sus mascotas y a sus plantas. Se utilizan en la curación física, por ejemplo, dolores de cabeza o musculares, cortes, heridas, fracturas, etc., o también suelen utilizarse para elevar la frecuencia vibratoria o regenerarse de las influencias de la contaminación electromagnética, producidas por teléfonos celulares, repetidoras de microondas, WiFi, etc.

Las Placas Púrpura elevan el estado vibracional de energía en el cuerpo. Son antenas de energía cósmica (**Taquiones**), que crean un campo armónico y pueden afectar positivamente el cuerpo y el alma.

Si usamos un aparato de radiónica para medir el nivel de energía del cuerpo humano, obtendremos una lectura de 20-25 (en escala de 0-100). Cuando una persona lleva consigo una Placa, la lectura en aumento lento le dará 90-95.

Las placas están hechas de aluminio, el cual es primero tratado con una oxidación electrolítica y luego pintado. El movimiento de los átomos y electrones del aluminio de la placa cambia por la vibración en resonancia con la energía fundamental (Chi, Prana, Orgón) del universo.

Fueron desarrolladas por **Ralph Bergstresser** con el conocimiento de información e ideas de Nikola Tesla, con quien trabajó en los años 40. Al ser molecularmente modificadas, durante la oxidación electrolítica, el campo de las placas es cambiado e interactúa con **Taquiones**. Los Taquiones se definen como partículas de energía 27 veces más rápidas que la luz sin masa. Su existencia fue comprobada físicamente en los años sesenta.

Ya los Egipcios utilizaban la Energía Taquiónica para la construcción de sus pirámides, miles de años antes de Cristo y Jesús utilizaba esta energía en sus sanaciones. Tesla mencionó los campos de Taquiones a finales del siglo XIX y utilizó esta energía en algunas de sus invenciones. Se dice que la Energía Taquiónica afecta las estructuras subatómicas de una manera ordenada, alineando uniformemente las estructuras moleculares, armonizando la energía vital y debilitando los campos perturbadores.

Tesla dijo, que cuando los Taquiones son frenados, producen campos de energía de alta densidad. Como portadores de información, tienen un efecto muy beneficioso sobre los organismos vivos y para neutralizar los campos negativos.

Su composición química es la misma que la de los rubíes y los zafiros. Sabemos que los rubíes dan energía y por lo tanto fueron llamados "piedras de la vida" en la Edad Media. Hoy se hicieron muy bien conocidas por el libro "Star Signs" de la famosa escritora y astróloga **Linda Goodman**. Ella atribuyó las características más maravillosas a estas placas.

Las Placas Púrpuras son útiles para:

1. Elevar nuestra Frecuencia Vibratoria.
2. Aliviar dolores físicos.
3. Armonizar nuestros cuerpos más sutiles.
4. Energizar nuestro cuerpo físico.
5. Reducir vibraciones negativas en los alimentos.
6. Disminuir efectos nocivos en los cigarrillos.
7. Energizar el agua bebible.
8. Promover el crecimiento de plantas alimenticias.
9. Generar abundancia.
10. Protección del Smog Electromagnético.

3. QUANTEC (Biocomunicación Instrumental)

La biocomunicación instrumental tiene que ver con campos energéticos, con campos mórficos. Según **Rupert Sheldrake**, los campos mórficos son un fenómeno electromagnético. Estos campos lo rodean todo en este mundo, ya sean animales, personas, plantas u objetos. Y se encuentran en un nivel pre-material. Por tanto, la biocomunicación instrumental es un procedimiento que permite analizar (escanear) estos campos de información (campos mórficos) e informarlos (ondularlos).

El diagnóstico y el tratamiento remotos son fenómenos que prácticamente no tienen cabida en nuestro modelo de pensamiento occidental. Los eventos relacionados con ellos son rechazados por la ciencia como inexplicables y apartados al ámbito de las fantasías. Sin embargo, realmente parece que existen los requisitos técnicos que permiten estos procesos. Y hay personas que no están dispuestas a rechazar una terapia nueva sólo porque la ciencia todavía no está en disposición de explicar cómo actúa. Estas personas ven en la biocomunicación instrumental una oportunidad para los principios terapéuticos globales y ya consiguen en la práctica resultados extraordinarios con sus tratamientos, incluso en caballos.

Fue en 1995 cuando **Peter von Buengner** empezó a construir el primer **Quantec** para poder comunicarse con distintos sistemas biológicos: personales y animales, personas y plantas, personas y personas. Consiste en un **diodo con ruido blanco**, que conforma el centro del generador que escanea los biocampos, y un ordenador portátil. Ambos están unidos entre sí.

El sistema tiene en cuenta tanto los estados físicos como los espirituales y anímicos. Entre las 100.000 frecuencias guardadas en las bases de datos se incluyen, por ejemplo, acupuntura, alergenos, flores de Bach, homeopatía y osteopatía. Una base de datos veterinaria está especializada en enfermedades de caballos. En la práctica, el análisis se realiza con un sucedáneo del cuerpo, por ejemplo con un poco de sangre o con cabellos. La hoja de tratamiento, que se llama "HealingSheet", documenta todos los resultados.

Este procedimiento se basa en el modelo de pensamiento siguiente: los organismos biológicos tienen la capacidad de comunicarse entre sí fuera de ámbitos perceptibles o medibles. La biocomunicación instrumental es la posibilidad, como sucede con Quantec, de construir un aparato físico de forma que pueda simular ser un sistema biológico. La consecuencia es que puede recibir información de otros sistemas biológicos y, a su vez, transmitir esta información a dichos sistemas.

La ventaja de la biocomunicación instrumental radica, según estudios empíricos, en el reconocimiento prematuro de anomalías.

4. BIOPULSAR-REFLEXOGRAPH

Junto con la electrónica y la tecnología informática más avanzada (desarrollada y fabricada en Alemania), los conocimientos esenciales en medicina holística han servido como fundamento para desarrollar los sistemas profesionales de biofeedback de las zonas reflejas.

Los sistemas de diagnóstico por biofeedback se componen de distintos sensores de biofeedback y paquetes de software.

Para su funcionamiento se requiere un PC/portátil y una impresora.

Los sensores de biofeedback y sus correspondientes paquetes de software están estructurados en módulos que pueden combinarse en función de las necesidades individuales. La avanzada electrónica procesa estos datos a gran velocidad y los reenvía al PC.

Los módulos de software suministrados con el sensor de biofeedback ofrecen diferentes opciones de representación y evaluación de los datos de biofeedback medidos.

110

Se ofrecen sensores de biofeedback para uno o varios tamaños de mano, tanto para la izquierda como para la derecha.

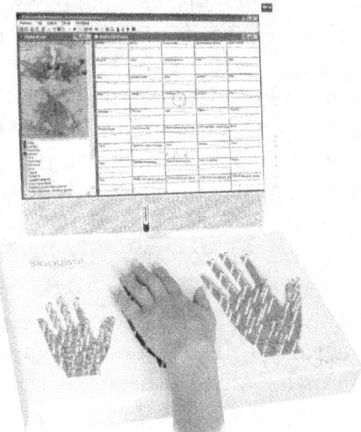

En cada sensor de biofeedback hay una o varias plantillas de la palma de la mano de diferentes tamaños que incorporan electrodos de medición biomédicos.

Los electrodos de medición se encuentran sobre marcas correspondientes a las zonas reflejas de la palma de la mano y los dedos y se hallan dispuestos en distintas longitudes según la anatomía de la mano.

La palma de la mano en la que se va a efectuar la medición se coloca sobre la plantilla correspondiente. A continuación se miden parámetros de biofeedback específicos en cada zona refleja cada 500 milisegundos (tiempo real).

5. SQUID

Los dispositivos superconductores de interferencia cuántica o **Squid** (Superconducting Quantum Interference Devices), fueron inventados en 1962, cuando el físico británico **Brian David Josephson** desarrolló la llamada "unión de Josephson" (JJ), estableciendo las relaciones matemáticas para la corriente y el voltaje a través del enlace débil. Por este trabajo, Josephson recibió el Premio Nobel de Física en 1973.

Hay dos tipos de Squid, DC y RF (o AC). Los Squid RF sólo tienen una unión de Josephson, mientras que los Squid DC tienen dos o más. Esto los hace más difíciles y caros de producir, pero también mucho más sensibles.

El efecto Josephson es el fenómeno de la supercorriente, una corriente que fluye indefinidamente por mucho tiempo sin aplicar voltaje.

La mayoría de los Squid se fabrican de plomo o niobio puro. El plomo se encuentra usualmente en forma de aleación con un 10 % de oro o indio, ya que el plomo puro no es mecánicamente estable a cambios repetidos de temperaturas (a las temperaturas extremadamente bajas a las que se trabaja). El electrodo base del Squid está hecho de una capa muy fina de niobio, formada por deposición, y la barrera del túnel se forma por oxidación sobre la superficie de niobio. El electrodo superior es una capa de aleación de plomo depositada sobre las otras dos, en disposición de sándwich.

Los Squid se usan para medir campos magnéticos extremadamente pequeños; actualmente son los magnetómetros más sensibles conocidos, con niveles de ruido de un mínimo de 3 fT/sqrt(Hz). Algunos procesos en animales producen campos magnéticos muy débiles (típicamente de una millonésima a una milmillonésima de Tesla), y los Squid son muy adecuados para estudiar estos procesos.

La **magnetoencefalografía** (MEG), por ejemplo, usa medidas de una batería de Squid para inferir la actividad neuronal en el cerebro. Como los Squid pueden trabajar a mucha mayor velocidad que la tasa de actividad cerebral más rápida, se puede obtener buena resolución temporal por MEG. Otra aplicación es el microscopio de barrido con Squid, que usa un Squid inmerso en helio líquido como sonda.

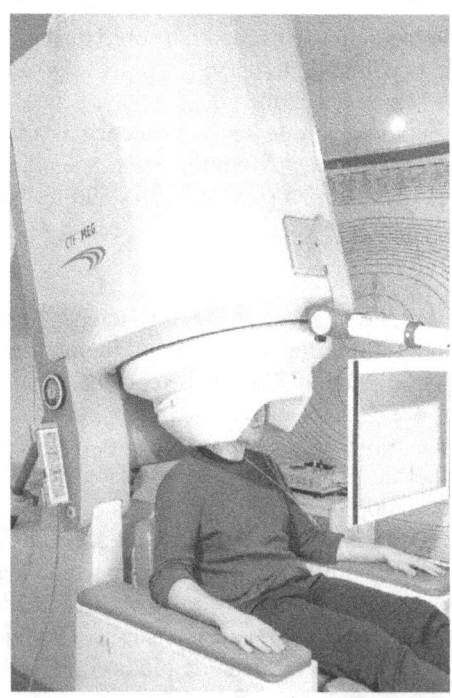

Las uniones Josephson tienen aplicaciones importantes en circuitos de mecánica cuántica, como Squid, qubits superconductores y electrónica digital RSFQ. El estándar NIST para un voltio se logra mediante una serie de 20.208 uniones Josephson en serie.

El uso de Squid en prospecciones petrolíferas, predicción de terremotos y análisis de energía geotérmica se va extendiendo conforme se desarrolla la tecnología de superconductores.

El escritor de ciencia ficción William Gibson hizo referencia a los Squid en su historia "Johnny Mnemonic", en la que un delfín modificado genéticamente usa un implante de Squid para leer un dispositivo magnético de memoria en el cerebro del protagonista.

En la película "Días extraños" los protagonistas emplean Squid para grabar las señales cerebrales, que luego, almacenadas en discos, se venden en el mercado negro para que la gente pueda revivir las experiencias de quien las grabó.

En la novela "Luces de mi computadora" el protagonista hace uso de Squid los cuales le ayudan a proseguir con sus investigaciones.

7. CINTURONES ELECTROESTIMULADORES

Existen numerosos modelos y especialidades: para adelgazar, para fortalecer abdominales, para enviar estímulos a centros nerviosos y neurológicos, para aliviar dolores, etc.

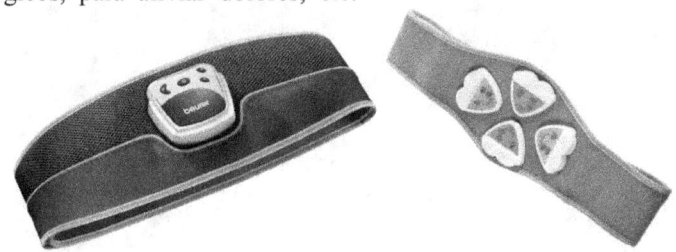

Las características, en casi todos ellos, son comunes:
- Forma ergonómica flexible, con cierre de velcro.
- Electrodos de contacto hechos de material conductor de carbono.
- Electrodos con contacto de agua (sin gel de contacto, sin sustitución).
- Varios programas para seleccionar (25-30 min. de duración cada uno).
- Intensidad ajustable.
- Desconexión de seguridad.
- Función de pausa y Desconexión automática.
- Tensión de salida: 50V p-p para carga de 500 Ohm.
- Frecuencia de salida: 2 - 110 Hz.

- Ancho de pulso: 60-220 µs por fase.
- Forma del pulso: pulsos cuadrados simétricos y bifásicos.
- Con indicador de cambio de batería.
- Lavable a mano.

El citado James L. Oschman (33), presenta un antecesor, no solo de un cinturón marca "Heidelberg", sino también de otros elementos de un catálogo de "Sears Rebuck" del ¡año 1902!, que en la actualidad han sido replicados con tecnología moderna.

U$S. 18.- Cinturón eléctrico Heidelberg de enorme poder

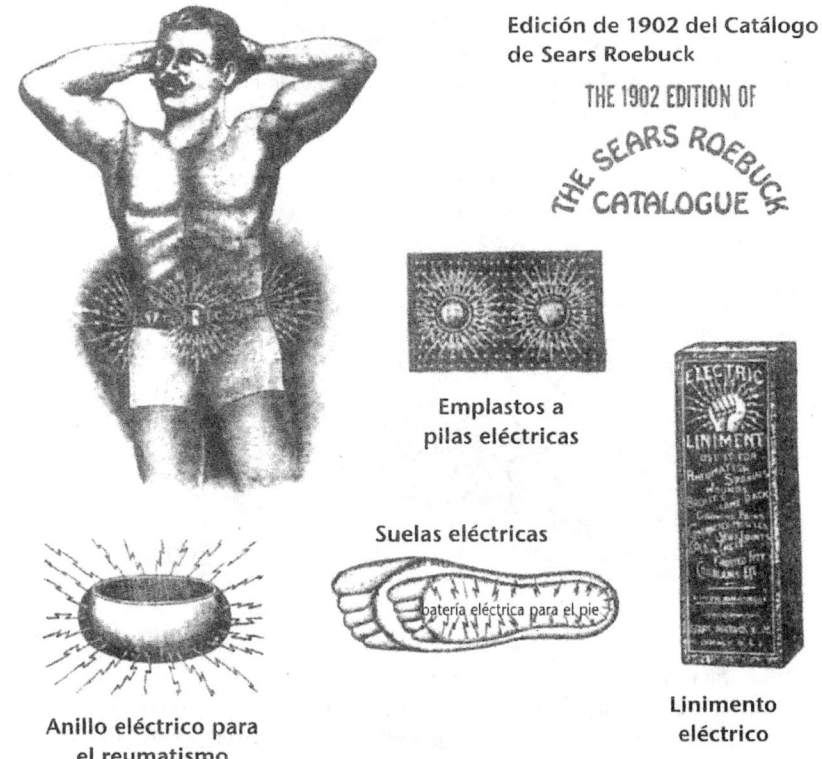

Edición de 1902 del Catálogo
de Sears Roebuck

THE 1902 EDITION OF
THE SEARS ROEBUCK
CATALOGUE

Emplastos a
pilas eléctricas

Suelas eléctricas

batería eléctrica para el pie

Anillo eléctrico para
el reumatismo

Linimento
eléctrico

17. Bioelectrografía Electrofotonic

Hemos considerado que este equipo que comenzamos a describir, se merecía un apartado especial. En el libro *"El Alma y la Salud"* de **Mirtha Manno** (con colaboración de **Valentín Delauro**), la autora habla de algunos

114

aspectos de las experiencias de Konstantín Korotkov sobre las almas, que aquí ampliamos, además de otros detalles de su método.

Pero antes, un registro histórico: la primera cámara de electrofotografía fue fabricada en Brasil, aproximadamente en 1904, por un gaucho brasileño, el Padre **Landel de Moura**. En Porto Alegre (Río Grande do Soul), existe un museo dedicado enteramente a este sacerdote. Como pertenecía a la Iglesia Católica Apostólica Romana, no le fue permitido divulgar ciertas cosas que inventaba, sin el conocimiento y autorización del Obispo, y por esta razón no le fue posible patentar ni divulgar sus invenciones para el mundo. Como la cámara que él había inventado sacaba fotos y revelaba cosas que según la iglesia, no estaban muy de acuerdo con su doctrina, los planos originales (así como la propia Cámara de Electrofotografía) fueron confiscados por las autoridades de la Iglesia y hasta hoy, se encuentran en lugar "ignorado y desconocido".

El profesor Dr. **Konstantin Korotkov** (n.1952) ha liderado una carrera de investigación durante más de 30 años, combinando un método científico riguroso con una curiosidad insaciable sobre las cosas del espíritu y el alma con un profundo respeto por toda la vida. Ha publicado más de 200 artículos en revistas líderes en física y biología, y 17 patentes de invenciones biofísicas.

Es autor de 9 libros, traducidos a varios idiomas: "Vida despues de la Vida: Experimentos e ideas sobre los cambios posteriores a la muerte", 1998; "Aura y conciencia - Nueva etapa de comprensión científica", 1998; "Campos de energía humana: Estudio con bioelectrografía GDV", 2002; "Recorrido en espiral", 2006; "Medición de campos de energía: estado del arte", 2004.

También es un erudito en filosofía y un serio alpinista con 25 años de experiencia. Ha impartido conferencias, seminarios y sesiones de capacitación en 43 países. Presidente en 2001, 2005 y 2010 de la Unión Internacional de Bioelectrografía Médica y Aplicada (IUMAB).

En 1995, con la invención de la **Visualización de la Descarga de Gas** (GDV) de Korotkov, se abrió una nueva línea de investigación basada en métodos de video digital, con computadores, y software que permiten analizar en tiempo real todas las imágenes.

Su línea científica, conocida como **Electrofotónica**, es un avance más allá de la fotografía de Kirlian para la visualización directa y en tiempo real de los campos de energía humana. Esta nueva tecnología permite capturar con una cámara especial la energía física, emocional, mental y espiritual que emana hacia y desde un individuo, plantas, líquidos, polvos, objetos inanimados y traducir esto en un modelo computarizado.

Esto permite al investigador y al cliente ver los desequilibrios que pueden estar influyendo en el bienestar de un individuo, facilitando en gran medida el diagnóstico de la causa de los desequilibrios existentes que muestran el área del cuerpo y los sistemas de órganos involucrados. Uno de los mayores beneficios hasta la fecha es la capacidad de realizar mediciones "en tiempo real" de una variedad de tratamientos en numerosas afecciones para determinar cuál es la más adecuada para el cliente/paciente. Las increíbles implicaciones para el diagnóstico y el tratamiento de las condiciones físicas, emocionales, mentales y espirituales con aplicaciones en medicina, psicología, terapia de sonido, biofísica, genética, ciencias forenses, agricultura, ecología, etc., acaban de comenzar. Además permite, como ya anticipamos al hablar de la Foto Kirlian, ver el aura completa en todo el cuerpo físico.

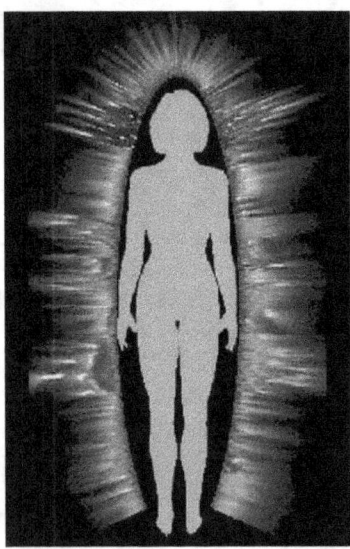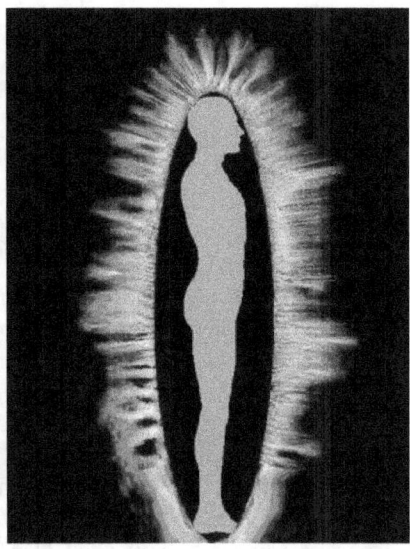

La técnica GDV es aceptada por el Ministerio de Salud de Rusia como una tecnología médica y certificada en Europa. Más de 1000 médicos, profesionales e investigadores se benefician del uso de esta tecnología en todo el mundo. Se publican constantemente más de 150 artículos sobre GDV en diferentes países.

Los complejos bioeléctricos de GDV obtuvieron una aplicación práctica en las siguientes áreas:
– Análisis del estado psicológico del individuo;
– Análisis del estado psicofisiológico del individuo;
– Análisis del estado vegetativo del organismo;
– Monitoreo de reacciones del organismo durante el tratamiento;
– Evaluación de la posibilidad de existencia de algunas alteraciones sistemáticas de los órganos;

116

– La existencia de estados cambiados;

– Evaluación del peligro de alérgenos según los parámetros de GDV de la luminiscencia de pruebas de sangre.

– La determinación dinámica del potencial psicofísico de deportistas a fin de control expeditivo del nivel de las reservas funcionales y la cualidad de la salud en el transcurso del proceso de entrenamiento;

– Evaluación del nivel de estrés de las personas, propensas a las acciones ilegales;

– Revelación de la diferencia entre aceites naturales y sintéticos;

– Evaluación de la cualidad de los cosméticos;

– Investigación del pelo de la persona;

– Investigación de remedios homeopáticos;

– Investigación de zonas geoactivas y su influencia en las personas.

Los médicos de Rostov, basándose en la cámara de GDV, elaboraron la metodología de evaluación del estado de las **embarazadas**. Afirman que al estudiar la luminiscencia del dedo anular de la mano derecha de la mujer, se puede saber como sigue el embarazo, y si no hay peligro para la madre o para el feto.

En la Academia de Medicina Militar, fueron examinados cientos de personas, antes de operaciones quirúrgicas y después de ellas. Los médicos se fijaron que el campo energético reacciona a una situación estresante para el organismo como una cirugía. En el caso del buen éxito, en seguida después de la operación, los parámetros del campo crecían infaliblemente y después poco a poco bajaban hasta el estado original, antes de la operación. Antes de la intervención quirúrgica si se veía el aumento del campo energético, la operación en la mayoría de los casos tenía buen éxito. Así se puede predecir si el paciente puede soportar una u otra operación y cómo va a pasar el período después de la cirugía.

Además se puede examinar a personas con **dotes extrasensoriales**. Al laboratorio de Korotkov con frecuencia llegan curanderos, videntes, canalizadores, médiums, tanto rusos como extranjeros, con el deseo de recibir pruebas de que en realidad tienen un don. Más del 90% de ellos resultan ser personas comunes y corrientes, ya que durante la realización de diferentes tareas su campo energético en la pantalla del dispositivo brilla de manera tranquila y regular. Sin embargo, en varios casos durante el proceso de realización de pruebas, surgen algunas fuertes oscilaciones del campo de corta duración, lo que puede indicar la existencia de aptitudes extraordinarias en la persona.

Pero lo más impactante, hasta el momento (aunque según el mismo Korotsov faltan más comprobaciones), es que se puede ver lo que pasa con el

117

campo energético de la persona **después de su muerte**. Varias decenas de experimentos realizados mostraron que la extinción de la energía del cuerpo vivo después de su muerte no es cosa de un momento sino es un proceso que tarda cierto tiempo. A propósito, en cierta cantidad de casos, mientras dura este proceso, se puede "agarrar" a la persona y prácticamente regresarla del otro mundo. Sucede que no hay respiración y no se siente el pulso, pero la persona está viva todavía. Frecuentemente, los médicos, al no encontrar el pulso y la actividad eléctrica del cerebro, consideran a la persona como muerta. Con la ayuda del método de GVD se puede determinar si la persona está viva en dos segundos.

Los experimentos han llevado a interesantísimos resultados. Por ejemplo, la vivacidad de la luminiscencia de los dedos de las personas muertas permitió constatar varias leyes. La primera noche después de la muerte se veía un brusco embate de la luminiscencia, después de un rato su vivacidad oscilaba de manera confusa, y la segunda noche volvía a crecer. 48 horas después de la muerte la luminiscencia disminuía bruscamente, pero las variaciones no se interrumpían, y para la tercera noche, por regla, a la sexagésima hora, la vivacidad de la luminiscencia pasaba a ser prácticamente regular. ¿No estará vinculado esto de alguna manera con la costumbre cristiana de enterrar al difunto al tercer día después de su muerte?

Fueron notadas también las particularidades de dinámica de cambios de la vivacidad de la luminiscencia de los dedos en dependencia de la causa de la muerte. En el caso de una muerte violenta la luminiscencia cambia mucho durante las siguientes 24 horas: mengua, después se enciende, y por alguna razón incomprensible el aumento se ve por la noche. En el caso de una muerte natural, la luminiscencia va menguando poco a poco, sin oscilaciones bruscas, durante esos tres días mencionados. Estos fenómenos son descritos en el libro (con un tiraje de miles de ejemplares), "Vida después de la Vida: Experimentos e ideas sobre los cambios posteriores a la muerte", 1998.

18. ¿Qué son los Miasmas?

Nuevamente, transcribimos aquí un tema que ha sido descripto en el muy extenso y completo libro de **Mirtha Manno**: *"El Alma y la Salud"*, pero que consideramos es útil también en este libro.

Los Miasmas son **patrones parafísicos de la enfermedad**. Se encuentran radicados en el cuerpo etérico y son una predisposición a cierto tipo de respuestas patológicas que se activan por medio de una serie de factores desencadenantes de la vida. Conforman una especie de **memoria celular** de enfermedades que quedaron ancladas e impregnadas, convirtiéndose en la raíz

118

de las llamadas "enfermedades crónicas". Suelen permanecer dormidos en las células durante años, y también durante generaciones por lo cual pueden pasar a una persona genéticamente desde sus ancestros. Nuestros HMN (Hábitos Mentales Negativos), también pueden generarnos Miasmas, que provocan bloqueos energéticos en nuestro organismo, y en los chakras, sobre todo en el cardíaco, eliminando la posibilidad de que lo que estamos recibiendo desde alguna luz cósmica, llegue a nuestros cuerpos más densos, y nos enfermemos.

Los Miasmas se vinculan con las lecciones que el sujeto trae como proyecto a aprender en esta vida. El doctor **Hahnemann**, fundador de la homeopatía descubrió tres Miasmas, a los cuales, con el correr del tiempo, se agregaron otros. Entonces hablamos de cinco grandes patrones miasmáticos: Psora, Sycosis, Lues, Tuberculinismo y Cancerismo. Estos patrones no son enfermedades en sí mismas sino esquemas de respuestas, de nuestro cuerpo físico. Todos los cuerpos mencionados incluyendo los de la personalidad, funcionan en forma individual, pero interactuando permanentemente.

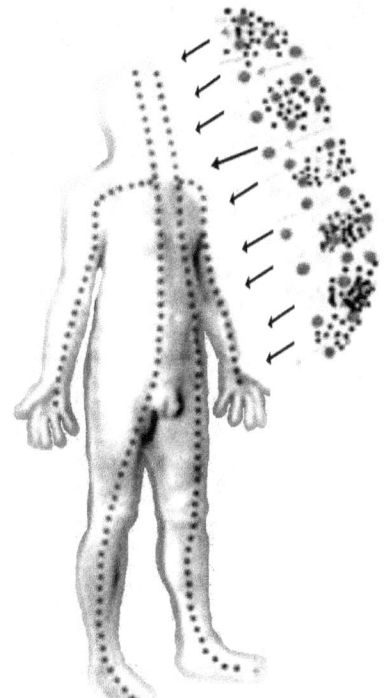

Un esquema sobre la "presencia latente" de los miasmas

Los Miasmas desde el punto de vista etérico, son compuestos de masas energéticas que cargan memorias genéticas o de vidas pasadas, memorias de

119

enfermedades que quedaron ancladas e impregnadas debido al uso abusivo de antibióticos, polución, química o radioactividad. Según las canalizaciones, esos Miasmas están siendo intensamente activados por la energía fotónica.

Un Miasma, entonces, no es una enfermedad, es un potencial patógeno de enfermedades. Son patrones kármicos cristalizados. Incluyen virus o bacterias que permanecen dormidos en las células durante años o generaciones (en este caso por vía genética ya que invaden el nivel molecular del cuerpo físico, su código genético). Con el envejecimiento se debilita la vitalidad del ser humano, lo que permite que los Miasmas vayan penetrando en el cuerpo físico desde otros cuerpos más sutiles. Es decir la enfermedad se puede activar cuando se manifiesta la unión entre las fuerzas anímicas y las propiedades etéreas, que es cuando el patrón etéreo del Miasma se proyecta hacia el cuerpo físico partiendo de los cuerpos sutiles, pues penetran gradualmente a través de los campos biomagnéticos, asociados a nivel molecular, luego a nivel celular y finalmente en el cuerpo físico. Provocan bloqueos energéticos en nuestro organismo, y en los chakras, sobretodo en el cardíaco y en el raíz.

Es recomendable para disolver los miasmas etéricos ponerse en contacto con algún sanador/a que tenga la capacidad, la sensibilidad y la formación correspondiente para remover dichos cúmulos energéticos del cuerpo.

Son factibles de ser tratados con la máquina de Radiónica, convirtiéndose en una verdadera desprogramación celular de las enfermedades, y de manera distinta a través del uso del péndulo hebreo, ya mencionado.

19. Psicotrónica

Partiendo de la existencia de la materia, las partículas atómicas que la constituyen, son niveles de energía interrelacionados, desde la más mínima partícula subatómica a las inconcebibles fuerzas cósmicas.

Esta es la base de todas las medicinas energéticas, el Ki y el yin-yang de la medicina tradicional china, la energía védica o la magnetoterapia, etc. Y muy posiblemente la medicina convencional, que está llegando a la cumbre de las posibilidades de la era farmacológica, vaya en un futuro muy próximo por el camino del manejo científico de los niveles de energía de nuestro organismo, como hace algunos años anticipó la prestigiosa revista profesional inglesa "Lancet".

La psicotrónica fue desarrollada en Europa oriental y su estudio continuó en otras naciones europeas y en los Estados Unidos. La Internacional Asociación for Psychotronic Research celebró su 1° congreso internacional en Praga en 1973.

El término "psicotrónica" fue puesto en circulación en los años 1960 por un grupo de investigadores checoslovacos como sustituto del término "parapsicología". Un documento presentado en una conferencia sobre parapsicología celebrada en Moscú en 1968, caracterizaba la psicotrónica como "la biónica del hombre".

La energía psicotrónica es una energía que no se ha podido identificar con las fuentes conocidas y que se la puede estudiar a través de sus resultados, tiene relación directa con la fe, la integración armónica universal, la multidimensión y la intención de:

• Modificar situaciones.
• Producir hechos contundentes.
• Crear y/o controlar energías.

Cuando usted enciende un aparato de comunicaciones no se pregunta como llega la señal o cuando enciende la luz de su casa tampoco se pregunta como llega, solo tiene luz.

Algunas de sus características:

1. Es independiente de las distancias.
2. Es independiente del tiempo.
3. Sus efectos son instantáneos.
4. Es manejada por la mente.
5. Se rige por las leyes fundamentales del universo y las leyes mentales.

Podemos definirlo como *la energía capaz de crear y modificar otras energías, capaz de actuar en todos los planos: Físico, Mental. Emocional, Espiritual y a Nivel Cósmico.*

Cuando se trabaja con el poder Psicotrónico, se ve como mejora nuestra propia vida, y se toma conciencia de las fuerzas cósmicas que trabajan fuera de uno mismo y que están en armonía con las fuerzas de nuestro interior.

Debemos tener presente que cuando venimos al mundo físico lo hacemos desde otros planos y en realidad nuestra mente subconsciente nunca ha dejado ese otro reino, lo que ocurre es que la parte lógica está obsesionada con nuestra supervivencia en este mundo de las formas y se acostumbra a percibirlo como el único mundo, en cuanto nuestra mente empieza a recordar el otro plano del que procede, es capaz de actuar en este ámbito también.

En los otros Planos nuestros cuerpos son capaces de utilizar nuestra mente en forma que trascienda las limitadas actividades sensoriales de este mundo físico, podemos utilizar la energía Psicotrónica de forma que nos permita cambiar las condiciones de nuestros cuerpos y entornos.

Esta energía está disponible para ser utilizada por quien conoce la forma de acceso y puede estar utilizándola para influenciarlo/a sin su consentimiento y obtener un resultado beneficioso para él.

Por medio de la radiestesia podemos identificar la presencia de esta influencia y obtener como protegerse de la misma.

Si usted posee este conocimiento, por medio de la radiestesia se puede averiguar las veces que necesita utilizarla y durante cuanto tiempo deberá aplicarla, para solucionar su problema.

Mojmir Babacek, autor checo conocido por sus investigaciones sobre armas psicotrónicas y fundador del Movimiento Internacional Contra la Manipulación del Sistema Nervioso Central, ha señalado que desde 1920 empezaron a investigarse fenómenos como la telepatía, la telequinesis y la clarividencia, y durante los 60 y 70 había una verdadera carrera armamentista entre Rusia y EE.UU. en esta área. Por otro lado, un supuesto estudio realizado durante la Guerra Fría por el ejército estadounidense sobre los "factores que pueden influenciar la vitalidad y actuación de los artilleros", define a la psicotrónica como la proyección o transmisión de energía mediante disciplina y control mental individual o colectivo, o bien a través de un dispositivo emisor, una especie de perturbador mental. El informe añade que "la URSS parece haber hecho logros significativos en el desarrollo de armas psicotrónicas que pueden afectar seriamente la capacidad combativa".

6

TRASLADO DE ENERGÍA

En las culturas y tradiciones médicas
anteriores a las nuestras,
la sanación se realizaba
moviendo la energía.
ALBERT SZENT-GYÖRGYI

Muchos profesionales de distintas disciplinas están combinando conocimientos: médicos que estudian bioenergía; psicoterapeutas que practican disciplinas orientales; parapsicólogos que se ponen a estudiar medicina; paramédicos que aprenden sobre oración; médicos que fluctúan entre la alopatía, la homeopatía y la acupuntura; y muchos de estos profesionales profundizan creencias espirituales no sólo occidentales sino también orientales.

Luego de un recorrido por esta compleja diversidad de técnicas y de los más variados conocimientos que las sustentan, hemos llegado a una conclusión, que para muchos no ha de ser muy original: casi todas (incluidas algunas psicoterapias) revelan la existencia de un mismo elemento de trabajo que es, a la vez, emisor y receptor: la **energía**.

Pese a las notables diferencias metodológicas (comparemos por ejemplo Acupuntura con Magnified Heiling, u Osteopatía con Terapia de Vidas Pasadas), todas parten de una misma premisa y apuntan a un mismo objetivo: la **búsqueda de la salud psicofísica**, pero en la gran mayoría a través del restablecimiento de un "equilibrio" perdido: la *armonización energética* de la persona. Tal vez sea necesario hablar, conforme con **Daniel Cecchini** (4), de **terapeutas de la energía**, y aunque existan enfoques recientes, no son más que antiguos criterios "aggiornalizados", y muchos de ellos a través de esta "movida" mundial que ha dado en denominarse *New Age* (para otros *Nueva Edad Dorada*) o *Nueva Era*.

Se podrían catalogar como "Medicinas Holísticas", pues han tomado al ser humano como lo que es, una entidad integrada psicofísica y espiritualmente y desde allí buscan recuperar su salud, desde tiempos inmemoriales hasta la actualidad. Este tema está ampliamente desarrollado en nuestro libro *"Los Maestros y la Salud"* (14).

20. Sistemas manipulativos

Reflexología

También llamada *reflejoterapia* o "método de Ingham". Otra disciplina de orígenes muy remotos, parece ser que se originó en China hace unos 5000 años. También la practicaron los egipcios. A Occidente llegó hacia 1913 cuando el otorrinolaringólogo de USA, **William Fitzgerald** creó su "Terapia de Zonas", basada en la reflejoterapia. Por 1930 otro médico estadounidense, **Shelby Riley** se interesó por el tema, pero fue su joven fisioterapeuta **Eunice Ingham** quien adelantó en las investigaciones, publicadas en 1938 en su libro "Las historias que pueden contar los pies", y fundó un espacio que tiempo después dio lugar al Instituto Internacional de Reflejoterapia, en 1973.

El método consiste en la estimulación manual de las plantas de los pies: éstas se hallan divididas en zonas que se llaman "reflejas" porque se les atribuyen una relación con partes distantes del organismo. Cada pie representa la mitad del cuerpo situada de su mismo lado y las distintas zonas reflejas en que se dividen las plantas corresponden a otros tantos órganos internos y externos. La sensibilidad en una de las zonas indica un trastorno en el órgano respectivo, y la manipulación restablece el flujo de energía interrumpido.

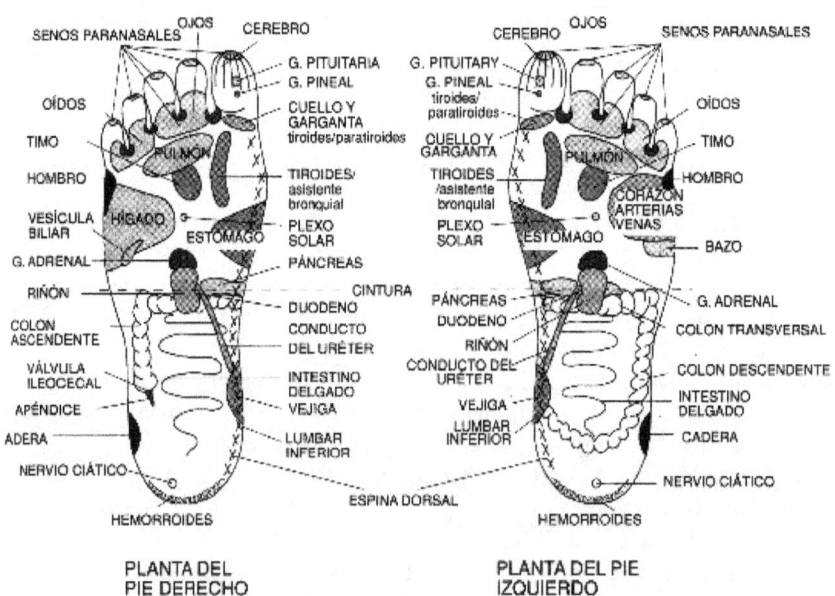

PLANTA DEL PIE DERECHO

PLANTA DEL PIE IZQUIERDO

También se practica reflejoterapia en las manos, y ese fue un agregado de la mencionada Eunice Ingham.

124

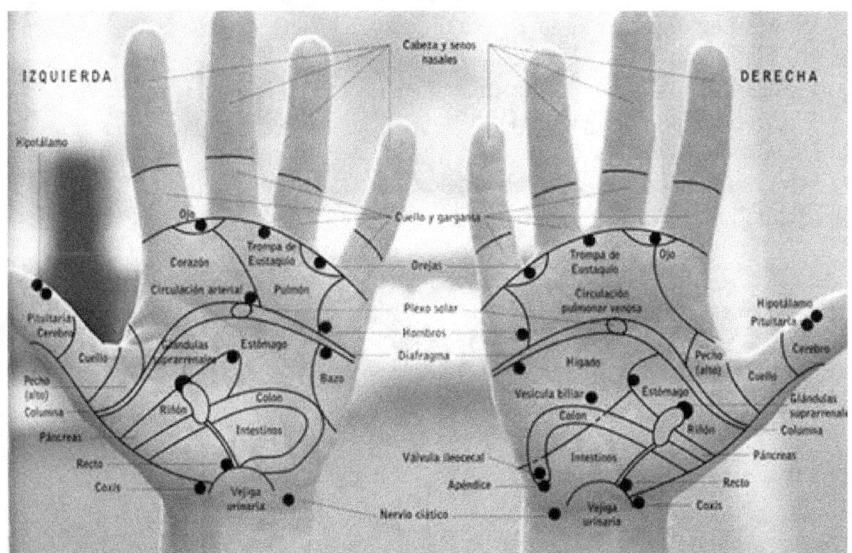

Ubicamos aquí los conceptos de la acupuntura china referidos a los llamados **meridianos**, por estar, de alguna manera relacionados con puntos específicos de nuestro cuerpo físico que también pueden ser estimulados.

El pensamiento médico chino está concentrado en el concepto de energía, todo lo que existe en la naturaleza es energía en perpetuo movimiento y transformación. Las energías que hacen funcionar el cuerpo humano se denominan **yin** y **yang** y comunican entre sí a todos los órganos a través de unos canales llamados **meridianos**, es decir que es la "línea" que une los puntos de acupuntura en cada grupo, y se clasificaron en **14 grupos** separados.

En la tradición hindú reciben el nombre de **nadis** (o canales) y según ellos existen cerca de 72 mil nadis que, además, conectan el aura con nuestro cuerpo físico.

De estos 14 meridianos, 12 son bilaterales (a la derecha y a la izquierda del cuerpo --6 de ellos son yin y 6 son yang--), los restantes 2 se encuentran en la línea media del cuerpo:

1. Meridiano del Pulmón (P).
2. Meridiano del Intestino Grueso (IG).
3. Meridiano del Estómago (E).
4. Meridiano del Bazo-Páncreas (BP).
5. Meridiano del Corazón (C).
6. Meridiano del Intestino Delgado (ID).
7. Meridiano de la Vejiga (V).
8. Meridiano del Riñón (R).

9. Meridiano Circulación y Sexualidad (CS).

10. Meridiano Triple Calefactor (TC).

11. Meridiano de la Vesícula Biliar (VB).

12. Meridiano del Hígado (H).

De los dos situados en la línea media del cuerpo, el de localización posterior es llamado "Vaso Gobernador" y el anterior es llamado "Vaso Concepción".

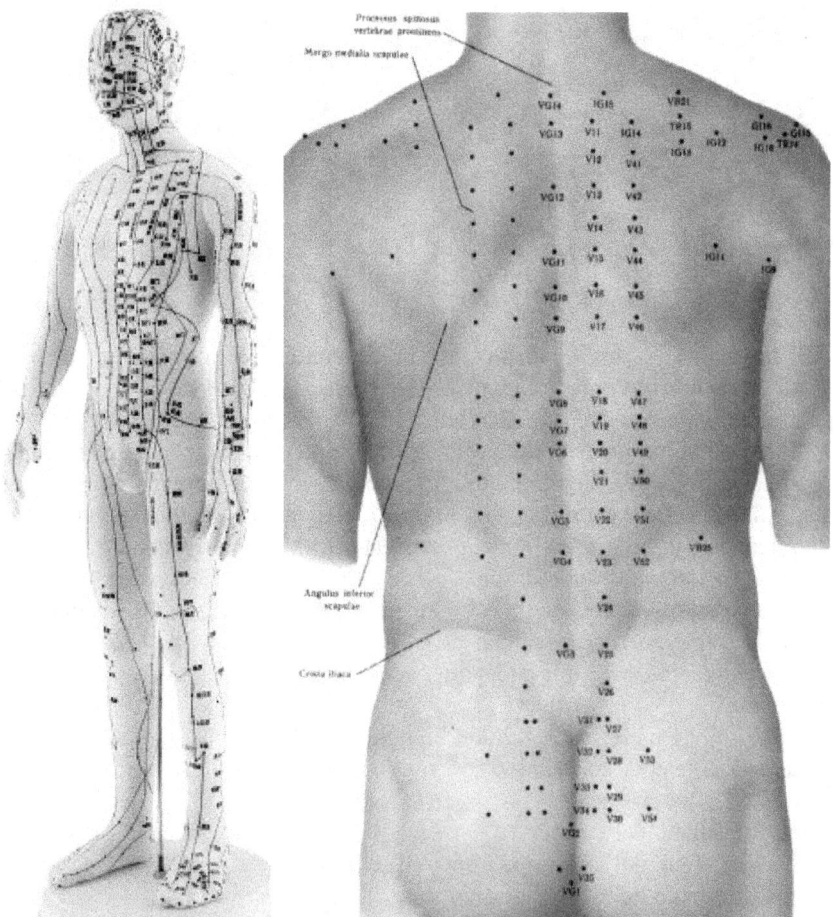

Cada meridiano tiene un trayecto definido en el cuerpo, que se divide en dos partes: la vía interna y la vía externa.

La via interna tiene su origen en un órgano, recorre internamente el cuerpo y se conecta a la ruta externa en el punto de acupuntura. La ruta

126

externa finaliza en la terminal del punto de acupuntura y es conectada a otra ruta interna, llevándola de regreso al órgano de origen, convirtiendo el trayecto total o meridiano en un circuito cerrado.

Cuando la energía de los meridianos de acupuntura fluye libremente por todo el cuerpo, los hemisferios cerebrales se hallan equilibrados. Al mismo tiempo el **Timo** (la glándula que es uno de los controles centrales del sistema inmunitario del organismo) estará activado. Cada meridiano posee una actitud emocional específica, positiva y negativa.

Kinesiología Aplicada

En 1964 el estadounidense **George Goodheart** ideó un sistema terapéutico basado en los reflejos y otras reacciones parecidas, según criterios de principios del siglo XX, del osteópata **Frank Chapman**, quien aseguraba que el masaje y presión en puntos específicos estimulaba la circulación o *drenaje linfático*. Goodheart la llamó *"kinesiología* (del griego *kinesis* --movimiento--) *aplicada"*.

Comprobó que cada músculo (o grupo muscular) importante del cuerpo está relacionado con un órgano determinado. Se sirvió de numerosos *tests* muy prácticos para detectar la debilidad del músculo respectivo; al fortalecerlo, es capaz de mejorar el funcionamiento del órgano que le corresponde.

También lo combinó con la *nutrición*: si a un paciente se le suministra un determinado tipo de complemento nutritivo y el músculo demuestra, inmediatamente, adquirir mayor vigor, es el complemento apropiado.

Un médico estadounidense, **John Diamond**, alrededor de 1975, y sobre la base de Goodheart, creó la "kinesiología del comportamiento", para usarla también como medicina preventiva (aceptada por la Academia Internacional de Medicina Preventiva).

Al respecto, Diamond integra conocimientos de psiquiatría y medicina psicosomática obteniendo ejercicios que contribuyen a elevar el nivel de energía del paciente y de cualquier persona, sobre todo los relacionados con la estimulación de nuestra glándula Timo, cuyos estudios son muy profundos y contribuyen a terminar con el mito de la atrofia de esta glándula.

Tai - Chi

Meditación y relajación corporal en movimiento, su origen se remonta al siglo XI debido a un pensador taoísta, **Chang San-Feng**, quien preocupado por la agresividad que inculcaban las artes marciales, buscaba una manera más apacible de alcanzar el desarrollo espiritual. Comenzó por incorporar las cualidades de movimiento de los animales como el tigre (símbolo del yo o el ego según Huan To, médico taoísta del siglo III), el mono (representación de la malicia), el oso, el ciervo, la serpiente, la grulla.

127

La disciplina fue adoptada y reservada por los monjes taoístas y eremitas, pero luego se hizo popular y aunque se practicó en Occidente a partir de 1900, recién despertó el interés del público a raíz de la visita del presidente Nixon a China en 1972, cuando la televisión transmitió sesiones de tai-chi al aire libre en lugares públicos y se comenzó a practicar en parques y jardines de todo el mundo. Hay dos formas o rutinas básicas: la *corta*, secuencia de 40 movimientos coordinados sin repeticiones que se realizan en 10 minutos; y la *larga*, secuencia de 100 movimientos combinando respiración y repeticiones que se realizan en 40 minutos. El objetivo es, como en todas las disciplinas, el mejor equilibrio psicofísico.

Reiki
Se cree que los orígenes de este arte de curar con imposición de manos, data de la remota época del *chi-kung*. Lo que se sabe con certeza es que a fines del siglo XIX, para algunos un sacerdote japonés, para otros un profesor de una universidad cristiana de Kioto, Japón, **Mikao Usui**, (1865- ?), redescubrió el sistema y lo llamó *reiki: rei* (santo, espíritu, misterio, don) *ki* (vimos que es energía, también talento, sentimiento, escenario natural), y que se traduce como "energía vital universal".

Del llamado "doctor Usui", se dice que no trabajaba con diferentes posiciones para las manos, tal como sus seguidores fueron combinando ordenadamente en la actualidad, sino que transmitía energía con una de sus manos, mientras sostenía en la otra una esfera energética (no se sabe si era de vidrio, bronce, o un gran cuarzo pulido). Quien nos inició en esta disciplina, la master reiki "Charo" Olivera, egresada, a su vez, de nuestro Método RH (risa holística), nos transmitió una gran libertad para el uso del orden de las posiciones y los símbolos, derivada de lo que en el momento preciso se nos "canalice" como más adecuado.

Este método **canaliza** la energía universal, a través del terapeuta, quien la hace fluir hacia el paciente, y de esta manera interactúan los campos energéticos de ambos y se equilibra el del paciente, a través de la colocación de las manos del terapeuta en distintas posiciones y apelando a símbolos especiales (que provienen del shintoismo y son secretos para quienes no están iniciados), que parecen ser los que usaban Buda y Jesucristo. Existen tres niveles: iniciación, avanzado (nivel mental) y maestría (nivel espiritual).

Curación Pránica

Creado en la década de 1980 por el maestro filipino **Choa Kok Sui**, que utiliza fundamentalmente la limpieza de los chakras con las manos, con gemas y con colores. Es un arte y una ciencia de la antigüedad, relacionados con la sanación, y utiliza el *prana, ki* o *energía vital* para sanar todo el cuerpo físico. También implica la "manipulación" del *ki* y de la materia *bioplásmica* (*cuerpo etérico*).

Johrei

En 1934, **Mokichi Okada** estableció el Arte Médico Japonés, que denominó *Johrei.* Las energías emanadas del sol, la luna y la tierra interactúan formando una fuerza invisible: la Fuerza o Poder de la Naturaleza. Este método intenta realzar el poder sanador natural y espontáneo que, siendo innato al ser humano, yace inactivo en él.

El estado espiritual se refleja inmediatamente en el cuerpo físico: las enfermedades son producto del comportamiento antinatural del espíritu humano, por ejemplo los actos agresivos, las palabras negativas o la asimilación de sustancias extrañas.

Okada consideraba a la medicina y a la agricultura como los pilares de la nueva civilización, así se creó la Estación Experimental de Agricultura Natural en Ohito. Recién en 1991 se estableció una Clínica Johin en Tokio. También se creó MOA (Mokichi Okada Association) Internacional.

EMF Balancing Technique

La Técnica del Equilibrio del Campo Electromagnético, trabaja con el campo electromagnético humano, (o Entramado de Calibración Universal), a través del contacto humano a humano. La Técnica consiste hasta este momento, en 8 Fases. Cada fase crea el fundamento energético para las siguientes, aumentando la calibración, el fortalecimiento y el equilibrio de nuestra energía y trabaja con áreas específicas de la llamada "anatomía energética" y con diferentes intenciones o propósitos. Opinan que en la anatomía energética existen sistemas etéreos y emocionales. El Entramado de Calibración Universal ó UCL, puede ser pensado como un sistema dentro de nuestra anatomía energética y está compuesto por 12 fibras principales

129

interconectadas, que forman una estructura de entramado multidimensional.

Este entramado tiene conexiones principales en los chakras e interconecta al sistema viviente con el Universo.

Fue "canalizado" por **Peggy Phoenix Dubro** en la década de 1970. En 1989 estuvieron disponibles para ser enseñadas las Fases I y II y en 1994 las Fases III y IV. A finales del año 2003 estuvieron disponibles cuatro fases más, de la V a la VIII y al final del trabajo habrá otras cuatro fases, de la IX a la XII. Peggy y su esposo Stephen forman también parte del equipo de Kryon y se presentan junto a **Lee Carroll** (el hombre que "canaliza" a Kryon, extraterrestre, en conferencias y eventos por el mundo.

Magnified Healing

Relacionada con la anterior, es una modalidad de *sanación* canalizada por **Gisele King** y **Kathryn Anderson**, en Miami, y referida a la energía de la Bien Amada Madre de la Misericordia y de la Compasión: *Kuan Yin*, el aspecto femenino del Buda para el Budismo, Tara para los tibetanos, una Maestra ascendida para los Metafísicos o un aspecto representativo de la Divinidad Cósmica Femenina tal como lo es la Virgen María en el Catolicismo o Shakti en el Hinduísmo. El 19 de setiembre de 1992 ambas canalizadoras reciben el mandato de diseminar a toda la Humanidad Receptiva la *"Sanación Magnificada del Altísimo Dios del Universo"*

Es un sistema armonizador que trabaja sobre el sistema nervioso, la activación y redistribución del calcio en la columna vertebral, sobre todo el cuerpo físico a través de los chakras, sobre los cuerpos sutiles mental y emocional, y a nivel espiritual sobre la energía que se acumula en el chakra cardíaco, producto de nuestra falta de amor hacia nosotros mismos y los demás, en lo que se llamaría la "Sanación del Karma"; así como también en la amplificación de la Llama Trina (en el centro del corazón) y la Ascensión (o despertar de la consciencia para realizar conscientemente aquello que hoy sólo es una afirmación casi incomprensible: *"Yo Soy Dios"*).

Es comparable y muy parecido al *reiki*, y tiene tres niveles: básico, la "ceremonia de celebración", y el "taller de luz" (hasta ahora sólo dictado por sus canalizadoras).

21. Imposición de manos

¿Se podría hablar como hacen algunos de *"sanación* espiritual"? Desde tiempos remotos algunas personas han tenido la capacidad de curar las enfermedades físicas y mentales colocando sus manos en la parte afectada o sobre la cabeza de la persona, y así transferirle cierta forma de energía vital.

Los primeros cristianos hicieron mucho uso de esta técnica --que ejercía

130

Jesucristo habitual y poderosamente-- apelando al poder de Dios a través ("canalizando") del Espíritu Santo. Actualmente ha sido aceptada por la Iglesia Católica (pese a ser muy cautelosa en estos aspectos) reconociendo a los "curas carismáticos" que hacen imposición de manos. También practicada por ciertos "sanadores" y "curanderos". Un antecedente histórico fue el llamado "toque real": durante 700 años, los ingleses creyeron que sólo el contacto de la mano de su monarca podía curar el "mal del rey", como llamaban a la *escrófula* (una forma de tuberculosis que ataca los ganglios linfáticos del cuello). Según la leyenda, tal poder era un don divino recibido en el siglo XI por el rey Eduardo el Confesor, y heredado después por sus sucesores. La confianza en el toque real perduró hasta el reinado de Ana Estuardo (1702-1714), última reina que dispensó su toque a los enfermos.

Ya hemos reseñado varios sistemas terapéuticos basados en el tacto, como la del mencionado quiropráctico estadounidense **John Thie** (1970), y en 1980 una enfermera yanqui, **Dolores Krieger** comenzó a aplicar y enseñar en clínicas y hospitales lo que llamó "toque terapéutico" (23).

¿Curanderos o sanadores?

Desde tiempo inmemorial han existido en todo el mundo personas dedicadas a tratar las enfermedades con métodos muy variados, al margen de la medicina "oficial" de cada época. Han sido llamados de diversas maneras: magos, sacerdotes, brujos, chamanes, manosantas, curanderos, etc. Estas nutridas prácticas "terapéuticas" están arraigadas en la tradición y respaldadas más por la experiencia que por un conocimiento científico y una preparación formal o académica, por lo que muchas veces se prestan, lamentablemente, a la charlatanería, al fraude y a la estafa. De allí que la expresión "curandero" se haya desprestigiado notablemente y hoy se habla --para los que son honestos y eficaces-- de "curadores" o "sanadores". De aquí surgió una distinción: la *curación* la efectúa el médico con título habilitante y la *sanación* la realiza la propia persona o un tercero que apela a la asistencia espiritual.

Las prácticas incluyen con frecuencia la manipulación (en estos casos muchos son denominados "hueseros" o "arregla-huesos" por la jerga popular), la imposición de manos y el uso de medicamentos de todo origen: herbolaria, animal y mineral. Otros apelan a los rezos con las más variadas oraciones y todo tipo de velas. Algunos no cobran por sus servicios, otros se limitan a pedir un donativo voluntario y otros cobran montos comparables a los honorarios de los médicos profesionales (o aún más elevados).

Se reconoce que la confianza en el tratamiento del curandero tiene un papel importante en la recuperación, pero no siempre es necesaria: tal los

131

casos de bebés y niños, enfermos inconscientes y hasta animales y plantas que responden favorablemente a las maniobras. En ocasiones se ha sabido de curaciones prodigiosas en personas deshauciadas por la medicina tradicional. Sin embargo, aunque tales "milagros" reciben amplia difusión, los científicos, los médicos y hasta los religiosos los analizan con mucho escepticismo y otros no admiten la existencia de ningún tipo de "poder" y atribuyen esas curaciones inexplicables a "remisiones espontáneas" de las patologías.

Estos supuestos poderes ahora sabemos que provienen de una fuente espiritual externa: desde nuestros Guías Espirituales, pasando por Maestros Ascendidos y Ángeles hasta espíritus desencarnados (de médicos u otras personas que en vida han tenido este tipo de contactos) que canalizan a través de estos curadores o sanadores para que realicen las curaciones. Lo más notable es que no siempre, ni con todas las personas que acuden por ayuda, ocurren los alivios o las curas y esto tiene muchas explicaciones desde distintas disciplinas esotéricas. Brevemente, puede deberse a que en ese momento no hubo *asistencia* externa, o que el sanador no la pudo canalizar, o que hubo fuerte oposición de entidades negativas, o que el enfermo está pasando por un momento o circunstancia "kármica" y *no puede ser ayudado*.

Todos los seres humanos somos iguales, pero algunos --muy pocos-- sobresalen del resto, y las variables de por qué se destacan son numerosas y de amplia extensión: desde grandes maestros como Jesucristo hasta almas que encarnan con una misión menos trascendente pero muy importante como la Madre Teresa de Calcuta o el doctor Albert Schweitzer. Pero no sólo en lo sanador o en lo espiritual se pueden encontrar "misiones", también en otras disciplinas o actividades, como un Mozart que vino con una misión "musical", o un Mahatma Gandhi que vino con una misión "política", o un Julio Bocca que vino con una misión "artística", o un Diego Maradona que vino con una misión "deportiva", hasta miles de personas anónimas que cumplen misiones muy loables y esforzadas de ayuda y servicio, o de investigación, o de enseñanza, etc., etc., etc.

En 1969, **Robert C. Beck** inició 10 años de investigaciones sobre la actividad de las ondas cerebrales de los sanadores en una amplia variedad de subculturas en todo el mundo. Estudió a individuos excepcionales que fueron famosos o que habían desarrollado una reputación como psíquicos, chamanes, radiestesistas o canalizadores, en este caso como la coautora de este libro, **Mirtha Manno**, cuyas principales canalizaciones fueron transcriptas en su libro *"Telepatía entre Planos-Mensajes de los Guías Espirituales"* (28). También a un sanador carismático cristiano, a un auténtico *kahuna hawaiano*, y a practicantes de Wica (religión neopagana creada por Gerald Gardner –ver el tema en el libro que precede a éste: *"El Alma y la Salud"*--).

132

Registró sus ondas cerebrales con un electroencefalograma y pudo comprobar que todos los sanadores produjeron similares patrones de ondas cerebrales cuando se hallaban en su "estado alterado" realizando alguna sanación. Cualesquiera que fuesen sus creencias y costumbres, todos los sanadores registraron una actividad de onda cerebral promedio entre **7,8** y **8,0** ciclos por segundo, lo que equivale, en la nueva medida usada que son los hercios, a **8 hertz**, es decir un perfecto <u>estado Alfa</u> (estado de profundidad mental y concentración).

Beck también realizó estudios adicionales en alguna de las personas y descubrió que, durante los procesos de sanación, sus ondas cerebrales se sincronizaban en fase y frecuencia con las <u>micropulsaciones geoeléctricas de la tierra</u>, o sea, la resonancia o **frecuencia Schumann** (ver más adelante).

Bioenergía

Así se denomina a una sección de la biología que estudia los fenómenos de *producción* e *intercambio* energético en los seres vivos.

Una aclaración necesaria, nosotros --y otros cultores de otras disciplinas-- entendemos como "bioenergía" al **uso** --*generalmente a través de las palmas y los dedos de las manos*-- de la energía que circula por nuestros "cuerpos" y que es posible manifestarla psicofísicamente en forma de **traslado** o "movilización" de dicha energía sobre distintas partes del cuerpo físico propio o sobre el cuerpo de otra persona.

Tal vez alguna confusión se genere con la propuesta de ejercicios físicos y posturales de **Alexander Lowen**, que la llamó "bioenergética" y no tiene demasiada relación con esta nueva manera de denominar el antiquísimo uso de la **bio** (*vida*) **energía**.

Es decir, entonces, que empleando la Fuerza de Vida o Energía Vital que fluye naturalmente por las manos, podemos liberar y equilibrar nuestra energía y la de otra persona. La circulación libre de la energía nos permite experimentar paz, alegría, amor y salud, o sea autoarmonizarnos psicofísicamente. Nuestra *energía vital* es la fuente de nuestro bienestar psíquico y físico.

Toda enfermedad se inicia con un problema en el *nivel de energía*, tal vez con una existencia de varios años antes de manifestarse como enfermedad física. El desequilibrio de energía no es notorio en forma inmediata (a excepción de cuando usted ya se introdujo en estas prácticas); tampoco se manifiesta con un cambio patológico importante, al menos en un principio.

Como asegura **John Diamond** (12), la prevención en medicina siempre es *secundaria*: "ha sufrido un ataque cardíaco, cuídese de sufrir otro", o "le ha salido una úlcera, impida que empeore". No es habitual hacer prevención *primaria* usando, por ejemplo, de la bioenergía, y mucho menos usada es en psicología.

Además de los llamados por nosotros HMN, existen muchos factores que paulatinamente van disminuyendo nuestra energía vital: la polución ambiental, los ruidos de altos decibeles, los alimentos poco naturales o excesivamente refinados, la ropa confeccionada con fibras totalmente sintéticas, los malos hábitos posturales, el escaso ejercicio físico, las bebidas gaseosas, el alcohol, el tabaco, el vivir de prisa, etc. Aumentar la *energía vital* no significa alcanzar una elevación momentánea de la misma como sucede al ingerir dulces; tampoco es esforzarse por llegar a un estado de energía "muscular", sino elevar la vitalidad *interior*, que no es tampoco tener mayor "actividad". La mejor figura para entenderlo nos la da cualquier animal sano en estado de reposo: muestra un elevado grado de energía vital.

A nosotros nos gusta hablar de un estado de *armonización*, o por el contrario, un estado de *des-armonización energético*, al que "testeamos" con elementos de radiestesia (péndulo y/o testeador), a través de los chakras y del timo. Según Diamond, el timo sería la glándula que regula el flujo de energía en el sistema de meridianos que utiliza la acupuntura.

Cuando usted está experimentando en estas técnicas puede "percibir" su estado energético con mucha facilidad. Igualmente, cualquier persona, prestando algo de atención, puede darse cuenta cómo se siente. Por ejemplo, ¿cómo está hoy su nivel de energía? ¿se ha levantado con ansias de afrontar las tareas que tenía por delante? ¿ha comenzado su actividad, profesión, trabajo, con entusiasmo?

Si la respuesta es **sí**, tanto mejor. De todas maneras, lo que en este capítulo se explica deberá practicarlo con absoluta regularidad por lo menos dos veces por día: por la mañana al levantarse y por la noche antes de acostarse. Sí, leyó bien, por lo menos dos veces al día.

Si su respuesta es **no**. Más aún deberá trabajar. Tal vez usted hace mucho tiempo que está sin la fuerza y el vigor indispensables como para llevar a la acción y con entusiasmo lo que *debe hacer necesariamente.* Tal vez se siente con cansancio antes de comenzar su jornada y se anda "arrastrando" todo el día sin energía y obviamente sin alegría. En este caso, de manera urgente, ¡debe hacer algo al respecto!

Advierta esto: si siempre hace las cosas que no quiere hacer o no hace las cosas que *sí* quiere hacer, usted necesita ponerse en marcha, en acción, pero de una manera positiva, optimista y entusiasta. Esta actitud le va a ayudar a hacer las cosas que tiene que hacer pero que no le agrada hacer, y también por supuesto, le va a ayudar a hacer las cosas que *quiere* hacer. Y una persona que hace lo que le gusta hacer... ¡se divierte! ¿Le quedó claro? Si no es así, reléalo.

A partir de los principales ejercicios descriptos en este libro (hay algunos más), hemos diagramado una concatenación de los mismos que, siguiendo un orden y una particular manera de ejecutarlos, forman lo que hemos dado en llamar la *Secuencia de la Salud*, y que permite a nuestros alumnos, y a cualquier otra persona:

1) *estimular* la glándula timo;

2) *liberarse* de la energía superflua que, a veces, se instala alrededor de nuestro cuerpo físico y etérico y nos produce agotamiento;

3) *autoarmonizar* los siete chakras principales;

4) *limpiar* los siete chakras principales con el ejercicio que denominamos "el ventilador";

5) *visualizar* las propias endorfinas, o la "luz interior";

6) "trabajar" la *abundancia* en todos los aspectos; y...

7) **reír** a carcajadas.

Todo en* ocho-diez *minutos.

En el "Fedro"*,* Platón afirma que el inventor o creador de una nueva técnica no es siempre el mejor juez para decidir sobre la utilidad o inutilidad de su creación. Obviamente, lo mismo cabe decir de una nueva teoría o de un nuevo método. En el caso de esta creación, nos hemos encontrado con testimonios muy favorables de numerosos alumnos que nos llevan a ser muy optimistas en cuanto a los resultados de la aplicación de la mencionada "secuencia de la salud".

El trabajo con las personas reunidas en círculo, es muy antiguo. Nosotros, por supuesto, lo adoptamos en nuestra Escuela, tanto para generar una energía muy particular tomados de las manos, como para efectuar respiraciones "profundas", emitir sonidos, caminar (también en círculo) creando lo que llamamos el "trencito descontracturante", etc. Investigaciones realizadas personalmente por James L. Oschman corroboran --como nos ha ocurrido numerosas veces-- que a pesar del tiempo y la distancia, casi todos trabajamos ejercicios muy parecidos…y lo que más sorprende es la *sincronicidad*, a pesar de que nunca nos vimos ni nos conocemos.

Por ejemplo, colocar juntos sus palmas y dedos, que casi se toquen, y que muevan las manos acercándolas y alejándolas, para ver si detectan la sensación de la energía. Algunos logran sentirla como si fuera un imán, y otros sienten calor. Este investigador, además, efectuó corroboraciones a través de electrocardiogramas a los intervinientes.

El corazón es la fuente de electricidad más fuerte en el cuerpo, y el campo puede detectarse en cualquier parte sobre la superficie de la piel. Debido a que la transpiración es un buen conductor, los componentes de la electricidad del corazón se esparcen de persona a persona en el círculo. Es posible que se sincronicen los ritmos cardíacos fundamentales de todo el grupo.

Y finalmente, la ¡acción de reír! **Mirtha** creó numerosas "dinámicas" con la risa (varias se pueden ver en el vídeo titulado "Talleres de la Risa" de nuestro espacio en YouTube/Rubén Delauro). Una muy interesante es caminar en círculo riendo y golpeteándose con las dos manos el pecho, dando varias vueltas, y luego detenerse, cerrar los ojos y, siempre con las palmas de las manos sobre el pecho sentir como los latidos del corazón cambian de frecuencia, no solo por el movimiento físico sino también por la alegría que genera la risa. Allí aconseja repetir: *"Que nada ni nadie me quite la alegría de vivir"* (ver en YouTube "Mirtha Manno - Ola de la risa en Buenos Aires").

La llamada Ola de la Risa consiste, siempre tomados de las manos (la palma de la mano izquierda para arriba y la palma de la mano derecha para abajo tomándole la mano al compañero de al lado), en "pasarle" la energía de la risa al de al lado y éste al otro y así sucesivamente. Nuestras manos reciben y emiten energía por igual, pero la no diestra (la izquierda en la mayoría de las personas) es la más "apta" para recibir y la derecha la más apta para transmitir.

Otra es acercar las palmas de las dos manos a nuestra boca y allí reír a carcajadas sobre ellas y luego apoyar esas palmas (energizadas con la alta frecuencia vibratoria de la risa) en todas partes del cuerpo, especialmente allí donde tengamos algún malestar o alguna dolencia. Es muy impactante percibir como se "alivia" la zona en cuestión. Repetir todo lo que sea necesario.

22. Otros sistemas terapéuticos

Remedios florales

Hoy existen varios métodos para extraer el poder curativo de las flores, pero el hombre que creó el sistema fue el médico alópata y homeópata y bacteriólogo inglés **Edward Bach** (1880-1936). Comenzó recolectando el rocío sobre las flores ya que adquiere las propiedades de las flores en las que se forma. Luego comenzó a cortar las flores y las puso a flotar en agua de manantial al sol y al aire fresco. Estos remedios están destinados a tratar al paciente en su conjunto y no sólo a los síntomas de su enfermedad, y aunque habitualmente son seleccionados de acuerdo con los síntomas *emocionales* del paciente, también contribuyen al alivio de trastornos físicos. Usaba el péndulo.

Aromaterapia

Es otra de las artes curativas más antiguas, si bien su origen es incierto. La usaban los chinos y los persas. El médico árabe **Avicena** perfeccionó, en el siglo XI, el procedimiento de destilación. Su uso se generalizó en Europa a partir del siglo XIII, y en el siglo XIX empezaron a elaborarse aceites esenciales sintéticos. A principios del siglo XX, acuñó la palabra el químico francés **René Gattefosse**, quién comenzó a usar los aceites y las resinas medicinalmente. Continuaron con su obra el médico y la bioquímica (y cosmiatras) franceses **Jean Valuet** y **Marguerite Maury**.

Los llamados *aceites esenciales* son producidos por unas diminutas "glándulas" distribuidas en los pétalos, las hojas, los tallos, la corteza y la madera de centenares de plantas y árboles (aunque los principales son unos 30). Se usa un proceso de destilación evaporativo: si se disuelve el aceite obtenido en alcohol u otro solvente, se obtiene un producto diferente llamado *resina* (de menor pureza). Se aplican sobre la piel y se hacen penetrar con masajes, se pueden agregar al agua de baño, usarse en compresas y, cuando su grado de pureza está garantizado, ingerirse en forma diluida. Pero lo habitual es la *inhalación*: surte efecto más rápidamente porque las moléculas odoríferas de los aceites provocan una reacción inmediata de las células nerviosas del cerebro y hasta pasan al torrente sanguíneo por los vasos capilares.

Se suelen agrupar en tres clases: a) los que tonifican el cuerpo y levantan el ánimo; b) los que regulan las principales funciones corporales y c) los que producen un efecto sedante en el cuerpo y la mente.

Homeopatía

En 1810, cuando el médico alemán **Samuel Hahnemann** (1755-1843) propuso un sistema terapéutico *alternativo*, tuvo que distinguirlo de la medicina ortodoxa de su tiempo. A esta última la denominó *alopatía* (del

137

griego *allos* –distinto-- y *pathos* -enfermedad--) porque uno de sus principios es la "ley de los contrarios" (anunciada por Hipócrates), es decir, el uso de medicamentos que producen efectos *opuestos* a los síntomas de la enfermedad tratada. Su sistema recibió el nombre de *homepatía* (del griego *homoios* --igual-- y la misma raíz *pathos*), ya que se basa en la "ley de los semejantes": tratar las enfermedades con medicamentos que producen *efectos iguales a sus síntomas*.

En el "Organon de medicina", desarrolla los principios constitutivos de la homeopatía y en su "Materia médica pura" se describen los numerosos remedios con los que experimentó. Estos remedios homeopáticos son preparaciones sumamente *diluidas* de sustancias naturales que comienzan provocando en el paciente los mismos síntomas de la enfermedad tratada hasta que, con la respuesta del propio organismo, comienzan a desaparecer. En el curso de un proceso curativo, los síntomas tienden a pasar de órganos vitales a otros de menor importancia, y del interior al exterior del cuerpo y suelen desaparecer en el orden inverso al de su aparición. A esto se le llama "ley de dirección del restablecimiento".

Dentro de su práctica, existen dos tendencias: la *unicista* (basada en un solo ingrediente para tratar síntomas específicos) y la *pluralista* (combina varios elementos).

Antroposofía

El científico y filósofo **Rudolf Steiner** (1861-1925) fue el creador de la *antroposofía* (del griego *antrophos* --hombre-- y *sophia* --sabiduría--) y el fundador de la Sociedad Antroposófica para emprender reformas en la educación, la ciencia, la religión y la medicina, con sede en el Goetheanum, edificio construido en Suiza por diseño de Steiner.

Steiner habló de "cuatro cuerpos" en el ser humano, correspondientes a los cuatro elementos de los antiguos griegos: el cuerpo físico (tierra), el etérico (agua), el astral (fuego) y el espiritual o *ego* (aire). Como Steiner no tenía estudios de medicina, su colaboración con el médico holandés **Ita Wegman** (1867-1943) condujo a la fundación de la primera clínica antroposófica en Arlesheim, Suiza, y a la publicación del libro "Fundamentos de la terapia". Como los antropósofos creen en la *reencarnación*, las enfermedades nunca se consideran meramente físicas, sino que entrañan el significado más profundo, propio de estas doctrinas, de la relación con vidas anteriores o de la preparación para una próxima vida. Desde la salud, la interconexión entre los cuatro cuerpos, se efectúa mediante tres sistemas psicofísicos: el digestivo-locomotor; el neurosensorial y el rítmico.

El sistema *digestivo-locomotor*, regido por los cuerpos físico y etérico, gobierna las funciones excretoras, la actividad glandular y todos los procesos

138

reparadores inconscientes del organismo. Actúa predominantemente durante la noche.

El sistema *neurosensorial* obedece al cuerpo astral y al ego, y a él se subordinan los procesos conscientes: el pensamiento, la percepción y la noción de uno mismo. Actúa predominantemente durante el día.

El sistema *rítmico*, constituido por la alternancia de los otros dos sistemas, rige la circulación y la respiración.

La salud es la señal de un equilibrio temporal entre los sistemas, pero es casi imprescindible para el desarrollo del individuo tomar conciencia y vivir la experiencia del desequilibrio, comúnmente llamado "enfermedad".

Se distinguen fundamentalmente dos grandes grupos de *enfermedades*: las **inflamatorias** o **febriles** (más comunes en la infancia y la adolescencia), debido a un fortalecimiento excesivo del sistema digestivo-locomotor, que en esas condiciones tiene un efecto calentador y disolvente sobre el organismo; y las **degenerativas** o **endurecedoras** (predominan entre los mayores), resultado de la contractura que el cuerpo astral y el ego producen en el sistema neurosensorial, generando además una deficiencia del sistema inmunológico. Actualmente, a raíz de la orientación cada vez más materialista e intelectual de la educación y de la sociedad, existe un aumento de enfermedades degenerativas (depresión, diabetes, reuma, insomnio, cáncer, artritis, artrosis).

La medicina antroposófica se vale de remedios especiales, compuestos de sustancias minerales, vegetales y animales (además de homeopáticos, alopáticos y herbolaria). Steiner ideó también un conjunto de movimientos rítmicos, a los que llamó *eurritmia*, los cuales se realizan en armonía con el ritmo de la palabra *hablada*: a cada fonema (vocal y consonante) le corresponde un *movimiento* específico. Y le agregó la **risa**.

Terapia Reichiana u Orgónica

El psiquiatra austríaco **William Reich** (1897-1957) inició su carrera en Viena como discípulo de Sigmund Freud; al emigrar a los Estados Unidos cambió de método y sostuvo que las experiencias reprimidas no sólo producen trastornos psicológicos, sino también físicos y para liberar se hace necesario recurrir a posturas y a prácticas manipulativas, con intervención de técnicas respiratorias. La denominó *vegetoterapia*: "teoría de la economía sexual", considera restablecer primero la plena potencia orgásmica. Estableció las pautas de las "corazas caracteriológicas", que se reflejan en el cuerpo en contracciones musculares.

Posteriormente esbozó la teoría de que existe una forma de energía universal presente en los seres vivos y en los inanimados, en la atmósfera y hasta en el espacio: la *energía orgónica*, afirmando que todos los seres la almacenan en unas unidades de energía llamadas "biones", los cuales a su vez pueden guardarse en "acumuladores orgónicos" y luego emplearse para curar las enfermedades. Esta energía está asociada con el orgasmo y la satisfacción sexual.

Comenzó a tratar a sus pacientes "sentándolos" sobre un artefacto de su invención conocido como *acumulador orgónico*, y luego a comercializarlo, por lo cual la medicina oficial le prohibió la venta como así también la publicación de sus ideas. Al desobedecer, Reich fue a prisión y allí falleció de un ataque cardíaco.

Hidroterapia

El alemán **Vincent Preissnitz** (1799-1851) y el monje dominico de Baviera, **Sebastián Kneipp** (1821-1897), fueron los precursores de la moderna hidroterapia. El agua es la esencia de la vida, *es* vida: constituye la mayor parte de nuestro organismo, está presente en casi todos los alimentos que comemos, el ser humano no puede vivir más que unos cuantos días sin ingerirla (el mínimo son ocho vasos diarios), forma parte de la mayoría de la composición de nuestro planeta.

En forma líquida, tiene numerosas propiedades terapéuticas: promueve la relajación, estimula la circulación sanguínea, elimina impurezas y sustancias tóxicas, calma el dolor, reduce la rigidez, alivia el cansancio, despeja la mente. El agua *caliente* y el *vapor*, dilatan los vasos sanguíneos, favorecen la transpiración, relajan los músculos y las articulaciones y hacen afluir sangre y calor a la superficie del cuerpo. El agua *fría* y el *hielo* constriñen los vasos, reducen la inflamación y la congestión superficiales y producen una mayor afluencia a los órganos internos. También son reconocidas las propiedades curativas de las aguas *termales*. Y un tipo de parto es el de sumergir a la madre en una bañera de agua templada.

Las técnicas empleadas son: *fisioterapia en baños de flotación* (para fortalecer y restablecer la movilidad aprovechando que el peso del cuerpo disminuye por efecto del agua); *compresas*; *baño de sábana* (envolviendo al paciente); *baños de cuerpo entero*; *baños de asiento*; *baños de vapor* (se distinguen el "baño turco" --húmedo-- y el "sauna" --seco--); *duchas* ("limpia" y armoniza el aura y estimula la glándula timo); *talasoterapia* (su empleo es con agua de mar y algas marinas); *fangoterapia* (se usan las propiedades agregadas del barro); y la *inhalación de vapor* (útil en muchas congestiones de las vías respiratorias).

Terapia de Flotación

Un párrafo aparte merece esta experiencia, muy específica, también llamada "deprivación sensorial", empleada sólo por quien la creó en 1954, el físico, biólogo y médico estadounidense **John Lilly** (nacido en 1915), famoso

140

tanto por establecer un método de comunicación con los delfines (que inspiró la novela *"El día del defín"* de **Robert Merle** y la película y serie televisiva *"Salven a Flipper el delfín"*) como también por su **caja aislante** (inspiró la película *"Estados Alterados"* dirigida por Ken Russell).

Consiste en flotar tendido boca arriba en 25 cm. de agua a 34,2° C, con sales minerales y aditivos químicos diluidos que soportan el cuerpo, dentro de una cámara cerrada insonorizada y en casi total oscuridad. De esta manera la permanente información que del cuerpo recibe el cerebro, queda neutralizada y sólo se perciben los propios pensamientos, el cerebro no necesita estímulos externos para permanecer despierto y la mente tiene mejores posibilidades de hacerle tomar consciencia a la persona de sus procesos biológicos, emocionales, mentales y, por supuesto, espirituales. Es como si la persona fuese sólo "alma flotando en agua".

Pero lo más notable es que la caja pasa a ser un verdadero "agujero en el universo" y los planos de consciencia se abren a otros **niveles de existencia**, como algo innato pero olvidado por el cerebro. El propio Lilly experimentó con y sin dosis de LSD (ácido lisérgico) y se encontró varias veces con otros seres, Guías --o Ángeles-- con quienes pudo "conversar".

Sonoterapia

Desde hace miles de años las tradiciones místicas de todo el mundo, han reconocido el poder del sonido y lo han trasladado a los ejercicios de meditación con el uso de instrumentos o elementos sonoros, y el uso de la voz para la entonación de mantrams, salmos y oraciones, junto con el canto y la respiración rítmica.

Desde el punto de vista terapéutico, la sonoterapia se basa en la teoría de que los órganos y tejidos del cuerpo tienen una resonancia natural y por lo tanto reaccionan bien ante los sonidos que vibran en armonía con dichas partes. De allí que se dirijan ondas sonoras generadas *electrónicamente* a las partes afectadas. Hoy sabemos de los efectos dañinos que producen los sonidos dis-cordantes y de altísimo volumen (130 dB), como el rock y la llamada "música disco". Actualmente existen diseños electrónicos que combinan la emisión de ondas sonoras de alta (+ 20.000 Hz) o baja (- 16 Hz) frecuencia con luces de colores (cromaterapia) para estabilizar o equilibrar psicofísicamente a una persona, con ritmos crecientes y decrecientes de emisión tanto en el sonido como en los colores. Se la llama *cimática* (del griego *kyma*: cima u oleaje).

Musicaterapia

Ya en la Antigüedad la música estuvo íntimamente ligada a la medicina, pero esa relación decayó durante mucho tiempo y en la actualidad se ha vuelto a reconocer su valor terapéutico. Además de un arte, la música es un medio de

141

expresión a veces más eficaz que el lenguaje. Sus infinitas combinaciones de sonidos rítmicos y armónicos tiene un efecto instantáneo y poderoso sobre el ánimo, pudiendo suscitar o comunicar profundas emociones difíciles de expresar con palabras.

Es muy útil en discapacidades infantiles como sordera, parálisis cerebral, síndrome down y autismo. También en ancianos y otro tipo de incapacidades físicas y mentales adquiridas, como medio de rehabilitación. Usada en instituciones psiquiátricas, psicología educativa, educación especial y hasta en cárceles.

Cromaterapia

El Sol emite diversos tipos de radiación electromagnética, cada uno caracterizado por una longitud de onda diferente, sólo perceptibles para el ojo humano en forma de luz blanca natural. Cuando esa luz se descompone a través de un prisma o filtros especiales es posible ver cada uno de los colores que la componen. Entre los rayos solares invisibles están los ultravioletas, los infrarrojos y los rayos X. Einsten dijo que "la luz es energía en movimiento".

También hay otros rayos invisibles, pero que los metafísicos aseguran que llegan al planeta con influencias benéficas y en distintos colores. Desde la terapéutica, la cromaterapia sostiene que ciertos padecimientos pueden curarse variando la cantidad de luz de determinado color que se irradie al cuerpo. Un cromaterapeuta puede recurrir a la *radiestesia* (como también enseñamos en nuestra escuela a través del uso del péndulo y del testeador), para determinar el tratamiento a seguir, pero su diagnóstico se basa en la columna vertebral: cada vértebra se relaciona con un órgano u otra parte del cuerpo, así como con cada uno de los ocho colores del espectro solar (a saber: azul, amarillo, verde, anaranjado, violeta, rojo, magenta y turquesa) que se van repitiendo en el mismo orden a lo largo de la columna vertebral, si bien su intensidad va en aumento desde el cuello hasta el cóccix.

De este modo, se elabora una *carta vertebral* detallada que determinan los colores que se deben dirigir a todo el cuerpo o a alguna parte del mismo. Los colores se irradian de a pares: un color "principal" y un "complementario" (a ritmos crecientes y decrecientes). Algo interesante: los efectos suelen ser los mismos aún si se vendan los ojos del paciente o si éste es ciego. También se emplea el uso de colores en la ropa, en el ambiente (casas particulares, clínicas, lugares de trabajo y cárceles) y la *visualización* de los mismos.

Gematerapia

Sustenta la curación en el poder energético de gemas y cristales, pues se sostiene que muchos de los minerales existentes en el planeta están presentes también en nuestro organismo. Dicen que las gemas tienen una mayor influencia sobre los órganos: transportan el patrón de una estructura cristalina

142

hacia las estructuras minerales del cuerpo físico a nivel biomolecular, colaborando estrechamente para integrar en el organismo la fuerza vital. La "vedette" en cuanto a sanación energética son los cristales de cuarzo.

Magnetoterapia

Ya era conocida por los griegos, Platón, Aristóteles y Homero la mencionan. En la antigua India se aconsejaba llevar un imán para atraer salud y prosperidad. La historia Egipcia demuestra que este pueblo poseía conocimientos sorprendentes acerca de las aplicaciones del magnetismo en su vida cotidiana. Se dice que Cleopatra tenía, en la tiara que llevaba en su frente, un imán engarzado para mantenerse siempre joven y bella. En cuanto a las aplicaciones terapéuticas, ya eran conocidas en China antes de Jesucristo. En los escritos de esa época se afirma que los metales magnetizados poseen un gran valor curativo natural y que se los usaba para aliviar el reumatismo y las inflamaciones articulares. El imán se ha utilizado durante siglos para aliviar las diversas enfermedades del ser humano, desde un dolor de muelas hasta una hemorragia.

Pero veamos otro aspecto (ya descripto como **electromagnetismo**): se afirma que no hay estado de salud o enfermedad sin la participación de la corriente electromagnética de las células, que al tener dos polos que controlan un campo magnético, se constituyen en un imán. Existen distintos Ritmos o Fenómenos Magnéticos de la Naturaleza, que influyen considerablemente sobre el ser humano: 1) corrientes telúricas (las líneas de Hartmann y de Curry); 2) campo magnético terrestre; 3) las manchas solares; 4) los ritmos lunares y estelares; 5) los ritmos meteorológicos y marinos; 6) el campo eléctrico que se genera entre la Tierra (electrostáticamente negativa) y la Ionosfera (positiva); 7) la ionización de los vientos solares, retenida parcialmente por la Magnetosfera; 8) las ondas luminosas y la fotosíntesis; 9) las tormentas.

Risaterapia

O "terapia con la risa", o "geloterapia" (derivado de Gelos el dios de la risa). Un comentario respecto a la expresión "risoterapia" que se ha popularizado en el mundo hispanohablante, expresión que no nos parece tan adecuada. **Riso** para algunos que han leído mucho, parece ser era el nombre de otro dios helénico jocoso y juguetón. Para otros proviene del latín *risus*, y en España (Murcia y Aragón) se lo considera como "risa apacible". Pero también suena como "rizo" (en nuestro idioma, un bucle del pelo o cabello). Por lo tanto "risoterapia" nos aproxima más a la "terapia del pelo". Nuestra pregunta, que hacemos desde hace varios años, es: ¿por que no emplear el prefijo *risa* para hablar de "risaterapia"? ¿No suena más coherente, además de hacer

143

alusión directa a la risa?

Como vemos a lo largo de nuestro libro dedicado al tema (17), la risa tiene efectos terapéuticos importantes y produce reacciones fisiológicas concretas y benéficas psicofísicamente. Desde muy atrás en el tiempo se afirma que "la risa es salud" y era empleada sistemáticamente por personas consideradas "sabias", pero su inicio como terapia es mucho más reciente.

Se podría considerar un iniciador a **Norman Cousins**; en el otro extremo del globo, la usaba conscientemente el gurú **Osho**. En los Estados Unidos le dió forma y objetivo terapéutico **Annette Goodheart**.

A partir de esas experiencias reconocibles, se comenzó a usar la risa en clínicas y hospitales y a través de *talleres vivenciales* como herramienta para trabajarla y vivenciarla siempre de manera colectiva, es decir compartida en grupos. Desconocemos si existe un método que la combine con otras terapias y a través de un plan de estudio como el que proponemos desde nuestra **Escuela de Automejoramiento "La Risa y la Salud"**, aunque sí existen algunos parecidos, sobre todo en Europa y en los Estados Unidos.

Algunos críticos aseguran que la risaterapia desencadena una risa falsa. Esto no es así en absoluto. Los risaterapeutas desarrollamos una técnica que ayuda a la persona a **autoprovocarse** la risa, buscando respuestas fisiológicas que se obtienen de la misma manera que con la risa espontánea.

Al respecto, ha dicho el gran escritor ruso **Fiódor Dostoievski**, en un artículo titulado "La risa": *"Hay una multitud extraordinaria de hombres que no saben reír en absoluto. En realidad, no se trata de saber: es un don que no se adquiere. O bien, para adquirirlo, es preciso rehacer la propia educación, hacerse mejor y triunfar de sus malos instintos: entonces la risa de un hombre así podría mejorarse. Hay una gente a la que su risa traiciona: uno se da cuenta en seguida de lo que llevan en las entrañas. Incluso una risa indiscutiblemente inteligente es a veces repulsiva. La risa exige ante todo franqueza, pero ¿dónde encontrar franqueza entre los hombres? La risa exige bondad, y la gente ríe la mayoría de las veces malignamente. La risa franca y sin maldad, es la alegría: ¿dónde encontrar la alegría en nuestra época y dónde encontrar a la gente que sepa estar alegre? Por eso si quieren ustedes estudiar a un hombre y conocer su alma, no presten atención a la forma que tenga de callarse, de hablar, de llorar, o a la forma en que se conmueva por las más nobles ideas. Miradlo más bien cuando ríe. La considero como una de las más serias conclusiones que yo haya extraído de la vida: que la risa es la prueba más segura de un alma. Mirad a un niño; ciertos niños saben reír a la perfección, y por eso son irresistibles. Un niño que llora me resulta odioso, pero el que ríe y se alegra es un rayo del paraíso, una revelación del porvenir en el que el hombre llegará a ser, por fin, tan puro e ingenuo como un niño".*

Automejoramiento: Método RH (risa holística)

Todo comenzó en el mes de octubre de 1995 a raíz de las investigaciones realizadas por **Rubén Delauro** y **Mirtha Manno** sobre la **risa** (autores de este y otros libros); y el Método como tal nació junto con la Escuela de Automejoramiento "La Risa y la Salud" en el mes de agosto de 1998.

Un método creado a partir de la combinación y compatibilización de diversas técnicas, con la particularidad que el epicentro del mismo es "trabajar" la *sonrisa*, la *risa* y el *lenguaje* como camino hacia la actitud mental positiva y usando del traslado de la propia energía con las manos (*bioenergia*) a través de la creación de la llamada por nosotros "Secuencia de la Salud", que ya hemos descripto.

Esto determinó la aparición de un plan de estudios que conforma una carrera de las llamadas cortas, cuatro cuatrimestres que equivalen a cuatro niveles de aprendizaje: dos niveles de *automejoramiento*, y otros dos de *perfeccionamiento,* con el objetivo de formar un "Facilitador en la Risa", al totalizar 160 horas de aprendizaje. Nuestro Método RH es mucho más que reír, implica un verdadero cambio de actitud de vida con fundamentos y apoyos científicos, médicos, bio-energéticos y espirituales. Transmitimos "educación de la Voluntad" de una manera divertida y profesional.

Visualización

Habitualmente, los pensamientos se transforman en imágenes mentales, por lo tanto estas "representaciones" van acompañadas de creencias o convicciones (que parten de los pensamientos) que se traducen en respuestas emocionales y éstas, a su vez, en respuestas psicofísicas. Y hasta en manifestaciones reales y concretas en nuestro entorno, por ejemplo: si imaginamos que no nos van ni a mirar cuando lleguemos a la fiesta esta noche, al llegar advertiremos únicamente a las personas que efectivamente no nos miran, porque ésa fue la *imagen* y la *creencia* "pre-formada"; aunque haya muchas personas que sí nos miran no las advertiremos, a esto se llama hacer "rapport" con lo que tememos (o en caso contrario hacerlo sólo con lo que nos gusta, cosa que es mucho más beneficioso). Partiendo de esta premisa se fueron desarrollando técnicas de visualización para aprovechar benéficamente la fuerza de las imágenes mentales.

Visualizar es, para nosotros, *ver con la imaginación*, pero como ejercicio deliberado cuyo fin es "reproducir" una situación favorable. Entendemos que la diferencia con la sola *imaginación* es que en ésta ocurre como si nosotros fuéramos espectadores, como si nos viéramos actuando en la pantalla de un cine; con la *visualización* debemos "sentirnos viviendo" lo acontecido en la pantalla, dentro de la pantalla, y cuanto más real sintamos las sensaciones, los olores, las texturas, mejores serán las condiciones para que se materialice lo

145

que visualizamos. En nuestro Método RH (risa holística) trabajamos la visualización de las propias endorfinas.

Esta práctica también ayuda a restablecer el equilibrio entre los dos hemisferios cerebrales. Por supuesto funciona mucho mejor con los niños. Una gran pionera es **Shakti Gawain**, que creó un sistema al que llamó *"Visualización Creativa"*.

Parapsicología

Vinculada inicialmente con el *espiritismo* (**Allan Kardec**), se fue abriendo camino para dar lugar a una investigación verdaderamente científica de los llamados "fenómenos paranormales". Existen al menos dos tipos de facultades humanas paranormales: 1) la *percepción extrasensorial (PES)*, que se subdivide en distintas categorías, entre otras: *telepatía* (comunicación mente a mente), *clarividencia* (detección de información sobre objetos, personas o acontecimientos a través de "ver" más allá de lo físico), *clariaudiencia* (parecida a la anterior pero a través del "escuchar" más allá del oído físico), *precognición* (aplicada a la detección de información sobre acontecimientos futuros); 2) la *psicoquinesia* (la mente sobre la materia) la supuesta capacidad para influir sobre objetos y aún personas.

El parapsicólogo es quien estudia tales fenómenos, no necesariamente quien los manifiesta o los padece. Para estudiarlos es necesario que tenga formación universitaria, o un gran conocimiento de metodología científica. Erróneamente se lo sigue confundiendo con quienes practican una suerte de *terapia psicológica*, basada en rituales, "cortes de daños" (maleficios) o "destrabes", cuyos beneficios rinden pingues ganancias a sujetos incompetentes y extraviados que lucran con la buena fe de mucha gente honesta.

Hoy está cada vez más relacionada con la psicología y la psiquiatría, al tratar las enfermedades mentales, aunque les atribuye un origen sobrenatural y de energía espiritual. Efectivamente hay fenómenos que ni la psiquiatría ni la psicología pueden explicar, tal el caso de la persona que, en determinado momento, habla una lengua desconocida para ella.

Péndulo Hebreo

Ubicamos este tema aquí, aunque tiene mucho que ver también con la radiestesia (Cap. 5), porque consideramos que es otro método terapéutico orientado hacia la sanación.

También llamado: "El Metutelet" y "Kabbalístico", es considerado por la radiestesia como un instrumento sumamente poderoso y de alta tecnología, ya que funciona por la vibración que emiten las **formas de onda**, generadas por las letras del alfabeto hebreo, las cuales producen una sanación física y emocional.

146

Está elaborado artesanalmente a mano, preferentemente en madera de **nogal**, de forma cilíndrica con dos caras, una lisa (para "diagnosticar") --función radiestésica-- y otra con dos estrias (para irradiar las "ondas forma", de las palabras en hebreo antiguo colocadas alrededor de él) --función radiónica--. Este péndulo "despolarizado" (al tener un lado positivo y otro negativo), le permite ser utilizado para ambas maniobras, por lo que llega a las capas mas sutiles de nuestros cuerpos Físico, Energético, Emocional, Mental y Espiritual.

Está perforado en el centro por donde pasa la cuerda de algodón que permite invertir la posición del péndulo.

Es decir que al ser irradiadas las diferentes etiquetas con palabras hebreas --con una traducción aproximada al español-- (por eso la forma es cilíndrica para que las tarjetas puedan estar sujetas con una pequeña banda elástica), nos provocarán un cambio de frecuencia vibratoria en nuestro Campo Electromagnético (CEM) o capa áurica.

El tiempo de irradiación es aleatorio, (lo marca el mismo péndulo que comienza a girar "solo"), y el efecto suele durar hasta dos días por lo que se debería repetir la irradiación, sin embargo si esto no es posible puede hacerse el tratamiento una vez a la semana. En el caso del **autotratamiento**, es factible hacerlo toda vez que sea necesario.

Se dice que el diseñador y autor de los primeros estudios, fue el francés **Jean de la Foye** (muchos se lo atribuyen al francés **Pierre Heli**), famoso radiestesista quien dijo: *Tomando un palo y rayándolo (para despolarizarlo) y poniendo sobre él una palabra hebrea...curaré muchas personas.*

El péndulo se utiliza con un idioma sagrado es decir **ideográfico**. Existen 2 tipos de idiomas: los "solares" o ideográficos que nombran y crean las cosas, y los "lunares" que lo que hacen es describirlas. Los idiomas "solares" nombran la realidad, y son el Sánscrito, el Chino Mandarín, el Árabe, el Quechua y el Hebreo, y representan una idea a través de un dibujo o símbolo (que en griego significa "lo que une"). Es decir que en estos idiomas en muy poco espacio hay mucha información. El contenido y la explicación del significado están juntos en el símbolo, por ejemplo en chino la palabra "moral" se representa con varios ideogramas cuyo significado es "caminar solo como si 10 ojos te estuvieran mirando", cuando un chino mira este ideograma sabe el significado auténtico de la palabra "moral", mientras que en nuestro idioma u otro que sea "lunar", para que una persona sepa lo que significa la palabra "moral", tiene que ir a un diccionario.

El péndulo hebreo maneja un alfabeto sagrado, cada letra tiene un significado y un número. Una forma de aplicación es optimizar cada zona del cuerpo aplicándole la letra que le corresponde. Según el rabí y místico **Aryeh Kaplan** en su libro "Meditación y Kabbalah", ha dicho que, si un individuo supiera como manipular correctamente las letras del alfabeto hebreo, estaría utilizando las propias fuerzas espirituales que dieron origen al Universo. Según la Kabbalah, la palabra es magia: cuando invoca convoca, hace presencia la ausencia, trae a manifestación.

Cada letra hebrea, genera una vibración específica, pues representan un color, una forma, un aroma, un sonido, una numeración, convirtiéndolas en códigos de luz, por lo cual las palabras resultantes nos sintonizan con esa vibración, provocando un cambio de resonancia, de sintonía a niveles sutiles, hasta su densificación en nuestro propio cuerpo.

El uso del péndulo hebreo, también conocido como el Péndulo de la Sanación es una poderosa terapia complementaria que integra los beneficios de la radiestesia con la medicina vibracional.

Cuando nosotros pasamos por momentos en los que vemos todo negativo o nos sentimos mal emocionalmente, o convivimos con HMN (hábitos mentales negativos) bajamos la frecuencia vibratoria y sin darnos cuenta, atraemos a nuestro campo energías indeseadas o parásitas. También permitimos el ingreso de emisiones negativas (intencionales o no) de otras

148

personas. Por esto es muy importante trabajar sobre nuestros patrones de pensamiento para ir disminuyendo la posibilidad de atraer energías inarmónicas a nuestro campo.

Utilizando la palabra hebrea de lo que se desea detectar se buscan los posibles desequilibrios en el CEM. Se detecta el desequilibrio, se determina su origen y luego se restaura el campo. De esta manera aún cuando el cuerpo físico esté ya afectado se elimina el sustento energético de la enfermedad.

Una vez limpio el campo podemos utilizar el péndulo hebreo para irradiar el CEM con ondas-forma armónicas, siempre utilizando el idioma hebreo. En ese caso testeamos cuál o cuáles son las indicadas y se irradia donde el CEM de la persona lo necesite. **Mirtha Manno** (la "proferisa" como le decían los alumnos) fue Instructora Calificada de Péndulo Hebreo.

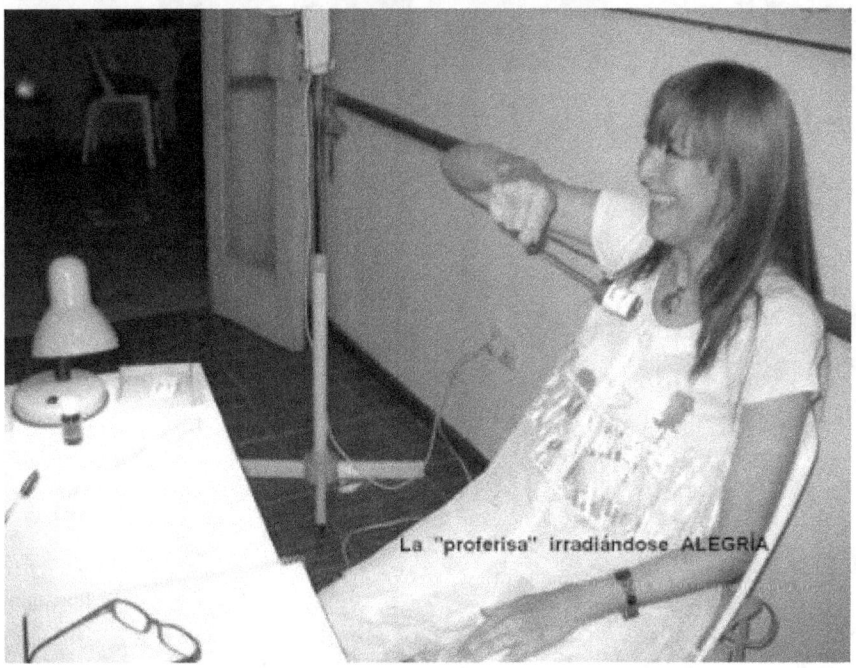
La "proferisa" irradiándose ALEGRÍA

• Fortalece nuestro Ser, a través de la irradiación, de dones que están a nuestra disposición: paz, fuerza divina, prosperidad, autoconfianza, aura perfecta, bienaventuranza, entre otros.

• Detecta y limpia el campo electromagnético (aura) de miasmas y larvas o parásitos energéticos.

• Limpia las energías negativas que se adhieren al estar en contacto con otras personas.

• Alinea los chakras y fortalece el campo electromagnético.

• Libera los bloqueos de energía que pueda haber en el sistema energético del cuerpo.

• Limpia a nivel físico, mental y emocional.

• Corta las energías negativas direccionadas por terceros que impiden nuestro avance en diversos aspectos de la vida (celos, envidias, enojos, rencor, odio, etc.) --aspectos llamados **magias**--.

• Ayuda a cortar pactos inconscientes (cordones energéticos) que podamos tener con otras personas.

• Colabora en la desintoxicación y eliminación de adicciones.

• Brinda limpieza, sanación y protección espiritual.

• Coadyuva la asimilación de la energía de sanación recibida por diversas técnicas o terapias complementarias: terapia floral, Reiki, etc.

150

7

LA ENERGÍA "INTERIOR" O "ESPIRITUAL"

Lo Espiritual trasciende
lo religioso y lo humano.
MIRTHA MANNO

23. La "Nueva Era"

¿Qué es exactamente la "energía" en la Nueva Era? "Algo" inmanente al universo, con lo cual uno puede ponerse en comunicación, abriéndose a ello, presente también en uno mismo

Algunos nueveranos (adeptos de Nueva Era) recorren el Camino de Santiago para apropiarse de la energía concentrada especialmente en varios de sus lugares.

Cuando, en 1995, la artista **Shirley MacLaine** llegó a uno de ellos, San Juan de Ortega (Burgos), estuvo mucho tiempo contemplando el entorno mientras, ensimismada, exclamaba: **"Todo es Energía…, todo es Dios. Yo soy Dios"**.

Según NE (Nueva Era), estamos inmersos en un mar energético, aunque no veamos la energía cósmica como el pez no ve el océano en el que nada ni su inmensidad. ¿Pero, qué se entiende por energía" en NE?

¿De qué se compone el universo con sus más de cien mil millones de galaxias, cada una de ellas con unos doscientos mil millones de estrellas, de promedio? Y más aún, ¿de qué se componen todas las cosas y seres existentes: estrellas, cometas, planetas, rocas, mares, vegetales, animales, el hombre?

Según los materialistas "en el universo hay solamente materia". La Nueva Era, al revés, afirma que **el universo se compone de energía y solamente de energía.**

La astrofísica y la física cuántica o moderna han demostrado que asciende sólo al 4% la materia ordinaria, tanto la visible (estrellas, planetas, etc., y sus cosas) como la no luminosa ni visible, que, en su mayoría, se reduce a hidrógeno (el átomo más simple: un electrón que gravita alrededor de un protón) difuso entre las estrellas y entre las galaxias. El resto es materia oscura o invisible (21%) y energía oscura (73%). Hay "campos" de energía invisible.

Cuando queremos hablar por teléfono móvil, a veces exclamamos "no hay cobertura", o sea, estamos fuera del campo de las ondas telefónicas.

151

¿Alguien ve las ondas de radio, las televisivas, las microondas, los rayos infrarrojos, los ultravioletas, los rayos cósmicos?

Aunque todos estos sean luz o radiación electromagnética, de esta **sólo un 33% (1/3) es visible**, es decir, las ondas ópticas de los colores (la luz natural y la artificial).

Además, "no sabemos qué es materia, pero sí sabemos qué **no** es materia" (**Heisenberg**, uno de los principales científicos del siglo XX), no es algo "continuo, compacto, consistente y resistente" como la definió Aristóteles, y nos la muestran los sentidos.

Según la ciencia moderna, todo es energía.

Si la energía electromagnética --la luz-- se condensa un número muy elevado de veces, se transforma en materia, concretamente en los átomos más simples, los de hidrógeno, que son los más numerosos (75% del universo), luego en átomos de helio (dos electrones en torno a dos protones -23%-). El 2% restante, deuterio (hidrógeno pesado) y litio, son los surgidos tras el Big Bang antes de formarse las constelaciones y estrellas. Los 113 elementos restantes (carbono, uranio, oro, etc.) son derivados formados en las reacciones nucleares en el seno de las estrellas.

Nueva Era afirma: "la base energética de toda la Creación: el Sol Central Primario y la corriente etérea, el éter, son el Dios impersonal, el **Espíritu Santo**", que consta de **dos fuerzas primarias**, a saber, la positiva y la negativa al modo de "los dos polos de un imán, de una corriente eléctrica". A su vez la partícula positiva se compone de dos tercios y la negativa de un tercio de la Fuerza Primaria.

Pero lamentablemente la Nueva Era **niega la existencia de seres puramente espirituales. Reduce todo a energía**, también a Dios, a los Ángeles, a Lucifer, al Espíritu, al Alma. Jesucristo sería Dios solamente desde el instante en que, en el Jordán, habría descendido sobre Jesús de Nazaret no el Espíritu Santo, sino la "Energía Cósmica" o "Cristo".

Lo divino, entendido así, no es un ser personal, ni único, trascendente, capaz de juzgar, salvar o condenar, sino "algo", inmanente al universo, con lo cual uno puede ponerse en comunicación, abriéndose a ello, presente también en uno mismo.

Además considera la Tierra como un organismo vivo, autoorganizado y, además, numinoso, divino, llamada **Gaia** (una de las designaciones de "Tierra" en griego), la **Pachamama** (indígenas americanos), la diosa Madre Tierra. El **ecologismo** nueverano palpita en no pocas protestas ecológicas (los Verdes, Greenpeace). Parecen conceder menos importancia al hombre y a la mejora sensata de los medios de comunicación que a la naturaleza en su estado actual. Protestan contra la construcción de pantanos, carreteras, vías férreas, y tanto más, por considerarlo una especie de "sacrilegio" de la numinosidad de la Tierra (aunque, de cara al público, suene a oposición a la contaminación del ambiente, destrozo de la belleza del paisaje, etc.).

¿La Energía nueverana es solamente intramental, creída? La ciencia moderna entiende la energía (electromagnética, atómica, etc.) como algo "físico", no "metafísico", aunque no sea "material" en el sentido vulgar y de la física tradicional.

Las personas nueveranas se **abrazan al tronco de algunos árboles**, se detienen en determinados lugares del Camino de Santiago, realizan ritos a veces llamativos, para apropiarse de la "energía cósmica". Ya no es raro oír que alguien dice a otra persona: "voy a enviarte energía positiva".

Por lo mismo su existencia depende de la creencia o fe, con efectos a veces sorprendentes por la eficacia misteriosa de las fuerzas ocultas de la mente, así como de los vericuetos del subconsciente, sin posible demostración científico-técnica en un extraño sincretismo de **religiosidad, credulidad, autosugestión y física moderna.**

24. Vizualización-Meditación Espiritual

A continuación, tres meditaciones especialmente modificadas por **Mirtha Manno**, orientadas al equilibrio y la sanación interior.

1. Búsqueda de la Magia Interior

Sentados inhalando por nariz y exhalando por boca, focalizando la respiración en el estómago y subiendo a la cabeza cada vez.

Visualizamos una ESFERA enorme de energía DORADA por encima de nuestra cabeza, conforme inhalamos y exhalamos vamos penetrando en esa esfera que va relajando y armonizando todo nuestro cuerpo por fuera y por dentro. Nos sentimos dentro de la esfera dorada.

Centramos primero la atención en nuestro **Corazón Físico**, en cada latido, vamos visualizamos el **Corazón Sutil** (la conexión) latiendo juntos, luego visualizamos el **Corazón Sagrado** con su LLAMA TRINA ardiente, Amarillo de Sabiduría, Azul de Poder, Rosa de Amor Incondicional, centramos la atención en los latidos al unísono del corazón Físico, Sutil y Sagrado, y visualizamos como se funden las tres llamas en una llama Violeta, la visualizamos ardiendo, llevamos a ella perdón por todo lo que consideramos que debemos transmutar:

enfermedad	dolor,	angustia,	pereza,
protesta	tristeza,	envidia,	intolerancia,
queja	enojo,	odio,	falta de agradecimiento.

y visualizamos como la llama Violeta absorbe, consume y transmuta cada

153

uno de los desórdenes energéticos que depositamos en ella.

Concentramos la atención en los latidos del corazón y observamos como con cada latido va disminuyendo el poder de la llama Violeta y vuelve a convertirse en la llama Trina, sentimos la tibieza del Poder, la Sabiduría y el Amor.

Y ahora llevamos esos atributos a cada una de nuestras **Células Físicas** y sentimos como en cada latido del corazón se expande esa energía a toda molécula de nuestro cuerpo para comenzar ahora a SANAR lo Físico (células sanguíneas, linfáticas, inmunológicas, de los huesos, de los músculos, de los órganos --nombrarlos-- de las glándulas --nombrarlas--, de la piel).

Ahora llevamos esos atributos y esas energías a nuestros **Pensamientos** y a nuestras **Emociones** y comenzamos a SANAR.

Disfrutamos unos instantes la belleza de la Magia Interior realizada.

Agradecemos la Asistencia y la Protección por haber podido realizar este ejercicio.

Con tres respiraciones profundas, vamos saliendo de la Esfera Dorada.

Volvemos a nuestro estado actual.

2. Control del Enojo y la Ira

Consta de dos etapas principales: Puerta Dorada y Espacio de Espejos.

* Pasar por una Puerta Dorada

-- Pensar que dejo atrás el Enojo y la Ira y repito:

"Bienvenidos el Buen Humor y la Calma" (x3 veces), luego debo repetir las siguientes autoafirmaciones:

1) Acepto la liberación de todo enojo, d(· ·-~ ~ de todo aquello que No Soy e impide el despertar de mi conciencia.

2) YO SOY la alegría y la risa.

3) YO SOY la calma y el buen humor.

4) Permito que esta energía fluya en mi Ser, impregnando todos mis cuerpos.

5) Elijo ser libre porque estoy siempre en conexión con mi Alma.

6) YO SOY un Alma Feliz.

* Entrar a un Espacio de Espejos

7) Dejo de ser el obstáculo para mi propio bien.

8) Acepto seguir en esta Luz, a partir de hoy y para siempre.

* Salir de ese Espacio

* Trasponer y cerrar la Puerta con Amor y Agradecimiento.

Volvemos a nuestro estado actual.

3. Miguel: Pirámide Dorada

Por favor cierra tus ojos y entra al **Templo del Corazón** en donde reside tu Célula Divina. Toma una respiración profunda conforme visualizas que se abre una Puerta Dorada: portal hacia las Dimensiones Internas de Conciencia.

Ante ti aparece una **Pirámide de Luz** Radiante y Pulsante. Te mueves rápidamente hacia la puerta y entras. Hay muchas sillas de cristal rodeando una elevada plataforma en el centro.

En esa plataforma, existe una fuente que contiene una ardiente Llama Azul de Transformación que es alimentada por un gran cristal generador que cuelga del vértice de la Pirámide. Esta Llama está siendo alimentada por la Esencia del **Arcángel Miguel**.

Primero, te pedimos que te tomes un momento para traer a tu mente aquellas cosas que más necesitas liberar, con el fin de fomentar el proceso de retorno a la armonía dentro de tu vehículo físico. Enfócate en una o dos, no más de tres cosas que son las que más quisieras resolver en este momento. Obsérvalas tomando forma simbólicamente en tus manos (permite que estas energías o formas de pensamiento, tomen cualquier forma que deseen).

Ahora avanza hacia la plataforma y hacia el Fuego Azul de la Transformación. Expresa para ti, *"Yo las bendigo y las libero para ser transformadas hacia un estado superior del Ser. ¡Asi sea y Asi Es!"*. Y arrójalas dentro de la Llama.

Ahora párate dentro de la Llama en el centro. Siente a tu Ser bañado en la pura Esencia de Amor de la Creación desde el corazón de Todo lo Que Es. No te preocupes. Recibirás la cantidad perfecta de Fuerza de Vida, Amor y Luz en este momento, para ayudarte a avanzar en tu camino con facilidad y gracia. Siente a tu Ser infundido con el Amor más dulce que hayas conocido.

Afirma para ti en este momento: *"Yo Estoy listo/a ahora para recibir la mayor cantidad de Luz del Creador que pueda contener. Yo afirmo que usaré este regalo para mi más alto bien. ¡Asi sea y Asi Es!"*.

Ahora sal de la Llama Azul y siéntate en una de las sillas de cristal. Lentamente respira el refinado aliento del Espíritu y lentamente exhala Amor y Luz desde tu corazón. Haz esto varias veces.

Palabras de Miguel: *Sabe que en este espacio sagrado, yo estoy contigo. Llámame y me reuniré contigo. Háblame como lo harías con un viejo amigo y yo te responderé. No necesitas un intermediario, porque tienes una conexión directa con cualquiera de los Seres de los reinos superiores. ¿Quién quieres que se reúna contigo en este espacio sagrado? Llámalo y vendrá a sentarse contigo en este "Lugar de Reunión".*

[ATENCIÓN: ahora debes visualizar que ser (o seres) querido te gustaría mucho que se siente en una silla de cristal a tu lado. Cuando lo logres y lo veas puedes conversar con ese ser. Luego agradécele y despídete]

Lentamente, vuelve tu conciencia hacia tu Centro del Corazón conforme integras este regalo dinámico del Espíritu. Respira y vuelve a tu estado actual.

155

25. Sanjeevinis

El Sistema de Sanación conocido como **Sanathana Sai Sanjeevini** es un método radiónico de curación energética con oraciones que proviene de la India, desarrollado por seguidores de Sai Baba y que tiene como finalidad el ayudar a sanar energéticamente a las personas, a través de una serie de tarjetas, que contienen en si mismas, cierta vibración y frecuencia que puede ser transmitida a la persona enferma, ya sea de forma presencial o a distancia.

Sanjeevini significa *salud eterna*, a nivel físico, y simboliza el *Eterno Conocimiento de la Liberación*, a nivel espiritual. La cura de cualquier tipo es posible solamente a través de la gracia del Señor, lo único que nosotros podemos hacer es **servir** en espíritu de total sumisión, cuando el servicio (Seva) es ofrecido a los Pies de Loto del Señor, somos purificados.

Sanathana es una palabra en Sánscrito que significa "válido en todo tiempo" o "atemporal". Está presente dentro de cada uno de nosotros.

Sai significa "Divina Madre" (que es *Shakti*), aquél poder Cósmico o de Dios, que es el Conocedor de Todo, la Fuerza que se Mueve por y a través de Todo, es el Hacedor de Todo en su Creación.

Sanathana Sai Sanjeevini son, de esta forma, oraciones, dirigidas a nuestra Divina Madre, en total sumisión, para despertar la eterna fuerza curativa, dentro de cada uno de nosotros.

Esto solamente puede ser alcanzado si vivimos en función de los valores Sanathana: es decir, Compasión, Amor, Tolerancia, Paciencia, Sacrificio, Fe, No violencia, Rectitud, Verdad y, sobre todo, Alegría (lo que es ejemplificado por "rendirse en acción" a través de la fe inalterable que dice *Hágase tu voluntad y no la mía*).

Uno de los Libros Sagrados de la India es el "Ramayana" que nos cuenta la historia del Señor **Rama**. En esta narrativa sagrada, durante la batalla final entre el Señor Rama y las fuerzas del mal (comandadas por Ravana), Laxmana, el hermano menor del Señor, fue herido mortalmente. El Sai Sri (señor) **Hanuman** (el dios que tiene la forma de un simio) fue encargado de traer, al amanecer del día siguiente, la hierba llamada Mrutsanjeevi (la que trae de vuelta a los muertos). Esta hierba sólo podía ser encontrada en una montaña próxima al Monte Kailash, enclavado en los Himalayas.

Hanuman voló rápido sobre el mar y la tierra (una batalla se estaba desarrollando en Lanka), pero, sorpresa, cuando Él llegó a la montaña, no reconoció la hierba curativa. Como nada es imposible para nuestro Venerable Héroe, agarró la montaña entera y ¡voló de vuelta con ella! Tan pronto la fragancia de la hierba Mrutsanjeevi alcanzó a Laxmana y a todos aquellos que habían muerto en el campo de batalla, ¡él y los demás resucitaron!

156

Hanuman, está claro, es la "Deidad que preside" este sistema. El es el Siervo y el Devoto ideal de Dios y, a partir de ahí, el "modelo" ideal que necesitamos, tan desesperadamente, en los días de hoy.

Se "trabaja" con la **irradiación vibracional**, que se produce cuando, a través de una tarjeta especial, se coloca, donde dice "muestra", que remedio, sustancia (hierba, mineral, etc.) se quiere "enviar" a la persona cuya foto se coloca donde dice "salida".

Om Sai Ram

Sanathana Sai Sanjeevini

MUESTRA

SALIDA

MULTIPLICACIÓN Y ENVÍO A DISTANCIA

También en la "muestra" se coloca algún **diseño** de los 246 que existen (todos distintos) de las sanaciones que se deseen concretar. Por ejemplo:

157

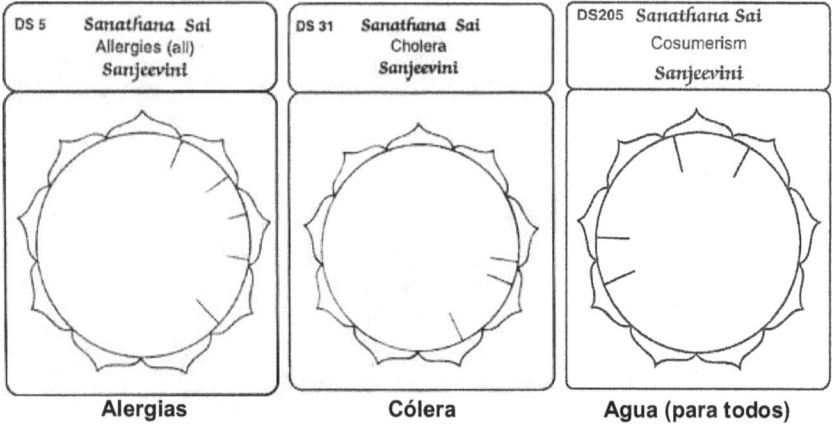

DS 5 Sanathana Sai Allergies (all) Sanjeevini	DS 31 Sanathana Sai Cholera Sanjeevini	DS205 Sanathana Sai Cosumerism Sanjeevini
Alergias	**Cólera**	**Agua (para todos)**

Y se dejan irradiando todo el tiempo que sea necesario.

26. Sanaciones Populares Tradicionales

Se conocen de esta manera a Sanaciones antiquísimas realizadas a través de prácticas apoyadas con oraciones transmitidas de forma oral y enseñadas en días claves para el cristianismo-catolicismo como Viernes Santo, 24 de junio (Juan el Bautista), 15 de Agosto (Virgen María), 8 de Diciembre (Virgen María), 24 de Diciembre (Nochebuena).

Importante:

1) siempre, antes de comenzar, pedir Autorización y Asistencia para el trabajo que se va a realizar; también hacerse la señal de la cruz;

2) cada vez que se haga la señal de la cruz sobre la persona (o en uno mismo) hacerla cruzando el dedo pulgar sobre el dedo índice (mantener igual posición en la otra mano) –ver más adelante--;

3) tener certeza y convicción sobre lo que se va a hacer;

4) usar el método de curación los días que fuere necesario;

5) usar la oración exacta para esa dolencia;

6) conocer el nombre, apellido, fecha de nacimiento y dolencia de la persona;

7) algunas curaciones se pueden hacer a distancia nombrando a la persona con nombre y apellido completos y con fecha de nacimiento;

8) de ser posible, al final de cada curación, cuando debe rezarse alguna oración, pedirle a la persona que lo haga junto con nosotros.

La **lista** de afecciones que se pueden sanar son: anginas, asma, aftas, culebrilla, depresión, empacho, espolón, fiebre, hemorroides, muelas, oídos, ojeadura, pánico, parásitos, pata de cabra, quemaduras, tendones, verrugas.

Otros aspectos que se pueden tratar son ciertas bendiciones (bendición con los ajos, para la prosperidad); curas (a través de la ingerencia de ajos; con cebolla y limón), limpiezas (energéticas de una casa); y de protección nocturna (para el momento de irnos a dormir).

27. Don de la Sanación

Existen personas que han venido a este mundo con el don de la sanación, es su misión de vida y aparecen algunas **características** muy definidas.

1) Características personales:

Sienten interés (incluso se dedican a ello profesionalmente), por temas relacionados con el ámbito de la salud, mental, física o energética. En su linaje familiar existen antecedentes de personas que se dedicaban a la sanación en cualquiera de sus ámbitos.

Tienen interés por las terapias alternativas o complementarias: Reiki, Flores de Bach, Yoga, Aromaterapia, Cromoterapia, etc. Sienten mucha conexión con las llamadas "piedras sanadoras" (cuarzos, amatista, etc.).

Sienten mucha afinidad con los animales y con los niños.

Son capaces de percibir la energía (positiva o negativa) de los ambientes en los que se encuentran.

Necesitan pasar tiempo en la Naturaleza.

2) Características sociales:

Las personas se sienten bien a su lado por el simple hecho de su presencia física. Los más cercanos suelen consultarle por las decisiones importantes de su vida. Otras personas le cuentan sus problemas aunque apenas se conozcan.

Tienen mucha claridad mental cuando se trata de encontrar las causas de los problemas de los demás, así como las soluciones.

Tienen una necesidad continua de ayudar al otro.

3) Características físicas:

En ocasiones sufren de ansiedad sin saber por qué

Aparecen cambios repentinos de humor y altibajos emocionales.

En algunos momentos su cuerpo físico se expresa en forma de dolor repentino, habitualmente en el estómago e intestinos, como presintiendo una situación aunque desconozcan cual.

Tienen "empatía somática", lo que significa que son capaces de sentir en su propio cuerpo los dolores de la gente.

Son propensos a que les "roben" la energía, por lo que es habitual que lleguen a casa más cansados de lo que la actividad, desarrollada durante el día, les produciría.

Suelen acumular tensión en espalda, hombros, padecer jaquecas y sueño.

¿Por qué ocurren estos síntomas?

Fundamentalmente porque son antenas altamente sintonizadas a las energías, captan toda la energía disponible en el ambiente e irradian energía sanadora. Por lo cual necesitan protección para no enfermar ante las energías nocivas que reciben. Deben trabajar en dos campos, en el mental/emocional y en el energético.

Deben poner límites en cuanto a tiempo y aprender a distinguir entre quienes sólo buscan (aunque sea de forma inconsciente) utilizarlos como "paño de lágrimas" y los que verdaderamente están dispuestos a sanar. Los primeros son altamente tóxicos en general, y en particular para las personas sanadoras.

Como no pueden desconectarse de su don y la energía circula libremente allá por donde se muevan, deben protegerse energéticamente a diario, a ellos y a los lugares donde pasen más tiempo, casa, trabajo…

Su propio organismo les avisa continuamente (de ahí los síntomas) de su estado energético, deben aprender a escucharse a sí mismos y a actuar acorde a ello, si necesitan descansar, desconectar, conexionar con la Naturaleza, deben darle prioridad y no olvidar nunca que <u>su propia Salud es imprescindible para poder ayudar a los demás</u>.

28. Vampirismo energético

Ya hemos reiterado que cada uno de nosotros somos un microcosmos químico-energético, un complejo sistema de energías interactuando todo el tiempo con una miríada de otros sistemas. De forma permanente, cambiamos energías con esos sistemas externos, absorbiendo de ellos cargas energéticas necesarias para nuestra subsistencia y descargando en ellas cargas no necesarias tales como nuestros "detritos" energéticos. Al mismo tiempo, cada uno de nosotros interactúa con otros seres humanos que se nos aproximan, estableciendo con ellos las más variadas combinaciones de campos energéticos, influenciándolos y siendo influenciados por ellos.

Los seres nos nutrimos de energía, la situación de ser un **vampiro** o una **esponja** está en estos dos factores de control y reforma personal ya que, o andamos por ahí succionando la energía positiva ajena destruyendo a los demás sea que lo queramos o no, o somos las esponjas que andamos absorbiendo el desecho que dejan las personas por las calles y que siendo

160

generalmente energías negativas pasan a dañar nuestro organismo, a traer malos pensamientos, malas emociones, desgracias en la vida en todos los aspectos, incluidas perturbaciones espirituales ya que de ahí derivan los males espirituales como caminos trabados, enfermedades cuya causa no es física, acercamiento de presencias perturbadoras a nuestro ambiente, inestabilidad emocional y malas tendencias que se van instalando.

La principal característica de un vampiro es el **egocentrismo**. Cuanto más la persona está volcada hacia sí misma, concentrada en sí misma, más tendrá dificultad en establecer contacto con fuentes naturales de nutrición energética, y más tenderá a succionar la energía vital de las personas que están próximas.

¿Alguna vez han tenido una sensación repentina de fatiga o cansancio sin motivo aparente? ¿Estos síntomas se han producido después de haber tratado con cierta persona? Si la respuesta a las preguntas es afirmativa y se han descartado los problemas médicos, puede que tengan un problema aún más grave, oculto y paranormal en su propia naturaleza. Una pérdida de energía causada por los llamados vampiros energéticos o emocionales o psíquicos. De forma genérica, puede aplicarse este término a la persona con la supuesta capacidad de sustraer la fuerza vital del campo energético de sus semejantes ¿Existen entre nosotros seres que tengan esta capacidad? ¿Puede tal cosa llegar a ser posible?

Lo primero que deberíamos saber es que nuestra actitud inconsciente ante un determinado problema hará que éste se acreciente y amplifique, o bien que se modere y disminuya. La tensión emotiva generada por el individuo que toma decisiones erróneas para su estabilidad, genera una espiral depresiva que provoca su propio malestar. El torbellino de ansiedad y desgaste psíquico deriva en una aparente disminución de su energía interior.

En principio, nada ni nadie tiene el poder de hacernos ningún daño psíquico, a menos que nosotros se lo permitamos. Tenemos el libre albedrío de escoger nuestras propias decisiones y actitudes. De modo que podemos abrir la puerta de nuestra mente a los supuestos problemas del exterior o cerrarla para que sea un reducto impenetrable a la hostilidad.

¿En qué ocasiones damos autorización a los vampiros para actuar? Veámoslo con un ejemplo trivial. ¿Alguna vez les ha dicho alguien, un día en se encontraba bien emotivamente: *"Hoy tienes mala cara, tu aspecto no es el de siempre, parece que tienes algún problema o que algo te preocupa, ¿te encuentras bien?"*. Y nuestra respuesta ha sido la inseguridad respecto a nuestro estado real, que en realidad era bueno, y hemos ido a toda prisa a mirarnos al espejo. El supuesto vampiro psíquico puede apuntarse un rotundo éxito: ha sembrado la desorientación y, en pocos segundos, hemos comenzado a sentirnos mal, dando por sentado que "las cosas no pueden ser de otra manera". Eso puede provocarnos un desgaste brutal.

Los vampiros emocionales pueden mostrarse directamente, haciendo comentarios vejatorios y maltratando a la otra persona sin pudor; o indirectamente, escondiéndose bajo una fachada aparentemente inofensiva, pero igualmente peligrosa. En este caso, hacen observaciones supuestamente amables, pero que atacan el punto más débil de la otra persona, del tipo *"a pesar de todo lo que has engordado, esa camisa te sienta muy bien"*. Estas personas suelen ser muy observadoras y emplean mucho tiempo en detectar las zonas más vulnerables de la personalidad de los que les rodean, adquiriendo de esta manera gran poder sobre ellos.

Asumiendo un papel de amigo o consejero, los vampiros emocionales se permiten opinar y criticar con sutileza el comportamiento de los demás, minando poco a poco la autoestima y confianza de las víctimas, ofreciéndoles un espejo distorsionado de sus acciones y procurando que adquieran una imagen desfavorable de sí mismas.

Otra de sus tácticas es la de cambiar los papeles, para conseguir que el otro se sienta culpable de una situación, cuando en realidad es al revés. Un ejemplo muy típico es el del hombre que provoca, insulta y exaspera a una mujer hasta hacerla saltar y luego acusarla de loca e histérica. También es muy corriente el chantaje emocional, que muchas veces está dirigido a limitar la libertad de los otros y aumentar el control sobre ellos, con comentarios del tipo *"me tenías tan preocupada que no he podido dormir en toda la noche y he estado llorando sin parar"*.

Las amenazas de suicidio, debido a la supuesta maldad de la víctima, son también frecuentes, así como fingir enfermedades o estar continuamente deprimidos para atraer la atención sobre sí mismos. Suelen aplicar castigos pasivos, como fingir tristeza, pero permanecer en silencio cuando se les pregunta por las causas de su malestar.

Los vampiros emocionales saben escoger bien a sus víctimas y tienden a relacionarse con personas de gran vitalidad, de las que puedan *succionar* todo lo posible, pero a la vez de carácter débil o excesivamente bondadoso, que se rinden fácilmente ante el chantaje o el falso sufrimiento. La familia y la pareja, donde hay vínculos afectivos fuertes, capaces de soportar mucha presión, son un buen caldo de cultivo para el vampirismo emocional, que se da por igual, y en ambas direcciones, entre padres e hijos o entre los miembros de la pareja.

Este tipo de comportamiento puede estar tan arraigado en una relación, que la víctima sea incapaz de detectarlo; pero cuando por fin se consigue, es necesario hacerse fuerte y sacudirse el yugo de esta perversa dominación, ofreciendo al mismo tiempo ayuda médica o psicológica al infeliz vampiro emocional.

162

Los medios de comunicación es donde se encuentran los más poderosos vampiros psíquicos, ya que debido a su naturaleza, atrae a millones de personas de todo el mundo. Según las teorías conspirativas, esto se debe a que los medios de comunicación están diseñados para acceder a lo más profundo de nuestro ser, drenando a diario a millones de víctimas sin que se den cuenta.

Muchos expertos afirman que los medios televisivos terminan siendo un círculo vicioso para las víctimas, que aparte de la manipulación social para el consumo, se alimentan de la energía, seguido por sentimientos negativos sin ser conscientes de ello.

Los vampiros están en todas partes de nuestra sociedad, que van desde personas desconocidas para nosotros, amigos, o incluso los propios familiares como "parejas, cuñados, hermanos o los propios padres". Es en este último caso el más peligroso, ya que conviven diariamente con la víctima, anulando al propio ser, siendo la única solución la separación definitiva.

Los vampiros psíquicos siempre están cansados, nunca son personas felices o satisfechas. Parecen obsesionados con el cumplimiento de sus metas y objetivos a toda costa, buscando opiniones y consejos para poder sentirse mejor. Es importante resaltar el hecho de que algunos vampiros psíquicos pueden sufrir de dolencias físicas, emociones desequilibradas, o trastornos de la personalidad. En los peores casos, muchos poseen temperamentos violentos, siendo excesivamente provocativos.

La mayoría de las personas que tienen un buen conocimiento básico de lo oculto, en general saben cuándo están siendo atacadas por un vampiro energético. Cuantas veces nos ha sucedido que nos llaman por teléfono o llega en casa un pariente, un amigo o conocido, que sin preguntarnos como estamos comienza a contar sin parar todos los problemas y dificultades que está pasando, nosotros con toda nuestra paciencia los escuchamos atentamente sin interrumpir por un instante, porque si lo hacemos él dirá: *"No te interesan mis problemas"*. Así que en silencio y mirándolo a los ojos lo escucharemos hasta que él decida cuando parar. Después que terminó de contar todas las vicisitudes afrontadas, se levanta y dice muy serio: *"Me tengo que ir, tengo un compromiso"*. Cuando se despide lo vemos radiante, alegre y lleno de energía para continuar adelante, nos despedimos y se va.

Es ahí que volteamos a vernos en algún espejo de la entrada de nuestra casa y nos vemos cansados, tristes, desaliñados, preocupados, sin fuerzas. ¿Qué nos pasó, si hacía un momento atrás nos habíamos levantado felices, cantando y con mil cosas que debíamos hacer? Hemos sido subyugados por un vampiro energético. Todos hemos conocido, conocemos o conoceremos a una persona como éstas. No importa el tiempo que pase con ellos, siempre se sentirá cansado y débil cuando ellos se vayan.

Veamos a continuación una clasificación referida a los tipos de vampiros energéticos creada y desarrollada en nuestras clases por **Mirtha Manno**:

1. Víctima:

Echan la culpa de todo su mal a los que tienen alrededor, nunca son responsables de lo malo que les ocurre porque son los demás o las circunstancias los que provocan su malestar. Si les escucha y a usted le va bien, llegará a sentirse mala persona por disfrutar de lo que los victimistas no tienen. Suelen ser personas que casi nunca preguntan o se interesan por saber cómo estamos. <u>Defensa</u>: mostrarle ejemplos de personas que realmente están en situaciones mucho peor.

2. Controlador:

Todos tenemos uno en casa (o llevamos una vocecilla en nuestro interior que tiende a ser muy impertinente) que nos arruina momentos de sencilla felicidad, simplemente porque sí. A este vampiro le encanta decirle a todo el mundo qué hacer y cómo hacerlo, pero su muy particular estilo tiende a ser de impositivo a dictatorial, con lo que genera un ánimo general de sujeción y mal humor. <u>Defensa</u>: *"Aprecio mucho tu consejo, pero esto lo quiero sacar adelante a mi modo"*. Y, por si las dudas, hay que decirlo varias veces, porque con esta especie de vampiros lo que mejor funciona es la repetición.

3. Chismoso:

El chisme es una de las armas más perversas de los vampiros de energía. Se acerca, con aire malvado y cuenta secretos íntimos de los ausentes. <u>Defensa</u>: no se divierta con las falsas prendas del chismoso. Mándelo a cantar a otra fiesta.

4. Interrogador/Inquisidor:

¿Cómo quedaste en tu cita de ayer? ¿Pero cómo que no te atreviste a decirle nada? ¿Cómo piensas vivir ahora sabiendo que no aprovechaste la oportunidad? ¿Te das cuenta de lo poco decidido/a que eres?... etc. Hábiles escudriñadores de nuestra vida sin ofrecernos ni respeto, ni espacio propio para poder respirar. Dispara una pregunta tras otra. Si usted intenta responder, cortan su respuesta, haciendo otra pregunta, tal vez sobre otro asunto completamente diferente. Ese vampiro no tiene ningún interés en respuestas. <u>Defensa</u>: córtele las envestidas reaccionando con preguntas, de preferencia idiotas, absurdas o contundentes. Por ejemplo: *"¿ya has tenido relaciones sexuales con una persona del mismo sexo?"*

5. Conflictivo:

Para él el mundo es un campo de batalla en donde las cosas solo pueden ser resueltas en base al golpe seco. Son perfiles que siempre buscan responsables a sus problemas y justificaciones a situaciones que él mismo suele provocar. Polemiza sobre cualquier cosa, pero no quiere, contrario a lo que pueda parecer, minar las defensas de la víctima con la rabia, la ira y la agresividad. Provoca para obtener una reacción, para que la víctima compre la pelea. Con eso la desestabiliza y puede succionar a voluntad. Defensa: este vampiro tiene, sobretodo, una personalidad infantil. Ofrézcale un té o cuéntele un chiste estúpido. Si aún así insiste en polemizar, ofrézcale un café endulzado con antidepresivo.

6. Contestador/Argumentador:
Cada palabra o gesto de este vampiro contiene una reclamación explícita o implícita. Se opone a todo, exige, reivindica, protesta sin parar. Más como sus reclamaciones tienen poco o ningún fundamento, raramente consigue defender o justificar sus argumentos. Defensa: tratar de demostrarle en los hechos su equivocación. Si no lo logra de esa manera, mejor callar.

7. Quejoso:
Este es el tipo de vampiro que no está interesado en hablar de soluciones, lo único que quiere es captar nuestra atención para desahogarse, lo cual no sería un problema si tuvieran límite, pero podrían pasar días hablando de lo mal que los ha tratado la vida. Esto se vuelve algo crónico, y la mala noticia es que con escucharlos no los estamos ayudando en nada porque tampoco quieren ayuda ni consejo, sólo una oreja con patas. Defensa: ser amoroso y directo: *"Te amo, pero si no me hablas de cómo estás solucionándolo, no tengo más que cinco minutos para escucharte"*. Dígale que usted detesta los lamentos porque quejarse nunca resuelve ningún problema. No dé tregua.

8. Extremista:
Estalla muy rápido asegurando que cualquier situación "ya no tiene solución", que "estamos en el límite", y de esa manera intentan quedarse con la razón. También suelen agregar que la responsabilidad (o la culpa) de haber llegado a ese extremo es, obviamente, nuestra. Defensa: intentar mostrarse optimista y entusiasta, tratando de hacerle ver que hay alguna otra puerta que podría abrirse para mejor.

9. Criticón:
Viven de vivir la vida de otros porque no les alcanza con la propia. Su vida es demasiado gris, aburrida o frustrante como para hablar de ella, así que destrozan todo lo que les rodea. El que a los demás les vaya bien, les potencia su frustración como personas. La crítica impiadosa y negativa crea en el oyente un estado de ánimo oscuro y pesado y ése es otro modo fácil de abrir una yugular energética y banquetearse con los fluidos de la víctima.

Defensa: dígale al vampiro sin miedo: *"Pobrecito, eres muy infeliz realmente! Mira que día tan lindo hace hoy"*.

165

10. Hablador:

Esta máquina de hablar quizás no sea una persona negativa en sí misma, pero requiere tanta atención que después de escucharla deja agotado a su víctima o con la sensación de haber corrido una maratón. Defensa: cortarlos y fingir algo impostergable: *"Perdón que te interrumpa pero tengo que ir al baño urgentemente"*.

11. Cobrador:

Cobra siempre, principalmente aquello que no le es adeudado. Al cruzarse con usted en la calle, un vampiro de estos no le va a decir: "!Hola! Qué bueno verte! ¿Cómo estás?" El va de inmediato a cobrarle alguna cosa como: *"¿Te olvidaste que yo existo? Hace meses espero una llamada tuya"*. Defensa: no se ponga la capucha de culpable de desatención personal que el vampiro le quiere meter en la cabeza. Responda rápido y con un argumento parecido: *"había decidido no llamarte nunca más hasta que me llames primero para saber si estoy vivo"*.

12. Intimidador/violento:

Usan la ironía o el sarcasmo para herirnos. Usan una violencia implícita donde es habitual el desprecio, o incluso el autoritarismo. No solo nos arrebatan la energía, sino que nos humillan. Defensa: "Trato que mis actividades sean lo mejor y más coherentes para mi".

13. Gritón/violento:

Muy parecido al anterior, pero aquí son más directos y levantan mucho la voz, soliendo golpear sobre cualquier objeto para reafirmar lo que están diciendo. Usan una violencia explícita. Defensa: trate de mantenerse calmo, contestar en voz baja pero firme, sin engancharse en el conflicto pero sin ceder. Y si la situación se pone peligrosa, antes de una agresión física, déle la razón y pídale disculpas.

14. Adulador:

Siempre buscan halagarnos, pero realzan nuestros dones y virtudes hasta la exasperación. Aparentan cercanía, cariño y complicidad… pero en realidad, hay que tener cuidado, ya que tras estos comportamientos solo se esconde la falsedad y el interés propio. Hay que ir con cuidado con este falso encanto, porque no es real, porque tarde o temprano acabarán haciéndonos daño. Defensa: No caiga en la conversación del adulador. Si él insiste, déle las "gracias" y pase a otro tema.

15. Inseguro:

¿Tienen un vacío existencial en sus vidas? ¿Hablan de proyectos que nunca inician? ¿De las cosas que van a hacer o que son capaces de hacer, pero que nunca cumplen? Todo es pura apariencia. Lo complicado de todo esto es que pueden acusarnos en alguna ocasión a nosotros mismos, por "no apoyarles" lo suficiente. Culpabilizar a los demás de no poder cumplir sus proyectos es un modo de autoprotección, al no reconocer su incapacidad y su falta de decisión. <u>Defensa</u>: levantarles la autoestima sin hacer hincapié en la velada acusación hacia nosotros.

16. "Amiga":

Este tipo es más frecuente entre las mujeres debido a la especie de competencia malsana que suele existir entre ellas. Es bastante envidiosa, cuando se acerca lo hace anteponiendo antes que nada que lo que dice lo hace por la gran amistad que siente por usted, pero su estrategia chupasangre es hacerle sentir en menos para colocarse en un nivel "superior" frente a los demás. Contra este tipo de "amigas" no hay nada qué hacer, más que eliminarlas de nuestra vida, y si no tiene cómo sacarla de su vida, tampoco reaccione ante sus aparentemente "amistosas" agresiones, esto los neutraliza y los frustra, por lo que buscarán otra víctima. <u>Defensa</u>: visualice una especie de escudo protector alrededor suyo, una especie de campo de fuerza en donde rebotan sus comentarios tóxicos y no le afectan. O bien: "pongase un traje de neoprene, de buzo, y que todo resbale".

17. Pesimista:

Anuncia y anticipa todo tipo de desgracias. Está muy informado. A través de previsiones siniestras y dramáticas profecías, tiende a infundir miedo y pánico en sus víctimas, hasta sacarles cualquier tipo de esperanza en el presente y futuro. <u>Defensa</u>: contrarrestarles sus comentarios con un humor optimista, nunca trabarse en una discusión donde, a pesar de los buenos argumentos por nuestra parte, resultará estéril.

18. Pegajoso/Seductor:

La puerta de entrada que busca derrumbar es la de nuestra sensualidad y sexualidad. Se aproxima como si quisiera acariciarnos con los ojos, con la voz y, a veces, con las manos. Huya rápido de esa situación. Este vampiro es muy peligroso, pues su actitud es bastante desestabilizadora. <u>Defensa</u>: decirle que usted es una persona neurótica y detesta ser tocada, o que se le acerquen demasiado.

19. Quinestésico:

Parecido al anterior, se "vienen encima" cuando hablan, acercan mucho su rostro al nuestro y, fundamentalmente, tocan y agarran, siempre de manera torpe. <u>Defensa</u>: del estilo de la anterior, o bien girando, esquivándolos o alejarse hacia un costado, nunca hacia atrás.

20. Exigente:

Cada palabra o gesto de este vampiro contiene un reclamo implícito o explícito. Se opone a todo, exige, reivindica, protesta sin parar. Mas, como sus reclamos tienen poco o ningún fundamento, él raramente dispone de argumentos sólidos para defender y justificar sus reclamos. Defensa: de ser posible, cortar directamente y decirle que termine de colmar la paciencia.

21. Egoísta:

Son los que siempre le pedirán favores, pero a la vez no son capaces de estar atentos a sus necesidades. No mantienen relaciones bidireccionales en las que entreguen tanto como reciben. Tiran de otros sin preguntarles si están bien, si necesitan ayuda, si les viene bien prestársela en ese momento. Son egocéntricos, y en el momento en el que se deja de satisfacer sus necesidades comienza la crítica y el chantaje emocional. Defensa: pedirles también favores para contrarrestarlos.

22. Resentido:

Manténgalo bien lejos. Están resentidos con la vida, ya sea porque no han sido capaces de gestionar la suya o porque la suerte no les ha acompañado. Anticipan que las personas son interesadas y no hay que esperar nada bueno de ellas. Todo lo interpretan de forma negativa, a todo el mundo le ven una mala intención. Viven al borde de un ataque de ira, como si el mundo les debiera algo. Defensa: poco por hacer.

23. Psicópata:

Es aquel que inflige dolor a los demás sin sentir la menor culpabilidad, remordimiento y sin pasarlo mal. De estos hay muchos de guante blanco. Son los que humillan, faltan al respeto muy naturalmente, amenazan, actúan sin pedir permiso y provocan que usted se sienta ridículo y menospreciado. Son soberbios y hasta pueden llegar a reconocer que viven de la energía que chupan de las personas que se lo merecen por ser débiles. Ante ellos, salga corriendo, porque el que lo hace una vez, repite. Si le permite que le maltrate, usted terminará pensando que ese es el trato que merece.

Se va generando una mezcla de miedo y odio. Defensa: poco por hacer.

24. Mal humorado:

Escoge a sus víctimas repartiendo su mal humor. Su mayor fuente de energía es conseguir que alguien se ponga de mal humor al igual que él. Y aún en ese caso, siempre va a triunfar pues sabe manejar mejor su mal humor. Defensa: contrarrestarles sus acciones con buen humor.

25. Consciente:

Busca ser el centro de atracción, especialmente en reuniones o cuando está en grupo. Y lo hace de muchas maneras distintas: riendo exageradamente, moviéndose constantemente, apelando a gestos o expresiones histriónicas, sintiéndose mal de golpe y hasta desmayándose. Defensa: tratar de no seguirles el juego. Ignorarlos lo más posible.

26. Silencioso:

Apela a silencios pronunciados, o a gestos acusadores. Y cuando se le pregunta que le pasa, contestan con evasivas como: *"Para que preguntas, si lo sabes muy bien"*. Defensa: tratar de no seguirles el juego. O intentar hacerles sentir que es querido y comprendido.

27. Rebelde:

Típico ejemplar que no tiene ningún motivo real para su rebeldía. Lo es solo porque sí, aunque se escuda detrás de explicaciones que incluyen no solo a las relaciones interpersonales sino también a la sociedad toda, intentando justificar su rebeldía porque las circunstancias que ocurren no debieran ser como son. Defensa: tratar de demostrarle en los hechos su equivocación. Si no lo logra de esa manera, mejor callar.

28. Culpabilizador:

Este tipo de vampiro usa comparaciones y sarcasmos para hacernos sentir que somos una calamidad, un error de la naturaleza, un desastre en la vida. Estos son los que más daño nos hacen porque suelen ser más corrosivos en momentos críticos de la vida. Defensa: contra ellos hay que ser firmes y decir: *"Cuando te expresas así, me lastimas. Detente, por favor"*.

29. Envidioso:

Sus víctimas son indefensas criaturas, porque el vampiro, y esto no se sabe por qué, percibe a sus víctimas como seres indignos para poseer algún talento, propiedad o afecto que él desearía para sí mismo. Se trata de un especimen capaz de las más horrendas crueldades con sus víctimas. No soportan que otros tengan éxito, esfuerzo y fuerza de voluntad, porque estas actitudes de superación les ningunean todavía más. Defensa: déjenlos solos, no trate de congraciarse o de hacerles algún regalo con la sana intención de que se sientan mejor, porque los hará sentirse peor.

30. Aprovechador:

Se presenta como una persona bondadosa que quiere "ayudarlo" pero en realidad le está robando todas sus ideas para hacerlas suyas. Cuando menos lo piense él ya estudió absolutamente todo los detalles y usted verá sus ideas robadas, siendo parte de un negocio o de alguna campaña publicitaria, o ganándoles de mano concretando antes que usted sus proyectos. Defensa: no le cuente nunca sus objetivos o metas, sino hasta el momento que usted las concretó.

31. Iluminado:

Este vampiro chupa a sus víctimas haciéndoles creer que él transmite y realiza "milagros" a través de su gran "iluminación". Las víctimas hipnotizadas e incautas, donan sus riquezas o lo que pueden para recibir sus gracias. Se presenta como Gurú, maestro y salvador de almas.

Dice a sus víctimas que no les cobrará nada por el servicio de "salvación" pero conforme avanza los va drenando poco a poco a través de "donaciones voluntarias" que al final se convierten en obligaciones. Mientras que el vampiro se hace cada vez más rico, sus víctimas se vuelven cada vez más pobres. <u>Defensa</u>: no se convierta en "dependiente" de ese tipo de personas. Sólo escúchelos para aprender, pero válgase de sus propios conocimientos y de sus propias fuerzas.

32. Moralista:

Chupa a sus víctimas sometiéndolas a rígidos controles de orden moral, imponiendo severas críticas y restricciones. Las victimas viven atemorizadas con la idea de ser objeto de sus "juicios infalibles". <u>Defensa</u>: poco por hacer.

33. Enfermo/Hipocondríaco:

Cada día aparece con una dolencia nueva. Dice que es víctima constante de un dolor que anda por el cuerpo y que cada hora está en un lugar diferente. Es su modo de llamar la atención de los demás, despertando en ellos preocupación y cuidados. Se deleita describiendo hasta los mínimos detalles de los síntomas de sus males y todo su penar. Cuando termina el relato está muy bien. Y quien le prestó oídos está pésimo. <u>Defensa</u>: déle el teléfono de algún buen terapeuta. Ni intente explicarle que lo que dice padecer no tiene ninguna base médica ni científica.

34. Madre/padre/hijo/hermano:

Aquí nos encontramos con situaciones conflictivas realmente límites. Se relacionan con el ser querido y la enfermedad real en cualquiera de ellos. Algunos manipulan, a través del amor que les tenemos, con su enfermedad. Otros no lo hacen conscientemente, solo dejan que la prioridad sea su enfermedad. Esto se puede agravar si, en el caso del padre o de la madre, se trata de una persona que además tiene ya una edad avanzada. De una manera u otra, generan lástima, compasión, y mucha culpa. <u>Defensa</u>: poco por hacer. Aunque resulta bastante menos dañoso comprender que uno debe continuar la vida y los proyectos de la manera más normal y fluida posible…a pesar de…

35. Relaciones laborales/estudio:

Son los casos de las relaciones con las que se hace inevitable (al menos por el momento) "convivir". Los compañeros de trabajo o de estudio y los superiores jerárquicos en el trabajo o en el estudio. En cualquiera de esas personas podemos encontrar cualquiera de los vampiros hasta aquí explicados. <u>Defensa</u>: cada quien deberá apreciar y estudiar su caso particular.

36. Relaciones de pareja:

Es una situación muy similar a la anterior. Por otra parte las relaciones de pareja hacen que los casos se agraven porque no siempre tenemos la "obligación" de convivir, es decir que, con los vampiros en la pareja, casi la totalidad de las soluciones corren por nuestra exclusiva responsabilidad.

37. Vampirismo Inconsciente:

Ocurre entre todos los seres humanos en general. Es suficiente salir a la calle, viajar en algún transporte, asistir a un cine o a un teatro, integrar una reunión, irse de vacaciones, etc. Defensa: estar lo más atentos posibles a las técnicas de defensa generales que seguidamente vemos.

38. Intercambio energético positivo (vampirismo amoroso):

Son las situaciones en las que compartimos con otras personas momentos de Risa, Alegría, Buen Humor y Recuerdos Agradables.

Técnicas de Defensa

• El primer paso para lidiar con un vampiro energético es establecer límites estrictos. Ser muy claro respecto a lo que puedes y no puedes hacer por esta persona. Explica en términos concretos qué parte de tu tiempo, espacio y energía es razonable que le dediques y cuál es tu límite. Intenta decir algo como *"Me encanta hablar contigo de tus problemas, pero cuando te niegas a escuchar las soluciones posibles o a dejar que te ayude a sentirte mejor, siento la necesidad de alejarme"*.

• El lenguaje corporal también ayuda. Si un vampiro energético intenta traspasar tus límites, cruza tus brazos e interrumpe el contacto visual. Esto será como decir *"Retrocede, hoy no puedo lidiar con esto"*.

• Si un vampiro energético intenta controlarte o te ofrece consejos que no pediste, interrúmpelo afirmando que no necesitas sus consejos. Prueba con algo como *"Aprecio tus consejos, pero necesito superar esto yo solo"*. No le contestes los mensajes de texto ni le regreses los llamados telefónicos y limita el tiempo que pasas con él (o ella).

• A menudo, las personas interiorizan las críticas de los vampiros energéticos. Si lo haces, terminarás con un crítico interno tan duro como el vampiro psíquico. Esfuérzate por acallar la voz interna que te dice que eres incapaz de tomar tus propias decisiones. Si te descubres menospreciándote, haz una pausa y piensa *"Esto es negativo e innecesario"*.

• Haz ejercicios de respiración profunda. Lidiar con un vampiro energético puede ser agotador. La respiración profunda, además de ser una actividad estimulante, te ayudará a relajarte y a recuperar el sentimiento de calma. Durante el día, pon tus manos sobre tu bajo vientre e inhala. Hazlo de manera tal que la mano sobre tu vientre se levante al tiempo que se expande tu diafragma. Sostén hasta la cuenta de tres y luego exhala.

• Considera si tiendes a complacer a la gente. Si no estás dispuesto/a a decir **No**, y temes defraudar a los demás, eres atractivo/a para los vampiros energéticos. Trata de superar tu tendencia a agradar a los demás para reducir el control que tienen sobre ti.

• Habla con otros sobre la persona que sospechas que es un vampiro energético. Si bien es probable que no quieras caer en chismes, considera que la mayoría de los vampiros energéticos tienden a tener relaciones unilaterales con casi todos aquellos que los rodean. Ten presente que ver que otros han tenido los mismos problemas que tú te podría ayudar a comprender que la responsabilidad no es tuya.

• Cuando el agresor psíquico se fije en un aspecto negativo sobre ti, piensa en uno positivo que tu tengas, y sobre todo, tienes que saber que lo que dice no es verdad, simplemente, se inventa algo malo sobre ti porque te ve inseguro/a y sabe que su observación te va a causar mal, aunque sea falsa.

• Dedícate a actividades que aumenten tu energía. Esfuérzate por realizar actividades que eleven tu autoestima, puedes probar con algunas de las siguientes: ejercicio regular, deportes, yoga, natación, **risaterapia**.

• No les mires directamente a los ojos.

• Haz como si su conversación o palabras no te interesaran.

Vampiro "interno"

Este es un aspecto muy importante para tener en cuenta. Puede ocurrir que uno se convierta en su *propio vampiro*. Veamos algunos aspectos.

¿A menudo hago comentarios negativos sobre situaciones de personas de mi entorno?

Cuando me tomo el café con los del trabajo, ¿estamos todo el tiempo hablando de las cosas malas y nunca comentamos temas como que cobramos nuestro sueldo a final de mes y vivimos de ello?

Cada vez que se avecina un cambio, me cambian de mesa en el trabajo, me tengo que mudar, ¿lo vivo como algo terrible y me quejo durante semanas?

Si me proponen algo en lo que no había pensado previamente, ¿suelo responder que no estoy de acuerdo?

¿Suelo pedir favores a menudo pero a mi nadie me los pide?

¿Soy de los que siempre le dan la vuelta a las cosas para tener razón?

Cuando alguien de mi entorno consigue un logro u objetivo siento envidia y no soy capaz de reconocerle ese mérito personalmente.

¿Suelo interpretar todo lo que me ocurre o lo que dice la gente de forma negativa? ¿Alguna vez me he encontrado agrediendo verbalmente a alguien sin ser consciente? ¿Y físicamente?

172

¿Soy de los que sólo llaman a sus amigos para contarles problemas? ¿Me siento maltratado/a por la vida?

¿Soy de los que "recibe" más de lo que "da"?

Algunas veces, ¿las personas que están junto a mí se sienten inferiores, menospreciadas y humilladas por mi causa?

No permito que los demás den su opinión o me cuesta escucharla porque en seguida rechazo lo que dicen.

¿La gente de mi entorno tiene que demostrarme constantemente cuánto valen para que les tenga en cuenta?

Pienso anticipadamente que los demás son todos unos interesados que se acercan a mi con dobles intenciones.

Sé quién tiene la culpa de mis problemas y no soy yo.

No pienso en las cosas que digo, sólo las digo y que cada uno se las arregle como pueda.

¿Y qué pasa si el (o la) tóxico soy yo? Y lo que es peor: ¿y si me intoxico a mí mismo/a? Lo primero: ¿cómo lo detecto? Podemos empezar por reconocer: ¿me quejo todo el día?, ¿me autocritico en exceso?, ¿vivo disconforme?, ¿considero que nada me sale bien?, ¿echo la culpa de todo a los demás?, ¿nunca tomo responsabilidad emocional sobre lo que me pasa?, ¿el estrés me domina?, ¿nunca me río?, y de mi mismo/a ¿puedo reírme?, ¿vivo a la defensiva? ¿soy agresivo/a, hostil o pesimista permanentemente?

Llegados a este punto las preguntas obligadas son: ¿no debo enojarme cuando algo sale mal o me molesta?, ¿no debo quejarme con la persona que no cumple con sus obligaciones?, ¿a pesar de que estoy tapado/a de trabajo no debo tensionarme?, ¿aunque el tráfico esté imposible no debe estresarme? ¡No, nada de todo eso! No se trata de vivir en una especie de utopía de Amor y Paz constante y eterna. Si no que se trata de "regular" respuestas emocionales. Se trata de responder "adecuadamente", es decir de cantidad y calidad de energía psíquica, emocional y/o física según que los estímulos y las circunstancias lo exijan.

Las cosas pasan por algo: ¿por que la gente se presenta en mi vida?, ¿por que estoy en la vida de ellos?, ¿csas uniones, son esporádicas, de un tiempo o para siempre? Las personas que nos rodean las atraemos, generalmente, nosotros mismos. Nos atrae aquello que se asemeja más a nosotros.

29. Fe y Religión

¿Tiene que ver la **fe** con la **creencia religiosa**?

Sin duda, una creencia religiosa puede acrecentarnos la fe, pero tampoco es necesario pertenecer a alguna religión determinada para tener fe en el proceso de la vida, fe en nosotros mismos, fe en fuerzas superiores y en seres elevados que pueden asistirnos, ayudarnos y protegernos (y efectivamente así lo hacen), fe en un Dios Unico, fe en *principios espirituales universales*.

Imprescindible es aclarar que muchos asocian de forma errónea la *espiritualidad* con la *religión organizada*, cuando de hecho, es ésta última la que nos aparta de la verdadera parte espiritual de nosotros, cuando nos induce, de alguna manera, que juzguemos y excluyamos a los demás que tienen creencias religiosas distintas. Lo *espiritual* (como siempre aseguró **Mirtha Manno**) trasciende lo religioso y, por supuesto, lo humano.

Hoy en día la palabra *espíritu* está en boca de profesionales de distintas disciplinas, de amas de casa, de directores de banco, ejecutivos, militares, profesores, presidiarios. ¡Esta sí es una buena noticia! Sin duda nuestro cuerpo físico y nuestra mente (aún la parte subconsciente) no nos pueden llevar muy lejos, sólo nuestro *espíritu-alma* puede conducirnos de regreso al Hogar (el Hogar es la Consciencia Universal, Dios, el Gran Sol Central, el Plano Espiritual, el Todo --según Hermes Trismegisto--: el lugar de donde venimos y hacia donde debemos volver luego de aprender y evolucionar).

La diversidad religiosa es un hecho y también es un hecho que muchas personas no se consideran religiosas. Por eso que no es bueno cuando se establece, de derecho o de hecho, la "religión de estado", la obligación de pertenecer a una religión determinada o a la exclusión de aquellas personas o instituciones vinculadas a otra religión determinada.

Ya en 1680, **John Locke** en su "Carta sobre la tolerancia", escribía: *"Nadie nace miembro de una determinada iglesia. El hombre no está obligado por naturaleza a formar parte de una iglesia, o de adherirse a una secta, sino que se une espontáneamente a la sociedad en el seno de la cual cree que se practica la auténtica religión y un culto complaciente a Dios. Y como la única causa de su entrada al culto ha sido la esperanza de salvación que encuentra, también ésta será la única razón para permanecer. Ahora, si descubriera algún error en la doctrina o alguna incongruencia en el culto, hace falta que la misma libertad con la que entró le abra siempre la salida".*

Entre los muchos pensadores del Renacimiento hubo algunos muy lúcidos como para demostrar la irracionalidad de las guerras religiosas. **Erasmo de Rótterdam** (1466-1536), escribió: *"¿Hay algo más estúpido que emprender por no sé que causas una contienda en que las dos partes siempre salen más perjudicadas que favorecidas?".*

Su amigo **Tomás Moro**, el "hombre de dos reinos", canciller de Inglaterra, a quién iba dirigida la obra, murió víctima de la intolerancia religiosa. Justamente el hombre que escribió sobre el ideal de una sociedad mejor en su muy grande obra, a la que tituló con un término nuevo hasta

174

ese momento: "Utopía", intentando definir con esa expresión ese anhelo del ser humano donde es posible la igualdad y la justicia, el orden y la libertad, la concordia y la fraternidad. Según su acepción original: un lugar que no existe; posteriormente: un proyecto irrealizable. En 1935 fue canonizado por la Iglesia y a finales del año 2000, el Papa Juan Pablo II, lo eligió como el patrono de los políticos y los gobernantes.

Existen muchísimas religiones en el mundo. El ser humano necesitó y necesita **creer**. Podemos dividirlas básicamente en: *a) Judaísmo* (dentro del cual se pueden distinguir a los ortodoxos, conservadores, liberales, no religiosos, reformistas, sionismo ateo, etc.); *b) Cristianismo* (del cual se desmembraron numerosas iglesias, siendo la más numerosa la Iglesia Católica Romana; está la Protestante, la Anglicana, la Baptista, la Metodista, la Evangelista, los Mormones, los Testigos de Jehová, etc.); y *c) Orientales* (dentro de las cuales también existen subdivisiones: Hinduismo, Budismo, Shintoismo, Taoísmo, Islamismo, etc.).

Y qué decir de la enorme variedad de cultos que continúan apareciendo en todo el mundo, algunos con un par de siglos de existencia y otros muy recientes. Casi se podría pensar que se "inventan" religiones, tomando un poquito de cada una de las más grandes. Y estas combinaciones trascienden las fronteras y se mezclan entre Occidente y Oriente. Como es el caso de la **Iglesia Universal del Reino de Dios**, organización religiosa surgida a partir de la iglesia fundada el 9 de julio de 1977 por Edir Macedo en Río de Janeiro, Brasil. También conocida por el nombre de su programa de televisión, "Pare de Sufrir". Las normas de la agrupación señalan estar fundamentados en la Biblia, y varias de sus doctrinas son similares a las del neopentecostalismo, aunque también bogan por los evangelios canónicos, en especial con la figura de Jesús, pero sin aceptar ninguna preeminencia "divina" de su madre María. Pero también comulgan con muchos aspectos del judaísmo internacional. Se sustentan con el <u>diezmo</u>, la <u>ofrenda</u> y el <u>sacrificio</u>, todas a través del dinero en efectivo, y siempre con mayores exigencias. Se consideran "expulsadores de demonios" de todo tipo, incluido el mismísimo Lúcifer, lo cual conlleva a ejercer muchísima sugestión en sus participantes. Actualmente todo gira en torno al multimillonario Templo de Salomón, erigido por el obispo máximo Macedo, en San Pablo, de donde provienen todo tipo de "milagros". Un verdadero híbrido religioso.

También atraen miles de devotos las llamadas **devociones populares**. En casi todos los países existe alguna personalidad local o regional a quien se venera. En Argentina son muy conocidos Pancho Sierra (Salto, provincia de Buenos Aires), el "gauchito" Antonio Gil (provincia de Corrientes) y la Hermanita Irma de la Caridad (Irma de Maresco, Capital Federal).

¿Alguna vez se le ocurrió pensar cuál es el factor determinante para que alguien sea cristiano, judío, budista, etc.? Un primer factor es el *geográfico*. Si usted hubiera nacido en la China ahora sería budista, nacido en Argentina sería católico, nacido en Arabia, musulmán, etc. Pero hay otro factor muy preponderante: el de la *paternidad*, que a veces transgrede el geográfico: si usted nació en la Argentina, pero sus padres son iraníes, lo más probable es que usted no profese el catolicismo sino el islamismo. Y en otros casos es *siempre* la religión materna (de "vientre") la que se profesa, no importa el país donde se vive, como en el caso del judaísmo. Otros opinan que no debe dejar de considerarse si por reencarnación karmática no nos tocan esos casos.

En 1994, la UNESCO reunió a líderes religiosos de todo el mundo para estudiar la contribución de las religiones a la humanidad. En la declaración final se reconoció que "las religiones han contribuido a la paz del mundo, pero también han llevado odio, divisiones y guerras" y se estableció que "si no reconocemos el pluralismo y no respetamos la diversidad, no puede haber paz". Finalmente se aconsejó: "Tenemos que promover el respeto y la armonía entre las religiones y en el *interior* de cada religión, reconociendo y respetando la búsqueda de la verdad y de la sabiduría que tiene lugar *fuera* de nuestra religión. Tenemos que estar dispuestos a dialogar con todos y establecer una sincera colaboración amistosa *con cualquier persona que comparta con nosotros el peregrinaje por la vida*".

Y efectivamente, ¿el objetivo final de prácticamente todas las variables religiosas de nuestro mundo actual no es el mismo? ¿O acaso en su sentido profundo alguna religión busca otra cosa que no sea la evolución espiritual del ser humano? Es interesante aquí destacar que en distintas religiones hay numerosas formas de expresar la Palabra orientada hacia lo espiritual.

a) *Plegaria*: petición devota a Dios (en forma de súplica, oración de agradecimiento, rezo).

b) *Invocación*: acto de llamar a seres superiores para *ayuda, asistencia* o *protección*.

c) *Llamado:* el medio más directo de comunicación con alguna deidad, que se usa en casos de emergencia: *"¡Oh Dios, ayúdame!", "¡Arcángel Miguel, toma el mando!"*. El dicho para el iniciado es: "el llamado exige la respuesta".

d) *Mantra:* una fórmula mística, generalmente en sánscrito, que se recita o se canta. Tanto en Oriente como en Occidente, el **nombre** de Dios se salmodia repetidamente en el *ritual de la expiación*, en el que el alma humana se une con el Espíritu de Dios al entonar el sonido de Su nombre. Cuando en el episodio de la zarza ardiendo, Moisés preguntó a la Voz que le hablaba quién era, le contestó: **Yo Soy el que Yo Soy**.

En sánscrito *"Aum Tat Sat Aum"* (popularizado como *"Aum"* que al ser salmodiado suena como *"Om"*), y en inglés *"I Am That I Am"*.

e) *Salmodia:* parecido al mantra, una corta y sencilla melodía.

f) *Afirmación:* declaración, confirmación o ratificación de la Verdad en el mundo humano que desafía las actividades de los "caídos" (*bajos astrales* --vivos o desencarnados--). Usada como herramienta para "reprogramar" nuestro subconsciente.

g) *Fíat:* una corta invocación dinámica, tipo decreto, que usa el nombre de Dios como la primera palabra: **"Yo Soy** el Camino", **"Yo Soy** la Resurrección y la Vida".

h) *Decreto:* la más poderosa de todas las peticiones. Es el *mandato* para que se *manifieste* lo solicitado "abajo como arriba". Puede ser corto o largo y consta de preámbulo y cierre (o aceptación) formales. Quienes más trabajan con los decretos, y con abundantes ejemplos, son los adeptos a la "metafísica cristiana".

La Palabra hablada es la clave para atraer luz y las energías puras de las *octavas superiores del ser* (un modelo no realizado en la *materia* y desligado del mundo de las formas materiales). Recuerde lo registrado por los evangelistas, que cuando Jesucristo curaba, siempre pronunciaba una orden, generalmente en voz alta, por la cual hacía emitir la luz, a fin de manifestar en el plano físico esa perfección que él aceptaba como ya consumada en los planos superiores (antes de materializar algo afirmaba: "¡gracias, Padre, que ya me lo has concedido!"). Además, "hablaba como quien tiene autoridad".

Así se expresó cuando resucitó a Lázaro después de cuatro días de muerto con el "¡levántate y anda!". El poder de la palabra, con la necesaria dosis de fe, es el máximo poder al que pueden recurrir los hombres y mujeres en este plano físico y, sin duda, la palabra más importante, en cualquier idioma es: DIOS.

"Cuando rezamos --dice el metafísico inglés **Emmet Fox**-- siempre parece haber una forma obvia o simple en que se presentará la realización o la *manifestación*, pero de repente el resultado llega de una manera distinta. A veces parece que no hay manera humana de resolver el problema, y de pronto se resuelve de alguna forma sorprendente y emocionante. Si tuviéramos una fe serena en nuestra oración, sin tensiones ni confusión, el resultado puede ser mejor de lo que esperábamos". Y asegura que las plegarias cortas suelen ser mejores que las largas; que se debe rezar aunque sólo sea por un momento, muchas veces al día (y especialmente antes de dormir. "Recuerde --dice-- que orar significa "pensar en Dios". Si usted piensa demasiado en sus problemas, en ese momento no está orando. Reclame la *asistencia espiritual*, y luego dé los pasos que le dicta el s*entido común*: expresión de la Sabiduría Divina".

Aunque ya lo pregunta un acervo popular: "¿Cuál es el menos común de los sentidos?" y se contesta: "¡el sentido común!". Tal parece que no es muy común encontrar a alguien que aplique un verdadero sentido común a sus acciones y decisiones cotidianas.

Este inspirado metafísico, explica que cuando afrontamos un problema o alguna situación negativa, la forma científica de evitarla consiste en *retirarle la atención* mediante el procedimiento de crear lo opuesto en la mente. Para Fox esta actitud se completa si vemos la Presencia de Dios donde parece estar el problema o la situación negativa, y lo llama **Oración Científica** o *tratamiento*: "buscar a Dios en el mismo lugar donde está el problema" afirmando y teniendo fe que Dios está resolviendo la situación a Su manera y que sin duda, ésta será la mejor manera, y todo saldrá bien. Esto no significa, aclara este autor, pensar: "No le haré caso a este problema; en vez de eso, pensaré en Dios". Aquí hay un error sutil, porque eso es seguir pensando que el problema existe en algún lugar, y que Dios existe en otro. Cuando en realidad se debe *suplantar* el problema (como si ya no existiera) por la Presencia de Dios. El problema no está ahí, porque Dios está ahí. Este es el paso decisivo. Concluye Fox con un consejo: "Mientras aplica el *tratamiento*, niéguese terminantemente a conceder cualquier poder a la dificultad, o a admitir por un instante que la curación no se producirá. No pierda tiempo considerando sus dudas". A esta mecánica mental y de oración se la ha llamado: la **Llave de Oro**.

Una gran exponente de la metafísica cristiana, **Conny Méndez**, aconseja respecto de la "llave de oro": *Tu objetivo debe ser borrar la dificultad de tu conciencia, cuando menos por unos instantes, sustituyéndola por el pensamiento en Dios. Si estás muy asustada o preocupada, puede serte difícil al principio distraer tu pensamiento de la causa de tu dificultad, pero repitiendo constantemente, y en lo posible en **voz alta**, alguna expresión de Verdad absoluta, tal como: **Dios está conmigo**, pronto verás que tu problema comienza a aliviarse".*

Cuenta **Dale Carnegie** que siempre se hacía tiempo para cerrar los ojos y rezar, notando que esto le calmaba los nervios, descansaba su cuerpo, aclaraba sus perspectivas y le ayudaba a revalidar sus valores. Cuando nos vemos acosados y en el límite de nuestras fuerzas --continúa-- recurrimos a Dios en nuestra desesperación, "no hay ateos en las trincheras". Pero ¿por qué esperar hasta la desesperación? ¿Por qué no renovar nuestras fuerzas con la oración todos los días? Según este autor, la oración satisface tres necesidades psicológicas básicas, y las satisface creamos o no en Dios:

1) Nos ayuda a expresar en palabras lo que nos turba. Y la palabra tiene un tremendo poder curativo.

178

2) Nos produce la sensación de que se comparte la carga, de no estar solos. Sin duda --agregamos nosotros-- nos reencontramos con aquello de lo que el ego nos separa con algún razonamiento parecido a éste: "¿para que rezar? ¿quién te va a ayudar sino tú mismo?"

3) Nos pone en acción, nos lleva a la realización de alguna medida para que suceda lo que deseamos y pedimos en la oración.

El apóstol **Santiago** escribió: "Pides y no recibes porque pides mal". ¿Y que es "pedir mal"? Fundamentalmente, cuando damos espacio a la duda, a la vacilación, al miedo, a algún HMN. El mismo apóstol nos dice: "...siempre pida con fé, sin dudar, porque aquél que duda es semejante a las olas del mar, impulsadas y agitadas por el viento. No piense tal persona que va a recibir algo del Señor, siendo vacilante e inconstante en todo lo que hace".

Retomamos nuevamente algunos criterios del neurocientífico **Facundo Manes**, quien se pregunta: ¿Por qué rezamos?

Miles de personas se congregan cada día aquí y en el mundo para orar, pedir o agradecer en derredor de un templo, una figura o una idea de un Ser Superior que nos trascienda. Es allí también donde muchas veces se deposita la esperanza de un trabajo que lleve a la mesa el pan de cada día, la sanación de un ser querido o el deseo de la vida eterna ante el desamparo de un triste fallecimiento.

Datos antropológicos ponen énfasis en la universalidad de la búsqueda de un ser superior entre diversos grupos de culturas primitivas y avanzadas durante muchos miles de años. Para algunos, esta universalidad podría interpretarse como sugerencia de que algunas estructuras básicas en el cerebro necesitan de Dios. Otros argumentan que la religiosidad es un artefacto de la evolución. Las neurociencias durante mucho tiempo han sido renuentes a la investigación científica sobre la espiritualidad. El estudio de las bases neurales de la religión recién está empezando a ser un tópico aceptado de investigación dentro de las neurociencias cognitivas.

En la Universidad de Oxford se ha creado un centro multidisciplinario que estudia las bases neurobiológicas de las creencias (religiosas u otras) y cómo estas afectan nuestros estados de conciencia y sentimientos. Se han utilizado las neuroimágenes funcionales para observar los cambios que ocurren en el cerebro cuando una persona tiene una experiencia religiosa. Por ejemplo, en un estudio se examinó la actividad cerebral cuando las personas rezaban. Aunque estos ensayos pueden pecar de reduccionistas y producir una comprensible controversia, permiten generar un riquísimo debate sobre si el cerebro humano está programado para tener fe o si es una habilidad mental que el cerebro humano desarrolló a través de la cultura.

¿Por qué los seres humanos experimentamos la fe o la religión?, ¿qué procesos neurales se activan en el tránsito de esa experiencia? Por ejemplo, durante la meditación, los lóbulos parietales, que procesan nuestro sentido de orientación y conocimiento de uno mismo, disminuyen casi por completo su actividad. También baja la actividad de la amígdala, una región involucrada en el proceso del miedo. Pero sobre lo que hasta el momento no hay dudas, es que existe un conocimiento milenario que explica estas cuestiones de manera no solo empírica sino también intuitiva y, en estos casos podemos determinar que la ciencia no puede sola con los enigmas del cerebro.

La Señal de la Cruz

Es un gesto ritual utilizado por diversos grupos o ramas del cristianismo (iglesias ortodoxas orientales, catolicismo, anglicanismo, luteranismo y en ciertos rituales en el metodismo, presbiterianismo e iglesias reformadas). Esta bendición se realiza mediante el trazado de una cruz vertical sobre el cuerpo con la mano derecha, a menudo acompañada por la recitación oral o mental de una fórmula trinitaria. También se usa en diversas expresiones de sincretismo religioso, influenciadas por el cristianismo. En este ámbito a veces se le atribuye connotaciones mágicas.

La historia de la señal de la cruz tiene su origen en un pasado tan lejano como Tertuliano, el padre de la iglesia primitiva que vivió entre los años 160 a 220 d.C. Tertuliano escribió, "En todos nuestros viajes y movimientos, en todas nuestras salidas y llegadas, al ponernos nuestros zapatos, al tomar un baño, en la mesa, al prender nuestras velas, al acostarnos, al sentarnos, en cualquiera de las tareas en que nos ocupemos, marcamos nuestras frentes con el signo de la cruz."

Originalmente, se trazaba una pequeña cruz en la frente con el pulgar o un dedo. Mientras que es difícil señalar exactamente cuando fue que se cambió el trazo de la pequeña cruz en la frente a la moderna práctica de trazar una larga cruz desde la frente hasta el pecho y de hombro a hombro, lo que si sabemos es que este cambio ocurrió por el siglo XI d.C., cuando el "Libro de Oración del Rey Enrique" menciona una instrucción de "marcar con la santa cruz los cuatro lados del cuerpo."

Históricamente, el signo también fue visto como una representación de la Trinidad: Padre, Hijo y Espíritu Santo. A través de la fe en el Señor Jesucristo y Su muerte sustitutiva en la cruz, la salvación se extendió como un regalo de gracia a toda la humanidad. La Trinidad es la doctrina de la Divinidad: Un solo Dios existiendo en Tres distintas Personas. Ambas doctrinas son fundamentales para ambos, católicos y protestantes, y ciertamente están bien fundamentadas en la Biblia. La señal de la cruz ha sido asociada hasta cierto
180

punto con poderes sobrenaturales, como repeler al mal, a demonios, etc.

Dejando el aspecto místico de lado, el hacer la señal de la cruz no está bien ni mal, y puede ser positivo si sirve como recordatorio a la persona, de la cruz de Cristo o de la Trinidad. Desafortunadamente ese no es siempre el caso, y mucha gente simplemente hace los movimientos del ritual de persignarse sin un conocimiento del porqué lo hacen.

Un buen consejo es que cuando te hagas (o hagas sobre terceros: objetos, plantas, animales, personas) la señal de la cruz, coloca los dedos en la posición de la figura, pues refuerza el poder **energético** de dicha cruz.

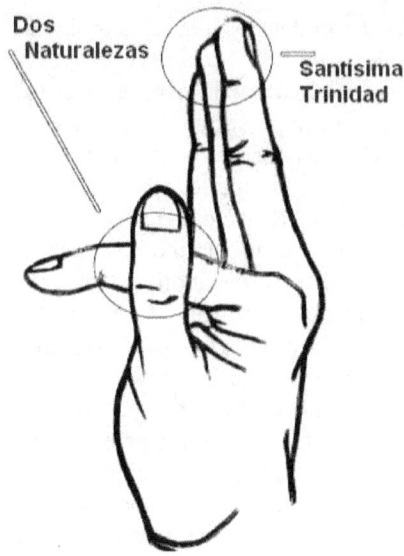

Crisis de sanación

El organismo humano está programado para la Salud integral, o sea para el equilibrio, y todos nosotros contamos con el poder de mantenerla si hacemos caso a las señales que el propio cuerpo nos va transmitiendo, como alarma de desequilibrio. Algunas veces no sabemos verlas y otras las ignoramos hasta que la enfermedad se hace tan potente que es imposible seguir mirando para otro lado, a veces nuestros órganos están ya demasiado dañados y la cosa se complica.

La enfermedad, para los antiguos maestros (que hoy se están actualizando sus conceptos), es un proceso de desequilibrio energético humano, es el final del camino de la normalidad psicofísica, hormonal e inmunológica y el comienzo del camino de la enfermedad. Es también, podríamos agregar, un aviso de llamado urgente para la reflexión.

Existen enfermedades que se generan a partir de la negación constante de la persona a sí misma. La negatividad de la persona puede generar y ser el origen y puerta de entrada para estas enfermedades.

Los bajones de autoestima de las personas pueden producir severos trastornos de personalidad, ansiedad, cansancio mental.

El uso excesivo de la lógica produce también procesos severos de caída energética, que pueden desembocar en enfermedades muy graves, invalidantes y hasta de mal pronóstico.

Existen enfermedades producidas por el simple distanciamiento de la persona con la energía de la tierra.

Todo lo antedicho se explica por la pérdida o el divorcio de la energía divina con el cuerpo y con el campo áurico de la persona, lo cual produce una baja o alteración (que suele ser peor) muy severa en el sistema inmunológico del cuerpo y puede llevar hasta la muerte.

La Crisis de Sanación o "Reacción Herxheimer" o "Efecto Radical" puede ocurrir cuando uno escoge un camino de curación. Una crisis ocurre cuando las células liberan la basura metabólica demasiado rápidamente en el sistema y los órganos no pueden eliminar esta basura lo bastante rápido. La basura metabólica es entonces reciclada muchas veces en el cuerpo.

Sanar implica la limpieza, la liberación de todo aquello que guardamos dentro y que ya no nos es útil, de todo lo que nos bloquea y limita en la manifestación de nuestra Alma, patrones mentales y emocionales negativos, pensamientos, palabras, criticas, juicios, reacciones, sentimientos, recuerdos (energéticos, karmicos) que quizás creemos superados pero que en realidad moran dentro nuestro porque los hemos ocultado en vez de sanarlos.

Las sensaciones o síntomas pueden variar de persona a persona, y pueden ser tan leves como una pequeña molestia, o tan desgastantes como un resfrío que no se cura con medicamentos. La liberación de cuestiones estancadas o de toxinas físicas o energéticas, se lleva a cabo por medio de 5 vías principales: la Piel, el Colon, la Orina, el Sistema Respiratorio, las Emociones.

Al querer sanar estos patrones, ellos generan una lucha interna, crisis a veces muy profundas y muy duras, durante las cuales, si estamos atentos y abiertos y si hemos comprendido que son parte de nuestro proceso de sanación, avanzaremos en nuestro Camino hacia la Luz, comenzando a verlo todo de otra manera y abriendo nuestra consciencia. El regreso de Patrones que considerábamos superados nada tiene que ver con estar atrayéndolos, sino con estar sanándolos. Durante una crisis de sanación reflotan viejas creencias y dolencias por Recalificación de la Energía.

182

Algunas maneras de suavizar los síntomas de una crisis de sanación son:

– Respirar correctamente. Realizar varias respiraciones profundas oxigena la sangre y el cuerpo, y facilita el rápido tránsito de las toxinas hacia su vía de eliminación.

– Cepillado. Este método estimula el sistema linfático y el sistema inmunológico, activa la circulación y deshace células muertas de la piel.

– Hidratación. Nuestros cuerpos necesitan agua, ellos son agua. Tomar agua fresca debería ser la primer cosa que hiciéramos por la mañana, pues es un gran modo de barrer con las toxinas que se han acumulado durante la noche. Pero no nos detengamos allí, el agua debería de ser bebida a lo largo del día para mantener nuestro cuerpo funcionando de manera eficiente. No esperar tener sed.

– Sudar. Hacer ejercicio y tomar baños saunas son 2 formas grandiosas de "sudar las toxinas" hacia afuera. Además, el consumir niacina, o vitamina B3, puede ser una de las mejores combinaciones para la sudoración.

– Cambiar la dieta. Inclusive días antes de que pueda presentarse la crisis de sanación, desprenderse de la cafeína y de productos alimenticios procesados. Esto puede reducir la presencia de dolores de cabeza y otros síndromes de abstinencia. El ayuno, ya sea con jugo de limón o jugos de frutas, una vez por semana. Incluir alimentos desintoxicantes tales como fruta fresca, verduras frondosas verdes, y semillas. El cilantro, el perejil, la alfalfa, y las algas azules y verdes, chlorella, son tres productos químicos sumamente poderosos y controladores de los metales pesados en la sangre. El té de jengibre, el agua de cúrcuma.

– Mucho descanso. Dormir causa que el cuerpo entre en un estado de limpieza y regeneración. Tener mucho reposo y no realizar esfuerzos excesivos. Como el cuerpo se está adaptando al cambio, no es el tiempo adecuado para correr por todas partes, comprometiéndote en muchas actividades o manteniendo un nivel de estrés alto. Utilizar la meditación u otras técnicas de relajación.

Es muy importante que una vez iniciado el proceso de sanación, no lo dejemos si sentimos esa crisis de sanación, ya que de lo contrario, lo que sucedería es que ese estado de "enfermedad" se vería alterado de forma negativa. Es beneficioso si somos constantes ante estos cambios y síntomas, pues el tiempo y la persistencia en los tratamientos los aliviarán y eliminarán.

También entender el concepto acerca de la existencia de 2 grandes grupos de enfermedades, más allá que sabemos que médicamente se puede hablar de numerosos "tipos" de enfermedades. Veamos.

1) Enfermedades de descarga o ajuste
Son aquellas que se generan producto de la sobrecarga.

183

Vivimos en un mundo de personas que tenemos mucha más posibilidad de recibir, de tomar, de cargar, que de sacar afuera, de descargar. Hay una suerte de inconsciente colectivo que bulle, que acumula presión. Nos sobrecargamos de responsabilidades, de exigencias, de trabajo, de comida, de contaminación química, electromagnética, electrostática, de emociones, de vida sedentaria, de desequilibrios en el dormir, de medicamentos.

Este exceso y sobrecarga, el organismo necesita sacarlo hacia afuera, por lo que aparecen síntomas tales como: mareos, vómitos, desequilibrios intestinales (diarreas, constipaciones), dolores de cabeza, de estómago, de piernas, hemorragias, inflamación intestinal, abdomen hinchado, infecciones, contracturas, insomnio, tristeza, llanto, pesadillas.

Años atrás era muy común el vómito, incluso se veía más a la gente llorar, a tener que salir varias veces corriendo para ir al baño, era común que después de un atracón físico o emocional se llorara, se vomitara. Hoy eso no es tan común, ante el mareo está tal pastilla, ante las náuseas tal otra, ante la diarrea el carbón, ante el dolor de cabeza tal o cual analgésico, ante la tristeza tal o cual ansiolítico, ante el abdomen hinchado o los gases, tal tipo de medicamento y así tantos ejemplos más.

2) Enfermedades Acumulativas
Cuando la sobrecarga es grande y no se la deja ir, se acumula.

El exceso acumulado es energía que no circula libremente por nuestro Ser, que se bloquea en determinada parte de nuestro organismo. Algunos bloqueamos la energía en la parte alta del cuerpo, cabeza, garganta, boca, otros en el estómago o riñones otros en la próstata o vejiga, en fin, cada uno en su parte particular que en general tiene que ver con nuestro modo particular de ser o nuestra historia personal.

Esa acumulación es la que genera las hoy llamadas enfermedades de la civilización o enfermedades-epidemias: hipertensión, menopausia precoz, osteoporosis, diabetes, cáncer, sida, remoción de útero, anemia, depresión, hipercolesterolemia, insomnio, sobrepeso y obesidad, ataque de pánico, trastornos de ansiedad, colon irritable, hipotiroidismo, enfermedades del corazón y enfermedades vasculares.

Si estamos atentos a las horas que trabajamos, a cuánto dormimos, a qué comemos y a cómo nos cae lo que comemos, a cuántas horas estamos frente al televisor o a la computadora, a qué medicamentos tomamos, a la importancia de escuchar el cuerpo y sus manifestaciones, empezaremos a registrar, a saber por ejemplo cuándo se nos hincha el abdomen, porqué estamos tristes, cómo se siente el cuerpo después de estar tanto sentado, cómo uno se siente durmiendo poco o mucho, cómo me afectó tal o cual medicamento, el sol, la lluvia, la sequedad, la humedad. O sea saber de uno, darse cuenta, estar atento.

TERCERA PARTE

LA ENERGÍA PLANETARIA

8

GEOBIOLOGÍA

Lo que yo sé no es nada comparado con todo lo que se sabe,
lo que se sabe no es nada comparado con todo lo que se sabrá,
y lo que se sabrá no es nada si lo comparamos con todo cuanto existe.
Anónimo

30. Domoterapia

En los últimos años, la influencia humana sobre el medio ambiente ha aumentado progresivamente y, en la actualidad, supone un grave riesgo para la salud y para la vida.

Desmontes indiscriminados de bosques tropicales, que llevan a la desertificación y a mayores inundaciones, plantas industriales que emiten cantidades ingentes de gases de efecto invernadero, vehículos emitiendo gases que nos contaminan en nuestras ciudades

Estas y otras intervenciones son de conocimiento público, ya que están instaladas en los medios de comunicación. Son poluciones macroambientales, ya que influencian al medio ambiente a gran escala.

Se instalan transformadores de alta tensión a menos de 100 metros de nuestras casas o pasan líneas de media y alta tensión pegadas a nuestras ventanas, nos colocan antenas de microondas o de telefonía celular en las terrazas de nuestros edificios.

¿Pero qué sabemos de las poluciones microambientales, que influencian en la escala de los ámbitos donde descansamos, dormimos, estudiamos, trabajamos o convalecemos reponiéndonos de alguna enfermedad ?

Instalamos en los dormitorios equipos electrónicos y en general faxes, computadoras, impresoras, televisores, equipos de música, reloj despertador eléctrico, se colocan alfombras de material sintético, instalaciones eléctricas sin puesta a tierra, camas metálicas y así un largo etcétera.

La **Domobiología** va a enseñarnos entonces que el lugar donde vivimos, dormimos o trabajamos tiene una gran incidencia sobre nuestra salud.

Es una ciencia multidisciplinaria que integra a la Arquitectura y a la Geobiología, junto con las más recientes investigaciones aportadas por las más diversas ramas del saber actual: Medicina, Neurología, Astrofísica, Geología,

187

Hidrología, Neuroinmunobiología, Biometereología, Biomagnetismo, entre otros saberes, y nos enfrenta con el reto de volver a crear un entorno habitable y sano, enfocando muchos aspectos que inciden en nuestra calidad de vida.

La Domobiología, define como **domopatías** (del griego domus = habitat, vivienda y de phatos = enfermedad) al gran conjunto de enfermedades causadas por los "factores microambientales" del entorno en el que vivimos. De hecho, domopatía es un término genérico, y expresa que las enfermedades debidas a factores ambientales aparece en general por la sinergia entre tres grandes grupos de anomalías generadas por agentes estresores: meteoropatías, tecnopatías y geopatías.

Meteoropatías: Patologías ambientales producidas por causas climáticas o meteorológicas.

Tecnopatías: Patologías ambientales producidas por los desarrollos tecnológicos.

Geopatías: Patologías ambientales producidas por alteraciones geofísicas del subsuelo.

La **Domoterapia** como Medicina del Hábitat es la aplicación práctica de los conceptos domobiológicos sobre nuestro entorno.

Los domoterapeutas vienen a ser un poco como los detectives del Hábitat, al investigar todos los factores ambientales polucionantes que actúan en cada caso en particular sobre los sitios donde una o más personas habitan. Plantean un estudio global del entorno, del subsuelo, de los edificios, de su uso y de las personas que los deben habitar, dando solución a los diferentes problemas que se plantean para conseguir una mayor calidad de vida.

La Premisa Fundamental de la Domoterapia expresa que la incidencia de determinados factores microambientales sobre los sitios donde permanecemos buena parte del día puede ser la causa de innumerables enfermedades y llega a determinar nuestro estado físico y psíquico general desde formas leves como un dolor de cabeza hasta verdaderos estados degenerativos. Así, el sitio donde se encuentra la cama donde dormimos aproximadamente ocho horas por día, nuestro lugar de trabajo, el escritorio donde estudiamos en el colegio y la cama donde convalecemos en una clínica, se transforman en objetivo primario de las auditorías y prospecciones de los domoterapeutas.

Cuando las zonas domopatógenas se encuentran sobre la cama donde dormimos, los síntomas más frecuentes que suceden primero antes de pasar a estados patológicos más profundos pueden incluir la dificultad en conseguir dormirse, el soñar excesivo, el sueño excesivamente pesado y el despertarse más cansado que cuando uno se acostó, pies y piernas frías que no se pueden calentar en la cama, asma y dificultades respiratorias en la noche, fatiga y letargo, cambios inexplicados del humor, agresión y depresión.

188

Los dos factores microambientales estresores más importantes para la Domoterapia son la contaminación electromagnética (redes de alimentación eléctrica, transformadores, teléfonos celulares, antenas de radio y de telefonía, radares, monitores de computación, televisores, fotocopiadoras y un largo etcétera) y las radiaciones telúricas (radiación gamma, presencia de gas radón y alteraciones del campo magnético terrestre, las que ocurren, casi invariablemente, en presencia de fallas y fisuras geológicas, venas de agua subterránea, capas freáticas y de ciertos patrones energéticos especiales que fueron descubriéndose paulatinamente).

Un capítulo importante de la Domoterapia es el estudio del Síndrome del Edificio Enfermo (SEE), conocido también como Sick Building Syndrome (SBS). Los edificios, gracias en parte a las nuevas instalaciones de control ambiental (iluminación, calefacción, aire acondicionado, etc.) se cierran más al exterior. Se construyen como si fueran burbujas y su ventilación es a través de aire acondicionado.

Las instalaciones de aire acondicionado central, por ejemplo, propias de los edificios de la City, dejan mucho que desear si no se realiza una exhaustiva y periódica limpieza de los sistemas. Adentro se puede encontrar cualquier cosa: pájaros muertos, ratones y bacterias de todo tipo y color. Uno se pone cerca de las bocas de salida y piensa "qué agradable", pero es una inyección de bacterias.

La Organización Mundial de la Salud lo ha definido como un conjunto de enfermedades originadas o estimuladas por la contaminación del aire y otros agentes estresores en estos espacios cerrados y lo ha tipificado en la década de 1980, entre los males contemporáneos.

Es un conjunto de molestias y enfermedades originadas en la mala ventilación, la descompensación de temperaturas, las cargas iónicas y electromagnéticas, las partículas en suspensión, los gases y vapores de origen químico, los bioaerosoles y las radiaciones telúricas, entre otros agentes causales identificados.

Algunos de los trastornos que se han asociado al SEE son: irritación de ojos, nariz y garganta; sequedad de piel y mucosas; eritrema cutáneo y comezón; somnolencia y fatiga; cefaleas y vértigos; mayor incidencia de infecciones de vías respiratorias; ronqueras, disneas y asma; disfonía y tos; disminución de la sensibilidad olfativa y gustativa; náuseas y trastornos gastrointestinales; potenciación de enfermedades del propio trabajador, como eczemas, sinusitis, etc.

Una de las particularidades en el comportamiento de estos síntomas es que pueden desaparecer en vacaciones o largos períodos de descanso.

El número de factores de riesgo que pueden incidir en la aparición del

SEE es enorme y de muy variada naturaleza, aunque podríamos destacar como más importantes los siguientes:

Agentes químicos (Formaldehídos, Compuestos Orgánicos Volátiles (V.O.C.), Polvo y fibras, Monóxido de Carbono, Dióxido de Nitrógeno, Dióxido de Carbono, Ozono, Radón y Gases procedentes de los vertederos de basura), Agentes biológicos (bacterias, los virus, los hongos, y los ácaros del polvo), Agentes físicos (Iluminación, Ruido, Vibraciones, Ambiente térmico, Humedad y Ventilación), Contaminación Electromagnética y Radiaciones Telúricas y finalmente Factores Psicosociales.

A continuación, muchas de las frases que se han vuelto muy comunes:

"Nuestro hijo menor se nos orina todas las noches en la cama. Lo curioso es que cuando duerme en casa de sus tíos no lo hace nunca";

"Me cuesta conciliar el sueño: aparecen muchas imágenes en mi cabeza y doy muchas vueltas hasta dormirme. La mayoría de las mañanas me despierto atravesado en la cama";

"Pensaba que era el ruido lo que no me dejaba dormir; pero en casa de mi amigo, que es más céntrica y ruidosa, duermo a las mil maravillas";

"Desde que pusieron la línea de alta tensión cerca de la granja, las gallinas han bajado la producción de huevos";

"Normalmente duermo fatal, y poco, pero cuando mi marido no está o se levanta temprano, me paso a dormir a su lado, y entonces me duermo en seguida, descanso de maravilla y me levanto como nueva".

31. Campos electromagnéticos

Estudios en laboratorio han revelado que los campos electromagnéticos pueden afectar el sistema biológico en el cuerpo de los seres vivos, causando alteración de la función de las células nerviosas, problemas con el sistema inmunológico, incrementando el riesgo de cáncer (leucemia, cáncer en el cerebro y en el pecho, principalmente).

Se ha investigado también la conexión existente entre abortos de tipo natural y la exposición a campos magnéticos. Esta vinculación se sugirió por primera vez a finales de 1970, cuando se registró en Estados Unidos y Canadá un número significativo de abortos espontáneos y de malformaciones en recién nacidos en madres que trabajaban con pantallas de monitor de TV.

Diversas investigaciones indican un aumento de las tasas de mortalidad por leucemia en profesionales relacionados con el trabajo en campos electromagnéticos y en niños que habitan casas cercanas a tendidos de alta tensión. El gobierno de Suecia, basándose en las investigaciones de **Lenmart Tomenius**, ha reconocido en su legislación la incidencia de los campos

190

electromagnéticos generados por las líneas de alta tensión en la estadística de los casos de leucemia infantil.

En 1974, a raíz de las investigaciones de V. P. Korobkova, la Unión Soviética dicta una ley según la cual las líneas de alta tensión que generen campos de más de 25 Kv/m deben situarse a una distancia mínima de 110 metros de cada edificación.

La peligrosidad de las líneas de la red eléctrica, de alta y media tensión, depende de la intensidad y de la sobrecarga a que están sometidas. Es fundamental la calidad, el estado y la limpieza de los aisladores, así como la verificación y el mantenimiento de la conexión a tierra de las torres. En Alemania se recomienda una distancia de seguridad de 1 m por cada kilovoltio de tensión de la línea. El ingeniero **Egon Eckert** probó que la mayoría de los casos de muerte súbita de lactantes se produce en la cercanía de vías electrificadas, emisoras de radio, radar o líneas de alta tensión.

Si el tendido es subterráneo los cables deben contar con una buen aislamiento y ser coaxiales para no generar campos externos. Si los cables de las tres fases están debidamente trenzados el campo electromagnético es inferior al de una línea aérea equivalente. De todos modos este tipo de líneas suele pasar demasiado cerca de las viviendas.

Es típico el caso de los **transformadores de red**. Las centrales de distribución eléctrica que encontramos disimuladas entre las construcciones urbanas son reconocibles por su continuo zumbido. Los transformadores de red, que vemos en algunas esquinas, ya sea en cámaras subterráneas o aéreas, convierten la media tensión de distribución en tensión apta para uso industrial y doméstico, de 380 y 220 voltios. Si la toma de tierra de estas instalaciones es defectuosa, se pueden tener graves alteraciones del potencial eléctrico en el terreno. Es común ver explotar y fundirse los fusibles de estos transformadores en presencia de una sobrecarga. Como distancia de seguridad se aconseja que las viviendas se encuentren como mínimo a 15 m.

Nuevos materiales de aislamiento de los campos electromagnéticos como el *numetal* pueden solucionar el problema de los transformadores en los núcleos urbanos. Todo transformador irradia un campo electromagnético que puede resultar nocivo para las personas que se hallen en sus cercanías en tiempos prolongados. Lo ideal es utilizar transformadores *toroidales*, que tienen mayor rendimiento, menor consumo y mínima contaminación electromagnética.

En las cercanías de <u>antenas emisoras de radio y televisión</u>, se captan fuertes campos eléctricos y electromagnéticos, especialmente en las emisoras de AM. Se han detectado casos de grave contaminación electromagnética en las viviendas aledañas a antenas de radioaficionados y de emisoras ilegales

191

de exagerada potencia. Estos casos se agravan cuando la antena no sobrepasa los edificios circundantes y los departamentos en altura quedan alineados con la torre. Actualmente también se está sospechando de las antenas de las empresas de celulares o teléfonos móviles.

En cuanto a las **viviendas particulares**, se ha podido comprobar que muchas de las viviendas y edificios carecen aún en sus instalaciones de protectores eléctricos y una correcta conexión a tierra.

La Universidad de Heidelberg, Alemania, ha demostrado que los cables eléctricos de 220 voltios y 50 Hz instalados en viviendas generan campos que elevan la presión parcial de oxígeno en la sangre, así como los valores del hematocrito. Teniendo en cuenta que la actividad eléctrica cerebral del ser humano manifiesta una periodicidad que va de 14 a 50 Hz en el estado de conciencia de vigilia y entre 8 y 14 si se está relajado, se deduce que un campo externo de 50 Hz como el de la red eléctrica común puede inducir estados de nerviosidad o como se le ha dado en llamar: *electro-estrés*.

La mejor red eléctrica en las ciudades es la subterránea. En las viviendas, las cajas de conexión, los contadores y los disyuntores deberían ubicarse en un lugar apartado de la presencia humana, en lo posible, dentro de un armario metálico que, a modo de jaula de Faraday, evite la irradiación del campo electromagnético. Toda casa debe contar con un disyuntor diferencial automático u otro tipo de interruptores protectores.

La mejor protección contra la contaminación eléctrica doméstica es la desconexión oportuna de aquella parte de la instalación que no necesitemos, en especial durante la noche. Para este fin, en los países desarrollados existe un interruptor de tensión en ausencia de consumo (tipo bioswitch). Este aparato desconecta la alimentación de 220 v. de aquellos sectores de la instalación que no tengan consumo (por ejemplo, en los dormitorios durante la noche) manteniendo una corriente continua de apenas 6, 12 o 24 voltios (que no generan campos electromagnéticos). O también probar a dormir varias noches desconectando toda la instalación eléctrica de la vivienda (podemos dejar solo el sector de la nevera conectado), y constatar si con esta sencilla práctica dormimos mejor y nos levantamos sin molestias, tensiones, dolor de cabeza, etc. Para evitarlo, además, hay que verificar que el interruptor al apagarse interrumpa la fase (positivo) y no solamente el neutro (negartivo).

En el caso de televisores y monitores de computadoras, la electricidad estática de las pantallas puede descargarse con filtros de conexión a tierra. Los filtros ópticos protegen sólo la vista, evitando los reflejos de la luz ambiente sobre la pantalla. Se pueden instalar alfombrillas conductoras con descarga a tierra para que quienes trabajan largas horas frente a las pantallas de las computadoras no se vean sometidos a grandes potenciales electrostáticos.

192

La Organización Mundial de la Salud recomienda que los operadores de computadoras descansen unos minutos cada hora, yendo a descargar la estática acumulada en sus cuerpos sumergiendo ambos brazos bajo el agua que corre.

Las pantallas de cristal líquido (LCD), como las de las Laptop, son quizás la solución ideal, pues utilizan tensiones bajas y no generan campos electrostáticos ni electromagnéticos fuertes.

Los electrodomésticos, en especial los hornos microondas, la distancia de seguridad aconsejada es de por lo menos 1 m. Igualmente con los artefactos de iluminación. El campo electrostático que emiten los tubos fluorescentes puede corregirse apantallando los tubos con una rejilla metálica y conectándola a tierra. En general se aconseja que la distancia entre un tubo fluorescente y las personas sea de 1,5 m. Los transformadores asociados a lámparas halógenas o dicroicas son también una importante fuente de campos electromagnéticos, por lo que se aconseja alejar estos transformadores de las personas que trabajan bajo este tipo de iluminación o centralizar la instalación.

Otro aspecto importante son las **radiaciones del campo magnético terrestre**, originadas por un sistema de "franjas radiactivas" que crean zonas geopatógenas.

También influyen las venas de agua subterráneas y las fallas geológicas Estas franjas de radiación están presentes en todo el planeta, su penetración es tan fuerte que atraviesan el hormigón llegando hasta los pisos más altos de un edificio. Se las conoce con el nombre de su descubridor, el médico e investigador alemán Dr. **Ernesto Hartmann**. En ellas se produce una mayor ionización, una mayor presencia de rayos gamma, mayor afluencia de neutrones y microondas provenientes del interior de la tierra y una mayor incidencia de radiación cósmica. Existen otras radiaciones que influyen sobre el campo emocional de las personas, y se las conoce con el nombre de su descubridor, el médico e investigador Dr. **Manfred Curry**.

Vivir en una casa sana contribuye a generar salud o al menos a no deteriorarla. Conocer cómo está la salud de nuestra casa es fundamental para saber cómo está o estará en un futuro nuestra propia salud.

32. Líneas de Hartmann

En 1935, tras numerosas experiencias efectuadas en la ciudad en la que ejercía, Hartmann llegó a la conclusión de que la salud física y mental de una persona depende del lugar en el que vive, duerme y ejerce su actividad.

Con un equipo de físicos y médicos, y tras numerosos experimentos, concluyó que "la tierra está recubierta por una red global de ondas fijas que parecen ser producidas por una radiación terrestre que proviene del interior del Planeta y que se ordena en forma de retícula al atravesar las capas de la corteza terrestre". Las líneas Hartmann se pueden concebir como paredes de energía sutil emanando del subsuelo y extendiéndose verticalmente hasta una altura de 2.000 metros. Esta red se puede detectar en todas partes, tanto en terreno llano como en la montaña, en el agua, en el exterior y en el interior de las viviendas.

Estas líneas o bandas se orientan en función de los polos geomagnéticos; corren paralelamente en direcciones **norte-sur** y **este-oeste**. Su intensidad y densidad son muy variables, dependiendo de innumerables factores como son la hora del día y los cambios atmosféricos.

No obstante se establece una constante de unos **21 cm de espesor** y su disposición paralela a intervalos de **2.5 m** en las orientadas norte-sur y de unos **2 m** en las orientadas este-oeste. Y delimita tres zonas de distinta irradiación:

-- Las **"paredes" en longitud**. Su intensidad es demasiado débil para molestar al hombre.

-- Una **zona neutra**. Es la parte delimitada por las "paredes de la cuadrícula". En su interior se encuentran más armonizadas las constantes biológicas del individuo; se puede decir que es un área particularmente benéfica, donde se pueden recuperar las energías perdidas.

-- Los **cruces** Hartmann. Son las intersecciones de las líneas de fuerza de la red, que forman cuadros de 21 cm de lado, donde la energía es más intensa, se hace notoria y perjudicial. Aqui un dibujo que nos pertenece.

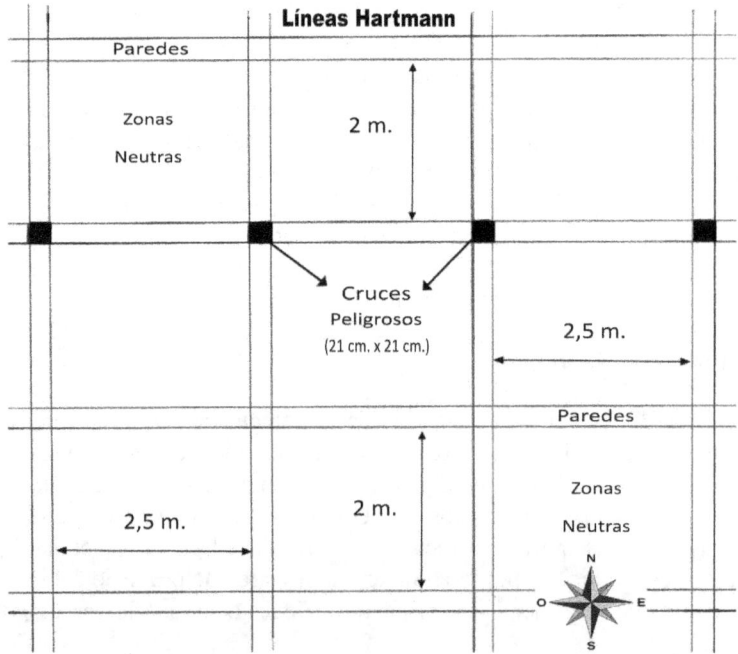

Líneas Hartmann

Paredes

Zonas Neutras

2 m.

Cruces Peligrosos
(21 cm. x 21 cm.)

2,5 m.

Paredes

2,5 m.

2 m.

Zonas Neutras

Tampoco hay que imaginarse esta "red Hartmann" como una trama geométrica que se proyecta en mallas regulares sobre la superficie del planeta. Su trazado tiene múltiples ondulaciones, contracciones, accidentes diversos e incluso interrupciones puntuales. Con lo que se compara mejor es con una red o una rejilla. Dependiendo de la latitud de percepción, las constantes electro-atmosféricas, geo-magnéticas, gravitacionales, etc., esta retícula puede ver muy seriamente modificada su estructura original, con pocos metros de diferencia de un lugar a otro, pudiendo retorcerse siguiendo la orografía rocosa del terreno, hasta convertirse en algunos sitios en una malla muy deformada, que tenazmente se adaptará a los accidentes del terreno y a las circunstancias ferromagnéticas halladas en él.

A partir de la tercera o cuarta planta de un edificio de los nombrados modernos, esta retícula geomagnética se estrecha, pudiendo llegar en un doceavo piso a medir apenas 100 cm., entre sus lados, siempre dependiendo de los encofrados y vigas o traviesas de hierro que el propio edificio contenga desde su génesis constructiva.

Es obvio que en las casas antiguas de mampostería este problema no ocurre, por lo que desde un punto de vista biótico, a veces es mejor una vieja y humilde casita de una ó dos plantas, que no un lujoso apartamento ultra-moderno de 100 m2, ferro-magnéticamente blindado.

Los geobiólogos actuales califican esos cruces Hartmann de "puntos geopatógenos". Un cáncer o una depresión nerviosa profunda no se generan sentándose un par de horas en un lugar así; a veces deben pasar varios meses o años, para que se manifiesten trastornos, enfermedades crónicas o afecciones agudas. Los perjuicios fundamentales que ocasionan tales zonas de perturbación son de carácter desvitalizante, y van desde la astenia, trastornos metabólicos, cardíacos, renales, vasculares, respiratorios, gástricos hasta dolencias crónicas graves como el cáncer.

Añadamos que estos cruces **no son** obligatoriamente generadores de enfermedades o nocivos, sino que pueden serlo en determinadas condiciones; específicamente si dichos cruces coinciden con venas de agua subterráneas, fallas geológicas o algún otro tipo de perturbación subterránea pero es inevitable que en un dormitorio haya uno o más cruces H. Se observan alteraciones en la emisión de radiación gamma e infrarroja. Estas radiaciones de alta frecuencia se vuelven muy agresivas para el ser humano, cuando se dan también perturbaciones metereológicas, produciendo grandes variaciones de las constantes vitales del individuo, que se traducen en excitación e irritación continua de sus células nerviosas.

Es absolutamente imprescindible evitar que la cama se encuentre en la vertical de uno de ellos. En la mayor parte de los casos, basta con desplazar la cama de los enfermos para constatar una mejora de su estado, iniciándose un proceso de curación. Se observa allí que la estructura de la red H se condensa, apareciendo con separaciones de tan sólo **1.5 m** e incluso menos.

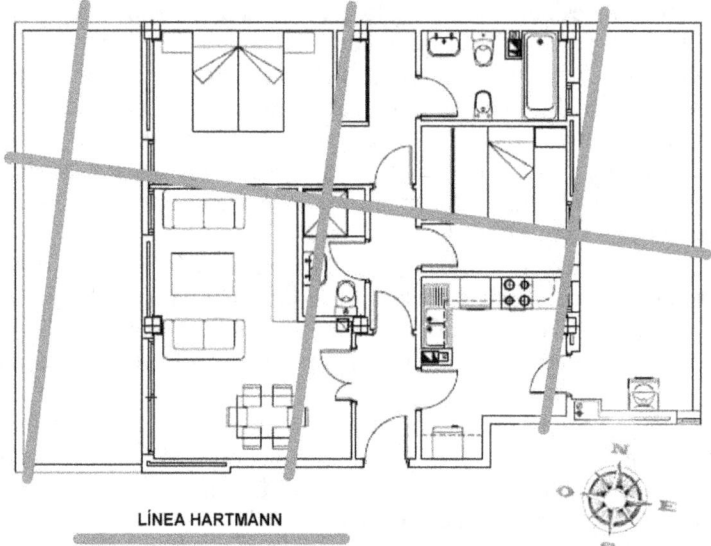

LÍNEA HARTMANN

La detección de la red Hartmann requiere de cierto entrenamiento, así como un concepto claro de lo que se busca. Los sistemas electrónicos empleados en el laboratorio para su detección, como los georritmogramas, medición de radiación, receptores de onda corta adaptados, etc., no son de fácil aplicación y su uso, requiere muchas horas de trabajo. Pero el propio Hartmann ideó un sencillo instrumento que recibe el nombre de *varilla Hartmann* ó *lóbulo antena*.

A través de los años se han descubierto otras redes de energía sutil, pero no se han detectado influencias notorias y no han sido investigadas con detalle, salvo las líneas Curry.

33. Líneas de Curry

Estas líneas de energía fueron llamadas así en honor a su descubridor, el Dr. **Manfred Curry**. Esta red se despliega globalmente de manera similar a la red Hartmann, pero diagonalmente con respecto a los puntos cardinales.

El Dr. Curry y otros investigadores confirmaron las investigaciones del Dr. Hartmann. Curry reconoció que otra red que transcurría transversal con respecto a la retícula "H", pudiera ser aún más desvitalizante y peligrosa para el ser humano. Hablamos de la perjudicial red diagonal Curry.

196

La separación entre las líneas Curry de orientación Noreste-Suroeste oscila cerca de los **8** metros; y entre las líneas Sureste-Noroeste es de **6** metros. El grosor aproximado es de **40** cm. Aquí otro dibujo nuestro.

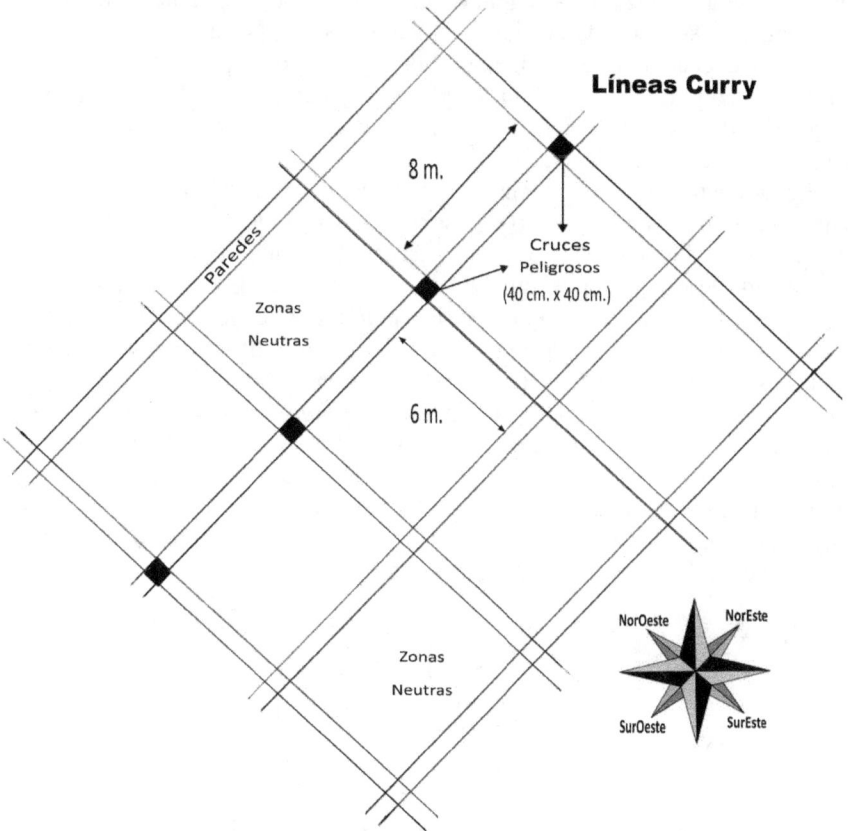

Líneas Curry

8 m.

Paredes

Cruces
Peligrosos
(40 cm. x 40 cm.)

Zonas

Neutras

6 m.

Zonas

Neutras

NorOeste   NorEste

SurOeste   SurEste

Existe un considerable desacuerdo entre algunos expertos para encontrar la red Curry, con respecto a las dimensiones de la red diagonal. Algunos perseveran que esta red únicamente se encuentra entre los **8 x 9** metros, otros no obstante, afirman que sus dimensiones son de **5 x 6** metros, incluso existen algunos que niegan su existencia. Para otros, esta red mide aproximadamente **3.50** metros x por **3.50** metros, con un ancho de banda de entre **70** a **80** centímetros. Aunque estas medidas pueden variar un poco dependiendo del lugar de captación, pero sobre todo de la sensibilidad del prospector. "A mayor sensibilidad, mayor verdad...".

En cuanto al ancho de bandas, unos dicen que tienen **40** centímetros, mientras otros dan la cifra totalmente descabellada de **10** centímetros. Es obvio que existen grandes lagunas radiestésicas entre los profesionales de la geobiología por falta de una correcta metodología en la forma de trabajar, pero sobre todo porque nunca han tenido un mentor o maestro altamente capacitado que les pudiera encauzar en sus grandes incógnitas y lagunas radiestésicas.

Algunos especialistas sostienen la hipótesis de que esta red se forma como consecuencia del efecto dínamo dipolar y toroidal, que se establece por la rotación constante del planeta Tierra y la generación de fuertes campos energéticos debidos a la fricción y resistencia entre la corteza terrestre y el núcleo o magma del planeta.

En la práctica, la importancia de éstas líneas sobre la salud sólo se detecta en la vertical de los cruces Curry y, sobre todo, cuando éstos se encuentran superpuestos a alteraciones telúricas y/o cruces Hartmann.

La red Curry es una retícula cosmo-magnética cargada eléctricamente. Estas líneas se hallan en diagonal a los polos magnéticos terrestres. Unas líneas tienen polaridad eléctrica negativa y las otras positiva, aunque ninguna de ellas es apta para descansar, trabajar o dormir en su vertical.

A veces suele ocurrir que las líneas Curry son fácilmente confundidas con venas de agua subterránea y viceversa. Otras veces lo marcado es un "popurrí" de líneas Curry y líneas de la red Hartmann, entremezcladas con sombras magnéticas o armónicos holográficos de ambas redes, lo cual es desesperante para la persona prospectada, pues el trabajo realizado no tendrá ningún valor telúrico, con el consiguiente riesgo que ello representa...

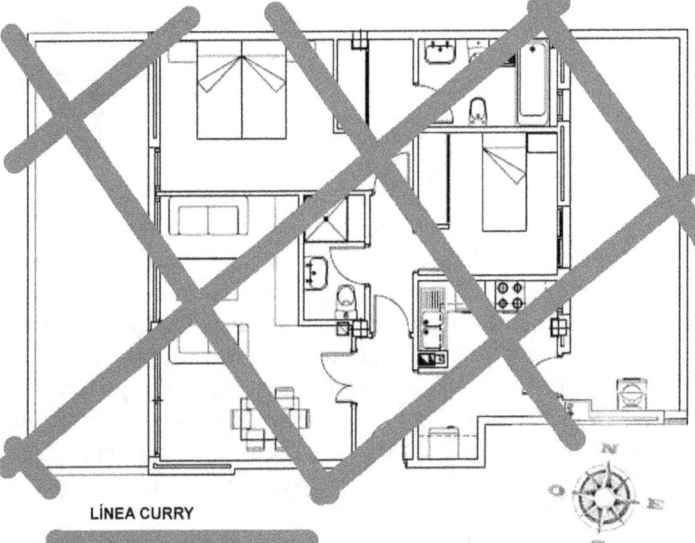

LÍNEA CURRY

Es bien sabido que la gran mayoría de prospectores han surgido de cursos de fin de semana, o bien se han formado de manera autodidacta, lo cual hasta cierto nivel de aprendizaje es óptimo, pero más allá de la mera forma de trabajo adecuada para los aficionados, practicar radiestesia sin un tutor cualificado que respalde nuestras investigaciones, es crecer como árboles torcidos, con lo cual será muy difícil (pero no imposible) que nos podamos volver a enderezar.

La mayor investigadora y experta en el mundo sobre la red diagonal o retícula Curry, es la experta en radiestesia austriaca **Käte Bachler**.

A lo largo de sus muchos años prospectando y después de varios miles de casos de viviendas prospectadas, ha llegado siempre a la conclusión que la red Curry es muchísimo más dañina para la fisiología humana que la retícula Hartmann.

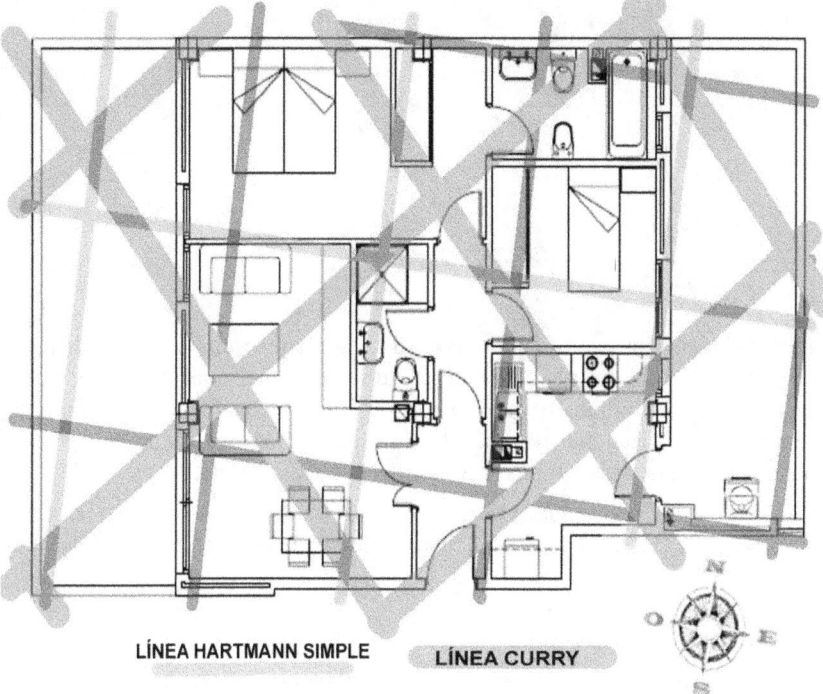

LÍNEA HARTMANN SIMPLE   LÍNEA CURRY

Otros investigadores distinguen entre una línea Hartmann <u>simple</u> y una llamada "de primer orden", aunque no es demasiado trascendente.

En el próximo dibujo (que también nos pertenece) se puede observar, con mayor sencillez, la superposición de ambas líneas, al menos en sus aspectos más básicos.

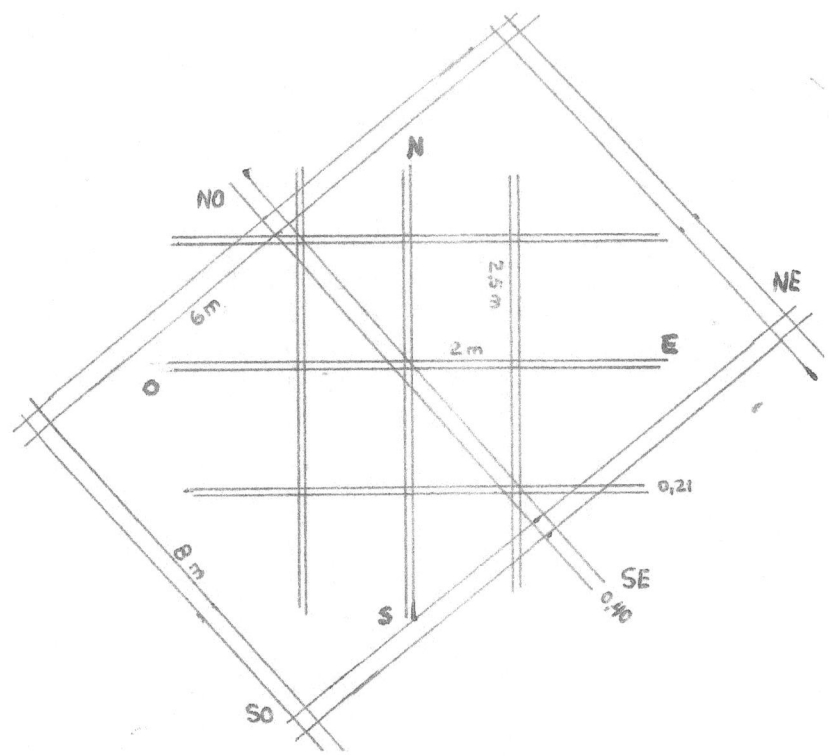

Para establecer el **grado de nocividad** se suele usar el **Biómetro Bovis.** El físico Alfred Bovis investigó el nivel vibracional del cuerpo humano en distintas fases y la radiación que emana de la tierra en lugares alterados, creando así una escala que después fue perfeccionada por el ingeniero A. Simoneton, creándose una unidad de medida llamada *Unidad Bovis* (UB).

BIÓMETRO de A. BOVIS, fís.

completado por A. SIMONETON, ing. E.B.P.

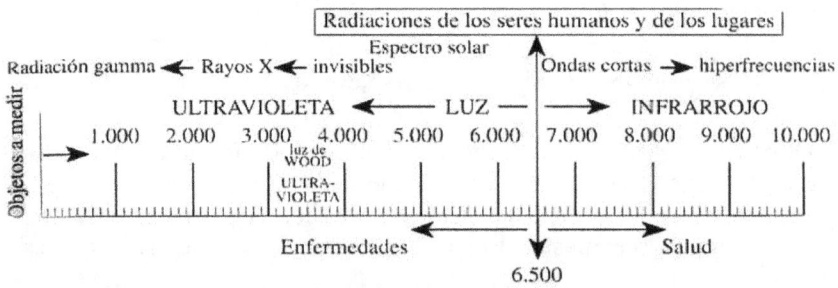

El cuerpo humano en un estado de salud óptimo vibra entre 7000 y 8500 UB. Toda alteración telúrica con índices inferiores a 6000 UB debe ser considera una geopatía capaz de alterar nuestra salud.

El radiestesista español, **Epifanio Alcañiz**, perfeccionó el Biómetro.

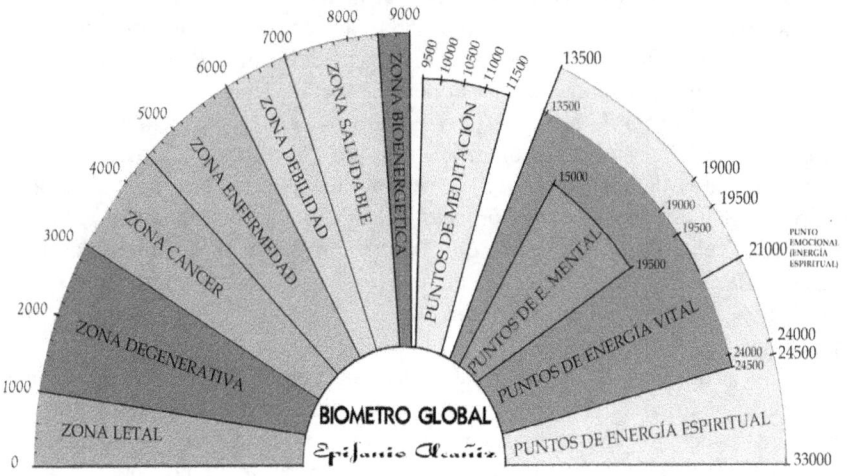

Aporte del Feng Shui

Feng Shui es la milenaria ciencia china de <u>armonizar el hábitat</u>.

Cualquiera sean nuestras desgracias o dificultades cotidianas, ninguna técnica de abordaje de las mismas es útil si el individuo afectado carece de un entorno que lo armonice, que lo equilibre y al cual pueda correr a refugiarse cuando las presiones excedan su capacidad de resistencia. Porque ni las técnicas de protección espiritual, ni los sistemas más avanzados de abordaje analítico pueden sobrevivir al embate furioso de semanas, meses y en ocasiones años de desdichas.

En ese momento, es cuando se hace imperativo contar con un refugio donde recargar las baterías y potenciarse, anímica, intelectual, emocional, física y espiritualmente, para salir a enfrentar la nueva batalla de cada día. **Y ese refugio debiera ser la propia casa.**

Algo parecido puede decirse del lugar de trabajo de cada uno. Algunos somos lo suficientemente afortunados para poder trabajar en lo que queremos y donde queremos, con lo cual tenemos toda la comodidad de ambientar el lugar de acuerdo a nuestros gustos o de nuestros conocimientos. Pero otros se ven constreñidos a desempeñarse en ámbitos que les son ajenos, donde apenas pueden aportar algún que otro detalle: la posición de tal escritorio o mesa, algún adorno, una pequeña planta, sugerir un tipo de iluminación o de colores de las paredes. Y en estos últimos casos, lo que debería tratarse de un ambiente de estimulación positiva se va transformando, lentamente, en un "agujero negro" de la energía del trabajador.

Para revertir estas situaciones, potenciar al máximo nuestro rendimiento y transformar el espacio físico en que habitualmente nos desenvolvemos en un foco de positividad, está el milenario arte del **Feng Shui** chino, una disciplina que entiende que por la superficie de la Tierra discurren, como hemos visto, todo tipo de energías (o deberíamos decir más exactamente, una sola gran energía, el **Chi**, que según la orografía del terreno y la disposición de los ambientes de una vivienda, tiene manifestaciones, ora positivas, ora negativas) que pueden ser manipuladas, dirigidas y/o neutralizadas, según las circunstancias. Una disciplina que contó con el favor de emperadores, incapaces de decidir la instalación de una nueva ciudad, un templo o una fortificación sin que los geománticos de la corte decidieran primero su emplazamiento.

La idea de que la Tierra está recorrida por flujos de energía que interactúan con la vida biológica y obviamente con el hombre, ni es original ni personal de los chinos; si bien desde tiempos tan remotos como el 4000 a.C los habitantes del imperio del Dragón Celestial vienen desarrollando una técnica del "viento y del agua" (que es lo que significa "feng shui", llamada así por ser los dos elementos de la naturaleza que mejor expresan los conceptos de adaptabilidad y fluidez, características comunes a toda energía), y siendo seguramente quienes desarrollaron estudios más profundos en ese sentido (fueron los primeros en señalar que así como el ser humano tenía líneas energéticas en su cuerpo --los "meridianos" de acupuntura-- el planeta los tenía sobre su superficie --las así llamadas "venas del dragón"--) casi todas las grandes civilizaciones, en distintos momentos de la historia, llegaron a similares conclusiones. No podemos olvidar el uso de tales conceptos entre los druidas y tal vez pueblos preceltas de Europa: el descubrimiento de las **"líneas ley"** (llamadas así porque en Inglaterra, lugar de su descubrimiento, unen poblaciones con las partículas "ley" o "leigh" en sus nombres) y entre los **incas** (donde los "caminos reales" eran trazados cuidadosamente por los astrólogos).

Por otra parte, es muy interesante observar que la **geomancia** era una disciplina sumamente respetada entre todos los pueblos antiguos, tanto como método de conocimiento del futuro así como sistema para determinar los lugares energéticamente favorables o no, lo que la moderna **geobiología** viene a redescubrir. Hoy en día, la **radiestesia**, aunada a la física permite, con abordaje más científico, reinsertar en el conocimiento contemporáneo los

202

descubrimientos de los sabios de la antigüedad.

Cada casa es un microcosmos en estrecha relación con sus habitantes. De ahí que la armonía o la falta de equilibrio en su ubicación, y la situación de los objetos en su interior puedan influir en nuestras vidas. La milenaria técnica china del Feng Shui puede ayudarnos a reciclar de forma positiva los espacios donde pasamos la mayor parte de nuestro tiempo, transformando nuestro hogar en un foco de radiaciones altamente favorables para todos los aspectos de nuestra vida, y aún matizando en nuestro lugar de trabajo las consecuencias energéticamente desfavorables y llegando a revertirlas en forma de cambios, pequeños aunque significativos, permitiéndonos recuperar la energía que perdemos inadvertidamente.

Es un hecho considerado por todas las "disciplinas complementarias" que todos los aspectos de nuestra vida, desde el económico al afectivo, desde la salud del cuerpo hasta nuestras relaciones con los demás, desde el éxito en los exámenes hasta la comunicación con nuestro hijos, son aspectos meramente parciales de un equilibrio **holístico** que debe mantener el Ser, interpenetrando lo energético y lo espiritual. Baste señalar que, respondiendo a la Ley Cósmica de Correspondencia, donde lo microcósmico se identifica con lo macrocósmico, es un hecho que si estamos desequilibrados energéticamente es dable esperar que nos desequilibremos y perturbemos económica, afectiva o socialmente.

Para ponerlo de otra forma; cuando usted atraviesa una circunstancia enojosa de cualquier naturaleza, si sólo busca la solución en el mismo terreno aparente donde se ha producido el problema, sólo conseguirá minimizarlo o suspenderlo provisoriamente; tarde o temprano, los males regresarán. ¿Acaso no ha observado usted numerosas veces en su vida a muchos conocidos que, a través del tiempo y más allá de cuántas soluciones busquen, siguen teniendo inexorablemente los mismos problemas a través de los años? ¿Nunca pensó que una circunstancia desfavorable estaba aparentemente solucionada hasta que, como maleza perniciosa que crece en cualquier intersticio, reapareció en el momento en que menos lo esperaba, como un virus latente aguardando en su organismo la ocasión propicia para manifestarse? Es una verdad contundente que toda expresión de un desequilibrio (falta de dinero, problemas con nuestros superiores, separación del ser amado) es apenas la expresión, en el grosero mundo material, de desequilibrios preexistente en planos más sutiles, como el mundo espiritual y el mundo de las energías.

Tampoco queremos decir que con una mera *armonización* solucionará usted todos sus problemas. Queremos significar que, para que las soluciones implementadas (laborales, familiares, etc.) sean **definitivas, sí** deben estar acompañadas de una armonización del lugar donde usted se desenvuelve. Y que para **evitar en el futuro** tales desagradables contingencias, debe mantener la armonía preestablecida.

Porque el Feng Shui sintetiza las tres exigencias de la sabiduría hermética de la Antigüedad: se alimenta de aspectos espirituales, satisface la investigación experimental y además es un arte que desemboca en el placer visual de la estética de la vida.

¿Pueden mejorar nuestras relaciones afectivas por poner una planta en la esquina derecha del dormitorio? ¿Influye en nuestra existencia el lugar de entrada a nuestra casa? Por increíble y trivial que parezca, aquellos que han experimentado la influencia del Feng Shui así lo afirman. Expertos en estas técnicas han comprobado reiteradamente sus efectos. Para ellos, al igual que para los antiguos sabios chinos, nuestra casa es una segunda piel que nos protege del exterior. Es también un organismo vivo que, como nosotros, tiene boca, ojos, órganos internos cuya energía puede bloquearse y provocar todo tipo de problemas y malestares en nuestra vida, o bien circular con fluidez, en cuyo caso el espacio que nos rodea se convierte en un poderoso imán que atrae hacia nosotros el equilibrio y la armonía.

El Feng Shui se basa en la paciente y minuciosa observación de la naturaleza que los filósofos chinos han practicado durante milenios. Quizás cueste creer en algo tan intangible, pero cuando los practicantes de Feng Shui realizan cambios en sus hogares, comprueban que esos cambios se producen también en sus vidas. Y es que, aunque pensemos que estamos aislados de lo que nos rodea, formamos parte del mapa energético de nuestro entorno. Como la física ha demostrado, todo en el universo es vibración. Hay una vibración entre las viviendas y los seres que las habitan, de tal modo que en toda casa se reflejan los patrones de conducta de sus ocupantes.

Desde este punto de vista, de nada servirían la meditación, las dietas sanas y todas nuestras buenas intenciones de vivir en armonía, si habitamos o trabajamos en el interior de lugares perjudiciales por su orientación o contenido para nuestra salud.

Ya escribimos que los efectos de las energías invisibles sobre el ser humano son claros y cuantificables, como lo han demostrado la Radiestesia y la Geobiología que estudia las energías terrestres. De hecho, aunque no sean las mismas, Geobiología y Feng Shui son complementarios. Elementos como la electricidad, el ruido, la televisión o el microondas se han ido incorporando a nuestras vidas y tales disciplinas nos permiten calcular sus efectos.

Si alguna duda aún existiera sobre estas afirmaciones, el reciente y polémico descubrimiento que la exposición durante años a líneas de media o alta tensión --las que habitualmente alimentan amplias zonas residenciales, tendidas a través de torres metálicas que cruzan barrios enteros-- aumenta la incidencia de distintos tipos de cáncer --especialmente linfático y sanguíneo-- viene a corroborar esta afirmación.

El comunismo chino puso al Feng Shui en la lista de <u>supersticiones</u>, pero ha sido imposible desarraigar esta disciplina de la sociedad. Actos como determinar el trazado de carreteras, construir edificios, demoler un muro o erigir una estatua en una plaza se rigen aún, en China, por ella. La profunda veneración que los chinos profesan a sus antepasados, y que precisamente fue origen del Feng Shui: encontrar un lugar idóneo para las tumbas es primordial pues si los muertos están contentos derramarán bendiciones para los vivos, y continúan tan vigentes que los chinos de Hong Kong visitan incluso las tumbas de los extranjeros para no desatar las iras de los difuntos. Los hombres de negocios de la mítica ex colonia inglesa tienen tanto miedo de no respetar las reglas del Feng Shui, que el edificio de cuarenta y cinco pisos construido recientemente por el célebre arquitecto **Norman Foster**, como sede de un gran banco, se realizó según los consejos de **Koo Pak Ling**, un afamado geomántico, y se suprimieron por ello los pisos **cuarto** y **decimocuarto**, cuyos nombres en chino son de mal agüero, pues se parecen demasiado a **muerte** y **muerte** súbita.

En las últimas décadas las reglas del Feng Shui se han extendido hasta Occidente. Hombres de negocios como **Richard Branson**, el excéntrico multimillonario inglés fundador de las tiendas "Virgin", no tienen reparos en confesar que no dan un paso en sus negocios inmobiliarios sin consultar a un experto en Feng Shui. Y el controvertido cantante británico **Boy George** –vocalista del grupo *pop* **Culture Club**– quien recurrió al Feng Shui cuando su vida estaba a punto de derrumbarse, ha declarado abiertamente haber terminado con muchos aspectos neuróticos de su personalidad al ordenar su casa siguiendo las leyes de este arte.

Su filosofía tiene en cuenta fundamentalmente dos aspectos: primero, que todo cuanto hay sobre la Tierra es un burdo reflejo de lo que pasa en el cielo y en segundo lugar, la unidad dual compuesta por dos fuerzas opuestas, el **yin** y el **yang**. Hallar el equilibrio entre el cielo y la tierra, yin y yang, es la meta de todo practicante de Feng Shui. Este propósito se reflejó primeramente en la antigua China en un Feng Shui del paisaje, necesario para la feliz ubicación de tumbas, poblados y casas, que tenía en cuenta lo que se ha dado en llamar las **energías del Dragón celeste** (yang) y **el Tigre blanco** (yin), dos corrientes magnéticas distintas, masculina o positiva la una y femenina o negativa la otra, que representan las energías del **Cielo** (yang) y de la **Tierra** (yin). El Dragón se manifiesta en las elevaciones del terreno, colinas, montañas, etc., mientras que el terreno llano y ondulante simboliza la energía terrestre del Tigre. El lugar donde ambas se cruzan, donde no hay preponderancia de ninguna de las dos, es el favorable para situar una tumba o una casa, siempre y cuando haya además un equilibrio entre el resto de los elementos presentes. El punto central de una cadena de colinas en forma de herradura, por ejemplo, sería el sitio ideal para fundar una ciudad, y en tal enclave es donde se encuentra la ciudad china de Cantón, como ejemplo significativo.

A través de los tiempos y culturas se fueron creando y desarrollando una apreciable cantidad de dispositivos e imágenes que se comportaron y comportan como **anuladores de los campos electromagnéticos nocivos para la salud**. No sabemos exactamente como fueron usados, pero en la actualidad sí se han corroborado que su uso suele ser efectivo en gran cantidad de casos.

Los diseños en los cuales se basan los "anuladores" fueron tomados de dibujos o utensillos domésticos de antiguas culturas. Por ejemplo, las **fíbulas** de Hallstatt (siglo VII a.C.) eran de espiral doble y tenían la misma función de los actuales alfileres de gancho **(fig.1)**, aunque también se los veían sobre el cuerpo, como en el caso del brazalete de la **fig.2**. Hoy se proveen dibujados para llevar encima o para poner debajo de la cama (o entre el elástico y el colchón). De igual manera se han creado otros muy distintos que parecen cumplir con la misma función. Sería muy extenso mostrarlos.

Fig. 1   Fig. 2

34. Resonancia Schumann

El mundo está yendo hacia un gran cambio. Este cambio es una fuerza energética, la cual conlleva a la Cuarta Dimensión. La Tierra y los planetas del sistema solar irán pasando de la tercera dimensión a la cuarta dimensión. En la UTN de Munich, Alemania, el Dr. **Winfried Otto Schumann** descubrió un efecto de resonancia en el sistema Tierra-Aire-Ionosfera, que mostraba la particularidad de polarizarse e imponer posibles direcciones perpendiculares de vibraciones, y detectó la eficacia biológica de este campo en 1952, a pesar de ser observada por primera vez por **Nikola Tesla** y formar la base de su

206

esquema para transmisión de energía y comunicaciones inalámbricas. **Tesla** llamó al campo de Schumann *una matriz energética para la vida en la Tierra; un campo magnético y almacenamiento de información al mismo tiempo.*

Cada organismo vivo en la tierra necesita estos estímulos. Especialmente nosotros, los seres humanos, que reaccionamos muy fuertemente si nuestra conexión con este campo se interrumpe.

El descubrimiento del Dr. Schumann es hoy conocido con el término de "Resonancia Schumann". Un conjunto de picos en la banda de ELF (*extremely low frequencies*: "frecuencia extremadamente baja") del espectro electromagnético de la Tierra.

Este fenómeno sucede porque el espacio entre la superficie terrestre y la ionosfera (que existe entre los 90 y los 500 km de altura) actúa como una guía de onda. Las limitadas dimensiones terrestres provocan que esta guía de onda actúe como cavidad resonante para las ondas electromagnéticas en la banda ELF. La cavidad es excitada de manera natural por los relámpagos, y también, dado que su séptimo sobretono (armónico) se ubica aproximadamente en 60 Hz, también influyen las redes de transmisión eléctrica en los territorios en donde se emplea corriente alterna en esa frecuencia.

Esta resonancia ha sido de **7.8 hz**. durante siglos. Esto arrojaba como resultado las 24 hs. que tardaba la Tierra al dar un giro sobre su eje. Desde 1980 la Resonancia de Schumann se ha elevado hasta **12 hz**. Esto significa que un día de 24 horas, ahora equivale a 16 horas. El tiempo lineal se afectó y éste se está acelerando, después del año 2000 hasta ahora *el tiempo pasa volando*. El día no alcanza para hacer todo lo que se desea hacer. Antes esperábamos que llegara Navidad. Ahora la Navidad, cumpleaños y otros acontecimientos importantes nos encuentran, sin siquiera esperarlos. Cuando se produzca el cambio dimensional y esto ocurre en todos los planetas de la galaxia, se alterarán los campos magnéticos de la Tierra. Desde hace dos mil años se comenzaron a debilitar cada vez más los campos magnéticos. La estabilidad mental y la memoria radican en los campos magnéticos que es lo que sostiene nuestra memoria y nuestra cordura.

A medida que se vayan debilitando los campos magnéticos de la Tierra, la vida se volverá cada vez más peligrosa. Ya comenzó a ocurrir y con mayor frecuencia seguirán ocurriendo desastres como terremotos, tsunamis y otras calamidades telúricas; en el planeta todos los seres vivos se verán afectados pues se alteran sus patrones mentales y la forma de pensar. Las personas se vuelven cada día más agresivas y temerosas, los pájaros que siguen los campos magnéticos con sus migraciones se encontrarán confundidos y cada vez será más frecuente que los cetáceos encallen en cualquier parte. La Tierra detendría su rotación y estaríamos en el campo magnético del punto cero ó

13 hz. de la escala de Schumann, y en dos o tres días comenzaría a girar nuevamente en la dirección opuesta. Esto produciría una reversión en los campos magnéticos de los Polos Norte y Sur, con el consiguiente desequilibro ecológico y el caos de la población mundial. El tema de la resonancia Schumann, hasta hace muy poco fue ocultado por los gobiernos de los principales países del mundo. Hoy en día ya se conoce, pero se ha mantenido en muy bajo perfil.

Formamos parte de una Unidad Divina Cósmica y la física cuántica lo ha demostrado. El observador es parte del fenómeno. Si tomamos parte en el fenómeno y establecemos una relación con los cuatro elementos que son: el agua, el fuego, la tierra y el aire, tenemos la oportunidad de crear una armonía con ellos y podremos pedirles su colaboración, no importa que no sepamos cómo hacerlo, lo que importa es que estemos dispuestos a hacerlo. Veremos que una acción diferente la podemos efectuar en este mismo momento. Será nuestro accionar colectivo, lo que podría reversar el futuro, si se logra que una pequeña masa crítica de la población, realice una acción personal con estos elementos, se podría detener una catástrofe.

Una sola persona que realice esta acción positiva, tendría el poder de salvar a 15.000 personas. O sea que si en el planeta hubiese dos millones de personas actuando al unísono, el mundo cambiaría, muchos habrán escuchado del poder de la oración. Esta es una muestra de cómo un grupo de personas, actuando positivamente al unísono, pueden revertir una situación.

Ha sido a partir del año 2010 cuando se empezó a ver que todo agravó, a medida que la energía de cuarta dimensión vaya ingresando en nuestro planeta, la relación entre causa, efecto y manifestación ocurrirá más rápido (lo que se piense, tanto bueno como malo, se materializara con mayor velocidad), si posamos nuestra atención en una desgracia o en alguna catástrofe y no tomamos una acción positiva al respecto, irremediablemente la desgracia o la catástrofe se agravará. Tenemos que cuidar nuestros pensamientos, pues todo se irá agravando cada vez más, hasta llegar a un período crítico, en donde todo será caótico.

Es hora de tomar conciencia, lo que vemos afuera es el reflejo directo de lo que llevamos dentro. Cuando pensamos negativo y nos dejamos llevar por la ira, el odio, el miedo, el rencor y la avaricia, etc. (que nosotros llamamos HMN --hábitos mentales negativos--), nos estamos destruyendo día a día y a su vez, estamos destruyendo el planeta. Es verdad que nadie por si solo puede salvar al mundo. Pero, si cada ser humano emprende la sublime tarea de realizar su propio cambio positivo, se podrá lograr la masa crítica necesaria para que la raza humana pueda dar este gran salto y de esa manera volveremos a convivir en paz y armonía con nuestros congéneres y con el mundo.

208

9

GEOMETRÍA SAGRADA

En el mismo momento en que prestamos atención a algo,
aunque sea una hojita de pasto,
eso se convierte en un mundo misterioso, pavoroso,
e indescriptiblemente magnífico en sí mismo.
HENRY MILLER

35. Algunos antecedentes

La Geometría Sagrada es básicamente geometría, que está enfocada en describir la Creación y cómo la Conciencia se mueve en la realidad.

La **Geometría** viene de las raíces *"geo"* (tierra o materia) y *"metría"* (medición). Es **Sagrada** cuando estudia la *Ordenación del Universo*, cuando estudia las proporciones, patrones, sistemas, códigos y símbolos que subyacen como eterna fuente de vida de la materia y del espíritu y que permiten ser autosustentable el Universo que habitamos. La Geometría Sagrada es la huella digital de la Creación. Es el génesis de todas las formas. Es un camino para comprender quienes somos, de donde venimos y adonde vamos. Estudia la existencia de patrones geométricos ideales que reglan el Universo, como expresión material y funcional de un ordenamiento inteligente.

La práctica de geometría en nuestra civilización se remonta al antiguo Egipto, de donde los griegos heredaron sus estudios. La Geometría es el estudio del orden espacial por medio de la medición de la relación de las formas. **Geometría** y **Aritmética**, junto con la **Astronomía**, constituían las disciplinas intelectuales de la educación clásica. El cuarto elemento, el *Quadrivium*, era el estudio de la **Armonía** y de la **Música**.

Los **principios fundamentales** de la Geometría Sagrada son tres.

Primero, la <u>Ley de la Unidad</u> o Teoría del Campo Unificado o Teoría de Supercuerdas;

Segundo, la <u>Ley de Tres Geométrica</u> o Ley de las Relaciones (proporción, frecuencia y estructura);

Tercero, la <u>Ley de Octava Geométrica</u> o Ley de las Transformaciones: explica el proceso que siguen los eventos para desdoblarse en el tiempo y nos permite conocer la forma en que las ondas se expanden para cambiar nuestra dirección de vida hacia una de mayor plenitud, amor y paz.

1. Campo Unificado (o de las Supercuerdas)

El Campo Unificado es posible por la existencia de un **Toroide Fractal**.

La **forma** de un <u>toroide</u> se corresponde con la superficie de los objetos que, en el habla cotidiana, se denominan argollas, anillos, aros, roscas, donuts. La palabra toroide también se usa para referirse a un poliedro toroidal, la superficie de revolución generada por un polígono que gira alrededor de un eje, una superficie continua con un agujero en él. La energía fluye a través de un extremo, circula alrededor del centro y sale por el otro lado.

Cuando la curva cerrada es una circunferencia, la superficie se denomina **toro**. En lenguaje cotidiano se denomina **anillo** al cuerpo cuya superficie exterior es un toro, lo que ilustra la diferencia entre una superficie y el volumen encerrado por ella. Se puede ver en todas partes, en los átomos, células, semillas, flores, árboles, animales, humanos, huracanes, planetas, soles, galaxias e incluso el cosmos como un todo.

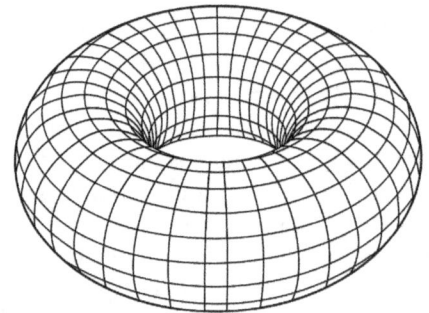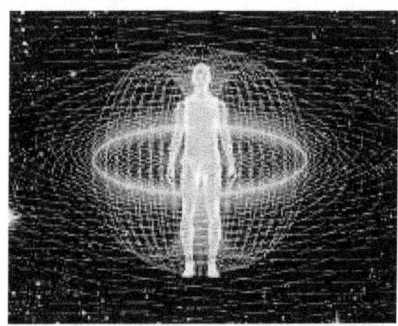

La vida es posible por la profunda interconexión de todos sus elementos. El contexto determina y da fuerza a lo contextualizado.

El universo está formado por ondas-partículas que vibran en diferentes proporciones, frecuencias y geometrías. Es importante subrayar este aspecto. La diferencia en la naturaleza del universo es únicamente una diferencia de la geometría que se oculta atrás de su expresión material. Es una diferencia en la frecuencia o cantidad de ondas que ocurren en un tiempo determinado y en la proporción o razón matemática del evento o la onda.

Así, nuestro espíritu es tan material como una roca sólida. La diferencia radica en que nuestro espíritu está constituido por vibraciones de frecuencia y geometría mucho más sutiles.

Cuando captamos el universo surge un objeto y un sujeto. El **objeto** es el evento en sí y el **sujeto** es el evento en mí. El sujeto se configura por la interpretación que le doy a un evento determinado. En esta interpretación se ponen en juego mis sistemas de valores, de pensamiento, de creencias.

210

Es decir, en términos de percepción después de la Unidad de sustancia (el Campo Unificado), surge la dualidad de percepción: un objeto que es percibido por un sujeto.

El universo es Uno. Lo captamos cada uno de nosotros según nuestro rango de percepción sensorial y a la abstracción que hacemos le adjudicamos significados que configuran nuestro escenario interno de conciencia. Se configuran entonces dos universos: el **universo** **sensorial** y el **universo** **conceptual**. El universo sensorial ocurre fuera de mí y el universo conceptual discurre dentro de mí.

El universo sensorial es objetivo porque no depende de la abstracción de nada ni de nadie para existir. En su contraparte, el universo conceptual es el cúmulo de experiencias que ingresan por nuestro rango de percepción sensorial y configuran conceptos, imágenes, pensamientos, emociones, actitudes, etc. creando nuestra noción de sujeto. El sujeto esta entonces "sujetado" al objeto. El sujeto que se crea de la captación de esta experiencia está enmarcado en su propio escenario interno de conciencia.

Toroides Humanos y Memoria Fractal

El toroide también se aplica en el nivel humano. El toroide de cada individuo es distinto, pero al mismo tiempo abierto y conectado a todos los demás en un mar continuo de energía infinita.

Para comprender con mayor facilidad esta organización de la realidad en el sujeto vamos a entender la noción de **centro de comando**. Un **toroide humano** es una unidad compleja de interconexión de funciones que nos ayuda a sistematizar y organizar diferentes aspectos de la realidad subjetiva: los pensamientos, las emociones, los movimientos externos, los movimientos internos y la sexualidad.

Así, tenemos 5 toroides humanos básicos: el toroide **sexual**, el toroide **emocional**, el toroide **motriz**, el toroide **instintivo** y el toroide **intelectual**. La información que cada uno de estos toroides capta es almacenada en su respectivo **disco de memoria fractal**. Un disco de memoria es un escenario de representación simbólica donde se almacenan las experiencias vividas.

A grandes rasgos, el toroide intelectual organiza las funciones de síntesis, análisis, resolución de contradicciones, planteamiento de problemas, estructuración de datos; el toroide emocional organiza las emociones, los afectos, los sentimientos; el toroide motriz estructura nuestra capacidad de movimientos externos; el toroide instintivo dedica su trabajo a las funciones biológicas internas de nuestro cuerpo, por ejemplo al latido del corazón, a la respiración; y el toroide sexual percibe la atracción biofísica y electromagnética de los cuerpos.

2. Ley de Tres Geométrica (o de Relaciones)

Esta Ley nos enseña que las diferentes expresiones del universo material y sus diversas manifestaciones son resultado de la variación en la frecuencia, amplitud y geometría de las ondas pero no en su naturaleza. Es decir, todo lo que vemos, tocamos y sentimos con nuestros órganos de percepción, vibra en diferentes rangos del espectro electromagnético, pero es un solo espectro electromagnético. El objetivo de la elevación de nuestro nivel de conciencia es lograr expandir nuestro rango de percepción sensorial y reconfigurar nuestro universo interno en consecuencia.

La Ley de Tres nos habla de la ley de las relaciones en tanto a la naturaleza de los eventos con respecto a otros eventos. Los tres principios que rigen cualquier evento son: el principio de la proporción dorada (nos habla de la manera en la que un evento se organiza a si mismo), el principio de la frecuencia dorada (nos habla de la forma en la que este evento se vincula con otros eventos y la vibración que tiene), y el principio de la estructura dorada (o Áurea se refiere a la forma en la que la onda/evento después de haberse organizado a si misma y haber decidido su frecuencia/función va a organizarse con respecto a una estructura mayor y por tanto a un sistema de capacidades mayores). Los **sólidos platónicos** que veremos son esta estructura dorada.

3. Ley de Octava Geométrica (o de Transformaciones)

Esta Ley nos habla de las transformaciones en el devenir temporal. Está inscrita en la base de la teoría de la propagación de las ondas y su relación con la estrella tetraédrica y con la teoría musical. Nos habla del **ritmo** con el que se propagan las ondas, es decir, en cualquier evento, y nos explica porque todo cambia y nada puede continuar en línea recta. De hecho, en la naturaleza no existen las líneas rectas. Todo está creado por formas espirales. Esta ley consiste en dos intervalos de tiempo y dos fases de desdoblamiento.

En la primera fase, comienza la propagación de una onda y se desdobla en el eje temporal siguiendo tres unidades equidistantes de tiempo: **do, re, mi**. Llega a la nota **fa** y sucede un intervalo de tiempo. Se rompe la continuidad. En el intervalo de tiempo, la frecuencia de onda llega a un lugar donde tiene que decidir que rumbo tomar, en que dirección continuar propagándose. Es un tiempo de crisis, cambio y redireccionamiento en la vida de una persona. El intervalo puede ser llenado o no y de ello dependerá la dirección que se tome.

En la segunda fase, continúa el desdoblamiento de la onda con la nota **sol**, **la, si**. Sucede un segundo intervalo. Con características similares al primero: irrupción de la continuidad, crisis, redireccionamiento pero mucho más profundo e intenso.

Así un intervalo de tiempo puede durar más tiempo o menos tiempo que la unidad de medida con la que se propaga la onda en la primera o segunda

212

fase. Podemos constatar esta la Ley de Octava en nuestra vida cotidiana: las crisis más profundas por la que atraviesa un ser humano son las de los múltiplos de siete u ocho años. Medítelo.

La Geometría Sagrada se trata de una actividad para **hacer** (más que de una actividad para *"leer"* u *"observar"*), recurre directamente al lado racional de nuestros cerebros. Que la Geometría Sagrada sea algo que se tiene que **hacer**, es un punto muy importante: no es algo que simplemente se pueda observar y después decir, *"Oh sí, lo entiendo"*. De hecho debemos tomar un lápiz, compás y papel, y hacer los dibujos.

Lo que sucede cuando se realizan los dibujos, es que estamos involucrando al lado izquierdo del cerebro directamente con el derecho: estamos construyendo algo. Al dibujar estas figuras (no sólo observarlas), se comienza a describir el tejido mismo de nuestra realidad, la base de la Creación, en un lenguaje que nuestro lado lógico por fin logra comprender. Y comenzamos a darnos cuenta de la diferencia distintiva entre observar la geometría sagrada y dibujarla: *"la diferencia entre conocer el camino y caminar el camino"*.

Las culturas de la India, Tibet, Islam y la Europa medieval han producido en abundancia **mándalas** o diagramas sagrados. Las culturas tribales los utilizan, tanto en forma de pintura como en construcciones o danzas.

Representan el símbolo que es pensado como la estructura esencial del Universo. Para Pitágoras el mundo eran números, todo estaba ligado en una armonía numérica cósmica. Los egipcios creían en la geometría, y la consideraban *música helada* porque el sonido con sus ondas forma dibujos y así establece los patrones de las estructuras de la Creación.

Los **cinco sólidos platónicos (Fig.1)** –llamados así porque Platón fue el primero en describirlos-- tienen la característica de ser cuerpos tridimensionales con caras regulares, cuyos lados son iguales, como el triángulo equilátero, el pentágono y el cuadrado. Los cinco sólidos platónicos son la base de la construcción de la materia y se dice están relacionados con nuestra conciencia a través de los cinco centros de comando. Estos son: el tetraedro (4 caras triangulares), el hexaedro o cubo (6 caras cuadradas), el octaedro (8 caras triangulares), el dodecaedro (12 caras pentagonales) y el icosaedro (20 caras triangulares).

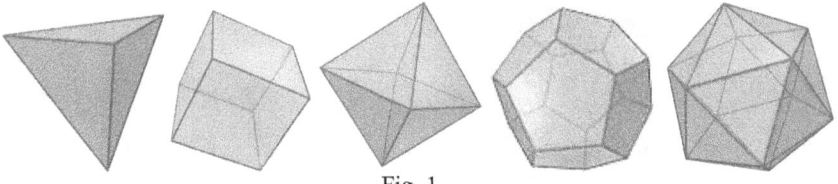

Fig. 1

Formas como las de la **figura 2**, contienen una belleza y un atractivo universal, y se explica de una manera muy especial: el **Huevo de la Vida (fig.3)** son los trazos que surgen de dos tetraedros imbricados y nos habla de la manifestación de la *Ley de Octava Geométrica*. La **Fruta de la Vida (fig. 4)** es la plantilla de la tercera dimensión en la que superponemos los sólidos platónicos. La **Semilla de la Vida (fig. 5)** es el principio del Génesis. Finalmente, como expresión última, de la extensión de los trazos de la Semilla de la Vida, surge la **Flor de la Vida (fig.6).**

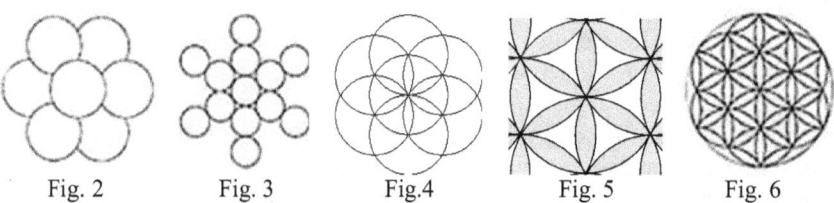

| Fig. 2 | Fig. 3 | Fig.4 | Fig. 5 | Fig. 6 |

La **Estrella de Metatron** (para los judíos la estrella de David), es la estrella de vida que surge cuando imbricamos armónicamente todos los sólidos platónicos y creamos una Estrella Madre **(fig.7)**. El **Árbol de la Vida (fig.8)** es una de las figuras geométricas más antiguas que han sido usadas por la humanidad. Está formado por un tetraedro, un hexaedro y un dodecaedro. Los cabalistas se han dedicado a su estudio. Representa un código que nos da las pautas de la *evolución* que se ha mantenido secreto en los círculos del poder, en especial entre los judíos.

Cada uno de los vértices en el Árbol de la Vida, simboliza para los cabalistas una **sefira**. Cada sefira es un atributo de Dios. En la **fig. 9**, aparece imbricado el **Árbol de la Vida** en la **Flor de la Vida**.

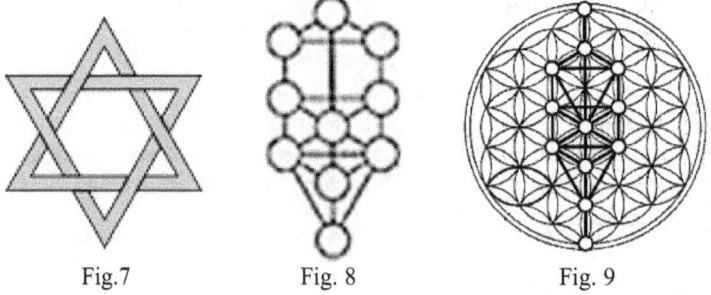

| Fig.7 | Fig. 8 | Fig. 9 |

La divina proporción

La antigua geometría comienza con el Uno, mientras que las matemáticas modernas comienzan con el Cero. Son tres los **números** matemáticos que se

214

llaman **irracionales** sobre los que descansa la Geometría Sagrada: **Phi**, **Pi** y **Euler**. El número **Phi (1.618033...)** crea la **espiral dorada** a partir del vacío. El número **Pi (3.1416...)** circunscribe este giro y hace que la espiral doble sobre sí misma para envolverse y conocerse. El número **Euler (base natural de los logaritmos)** completa y da solidez a este trazado. Se podría comprender mejor si visualizamos el esquema, más adelante, de la **figura 10**.

Recordemos que en la **Teoría de Campo Unificado**, nuestros científicos dicen que todo el universo está formado por una sola sustancia. Llamémosle Dios, Absoluto, Éter o como queramos, la comprensión última de la realidad nos dice que Todo es Uno.

La razón, o la proporción determinada por Phi era conocida por los egipcios, los griegos y las culturas de mesoamérica y también fue retomada por los artistas del Renacimiento, llamada por estos últimos como la **proporción divina**. Al corte que produce este número en una línea recta se le conoce como **Sección Dorada** o **Sección Áurea**, por eso Phi es también conocida como el **Número de Oro**.

Encontramos esta proporción de Phi en el cuerpo humano. El ancho a razón del largo de la cabeza tiende a phi. La mano a razón al antebrazo tiende a phi. En la mano, la distancia entre las falanges también. En el largo de la cabeza, la altura de los ojos se encuentra en phi. Da Vinci lo dibujó en el llamado *Hombre de Vitrubio* **(fig. 11)**: representa una figura masculina desnuda en dos posiciones sobreimpresas de brazos y piernas e inscrita en un círculo y un cuadrado. Se trata de un estudio de las proporciones del cuerpo humano, realizado a partir de los textos de arquitectura de **Vitruvio**, arquitecto de la antigua Roma. También se conoce como el *Canon de las proporciones humanas*. El cuadrado está centrado en los genitales, y el círculo en el ombligo. La relación entre el lado del cuadrado y el radio del círculo es la **razón áurea**.

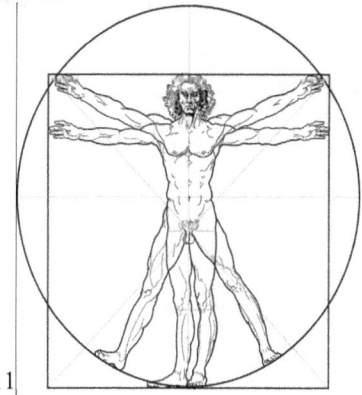

Fig. 11

Fig. 12

También siguió este orden **Da Vinci** en la Gioconda, donde la altura del personaje, el ojo izquierdo y las dimensiones centrales están gobernadas por los puntos de cruce de los triángulos dorados **(fig. 12)**.

Cuando meditamos o estamos tranquilos, en el latido del corazón, la sístole y la diástole están espaciadas a razón de phi.

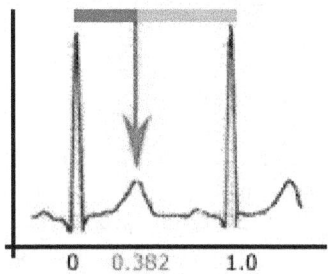 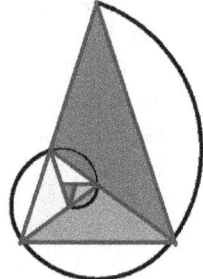

Fig. 10: ¿Ya observaste la forma que tiene tu oreja?

¿Qué es un Yantra?

La palabra sánscrita Yantra proviene del prefijo "yan" que significa "concebir" o "concepción mental"; aunque literalmente, "instrumento". Hace referencia a ciertas representaciones geométricas complejas de niveles y energías del cosmos (personalizadas bajo la forma de la deidad escogida) y del cuerpo humano.

El Yantra hindú tiene una función similar a la que posee el **Mándala** del Tantrismo **tibetano**. Lo que los diferencia es que el mándala tiene un diseño más pictórico. El Yantra típicamente consiste en un borde cuadrado que incluye círculos, pétalos de loto, triángulos y un punto-raíz central conocido como bindu, representando la matriz creadora del universo y la puerta de acceso a la realidad trascendental.

Un Yantra es un diagrama con Mantras inscritos que ayudan al meditador a purificarse y concentrarse. Todos los símbolos Yantras invocan bendiciones para nuestra vida, meditación y realización.

El **cuadrado** es la base estática por excelencia, representa al elemento tierra; incluye los cuatro puntos cardinales y las cuatro dimensiones del tiempo espacio. Tétrada, su cuadrado da dieciséis, número sagrado del Tantra.

Desde lo simbólico, el **triángulo** representa la tríada; si es isósceles, evoca la armonía, el equilibrio. Con la punta hacia abajo, representa al agua y lo femenino y con la punta hacia arriba representa al fuego y lo masculino.

En cuanto al **punto**, es Todo; cada yantra se organiza y se estructura alrededor de un punto central, esté marcado o no. El yantra se desarrolla a partir de ese punto y en torno a él y se "lee" desde ese su centro, hacia la periferia o inversamente. El punto es el yantra más denso que se pueda concebir; es energía condensada al máximo.

Otros elementos característicos de los yantras son el **círculo** y el **loto**.

El **loto** es la flor tántrica por excelencia y la mayoría de los yantras llevan pétalos de loto alrededor de una circunferencia. La flor encarna también el principio femenino, la potencia creadora femenina por lo que en toda flor el tántrico percibe un torbellino de energía sutil. Esta energía sutil opera en el cuerpo del tántrico y éste la activa en los **chakras**; el Tantra las representa con yantras, con determinado número de pétalos. Las técnicas sexuales activan automáticamente estas energías. La importancia de las flores en los rituales tántricos se refleja en Puja (adoración ritual con flores).

En cuanto al **círculo**, expresa la evolución cíclica de la manifestación y es la forma cósmica por excelencia. Así, cada trazado elemental (punto, triángulo, cuadrado, círculo, flor) es un yantra en sí, pero, combinados, el Yantra forma conjuntos geométricos muy complejos en los que cada figura conserva su simbolismo propio pero cuya unión multiplica su potencia.

Hay un Yantra para cada deseo, entre los que podemos señalar:

SHRI Yantra, que es el Rey de todos ellos y concede Victoria Total;

GAYATRI Yantra, para obtener el estado de Trascendencia Espiritual y poderes como la telepatía, la clarividencia;

BEESA Yantra, que facilita las relaciones personales y da buena suerte en la amistad;

KAMA Yantra, para conseguir el amor de la persona deseada;

KUBERA Yantra, con el que se adquiere riqueza material;

NAVNATH Yantra, que otorga la Bendición de los Nueve Naths (Santos) para acelerar el proceso de desarrollo espiritual;

SARASWATI Yantra, ideal para estudiantes, para el éxito en exámenes y para convertirse en un sabio e intelectual.

36. El ABC

La pregunta obligada es: ¿cómo *"proyectar"* un concepto abstracto como una figura geométrica a las instancias tangibles de la vida cotidiana? Aquí nace el más moderno concepto de **Psicogeometría**, que lo vemos a continuación.

Aplicando el **Principio de Correspondencia**, si *macrocósmicamente* existe ese orden, *microcósmicamente* (nosotros, nuestra salud física, nuestras relaciones interpersonales, nuestros afectos, nuestro desempeño material) nuestra vida toda, será susceptible de estar ordenada de acuerdo, también, a ciertos patrones o matrices geométricas.

De ello deviene una conclusión fundamental: los obstáculos, los problemas, los fracasos, las decepciones, los sufrimientos, son desórdenes de esos patrones. Complementariamente, el éxito en lo que se busca, la superación de las enfermedades, la armonía interior serán función de la resonancia que obtengamos con esas Formas.

Aquí, el Principio de Correspondencia se hermana con el **Principio de Mentalismo** para, mediante visualizaciones mentales y, especialmente, *"mudras"* (movimientos de brazos y manos) y posturas mediativas específicas, establecer una continuidad entre aquello que pensamos y el contexto en que nos desenvolvemos. Porque entre el *aquí dentro* de nuestras vivencias y el *allá fuera* del mundo que nos rodea no hay diferencias de naturaleza; sólo de vibración.

En la **anatomofisiologia**, el papel fundamental de la geometría y la proporción se vuelve más evidente cada día. Debemos revisar nuestras ideas acerca de la codificación genética como un vehículo de replicación y continuidad. Esta codificación no descansa en átomos particulares como carbono, hidrogeno, oxigeno o nitrógeno que es la sustancia de la que está hecho un gen. El ADN, tiene la función de preservar la vida pero no es solo la composición molecular del ADN lo que permite esta extraordinaria labor sino es su forma helicoidal basada en una larga espiral de dodecaedros desdoblados. Así, podemos asumir que la existencia de patrones geométricos y proporciones exactas es anterior a la sustancia misma. La conciencia espacial en un nivel celular debe pensarse como la geometría innata de la vida.

Nuestro rango de percepción sensorial determina el universo en el que vivimos. Nuestros ojos, por ejemplo, captan cierto rango de frecuencias que nos permiten distinguir los colores; nuestros oídos captan en el mismo espectro electromagnético otro rango de ondas. Nosotros no escuchamos simples diferencias cuantitativas en la frecuencia de onda del sonido, sino diferencias logarítmicas, proporcionales entre las frecuencias sonoras.

218

Lo mismo sucede con el tacto o con el olfato. Cuando olemos una rosa, no estamos respondiendo a las sustancias químicas de su perfume, sino a la geometría de su construcción molecular.

En el **lenguaje**, la importancia es que conferimos significados a nuestras experiencias. Describimos la realidad objetiva a partir nuestra capacidad para descifrar los múltiples lenguajes que coexisten en la vida. Así, hay lenguajes para el arte, la pintura, la música, las matemáticas, la arquitectura; hay lenguajes sexuales, emocionales, intelectuales, instintivos, motrices. La Geometría Sagrada es un lenguaje. Es el lenguaje que utiliza el Absoluto, Dios, Totalidad (o como gusten llamarle) para cifrar y descifrar la vida y la muerte, la expansión y la contracción del universo y todas sus manifestaciones. Es un lenguaje matemático sustentado en los tres números irracionales que ya explicamos: pi, phi y euler.

La **cristalización sensitiva** no está hecha con sonido *"real"* sino con frecuencias que forman las capas físicas de la **intención pura**. Hay varios métodos. El principio usado por el Dr. **Masaru Emoto** es *"imprimir"* en agua pura con una cierta expresión-pensamiento, y una vez que se ha asumido que el agua ha asimilado de alguna forma esta expresión-pensamiento, toma una gota de ella y la congela. El resultado observado es una amplia variedad de patrones de cristalización para las diferentes expresiones-pensamientos (o impresiones).

En la **práctica**: tomar una botella sin inscripciones. En un papel escribir EP, y luego expresiones de sanación o de logros anhelados. Pegar el papel con lo escrito hacia el lado de la botella y envolverla toda con papel metalizado. Finalmente, llenarla de agua y esperar 24 hs. para beberla.

37. Psicogeometría

A sus raíces etimológicas se agrega la expresión *"psique"* (alma). Así, la Psicogeometría estudia la manera en la que el alma puede habitar armónicamente la materia, estudia cómo el alma humana encarna y vive pacíficamente con su entorno, con su contexto.

Retomamos la noción antigua de "psique" como el equivalente de alma y no únicamente como el significado que le ha atribuido la psicología actual como mente. La mente es un escenario de representación simbólica mientras que el Alma es un modelo geométrico de interconexión de funciones.

La **Psicogeometría** es el estudio del ser humano por medio de los principios matemáticos y las prácticas de la Geometría Sagrada. Nos sirve para elevar nuestra calidad de vida; resolver conflictos de pareja, familia y grupo; nos reestablece nuestra capacidad de amar y de construir nuestra felicidad como un proceso geométrico de interpretación de la realidad; nos invita al desarrollo de la conciencia sexual, instintiva, motriz, emocional e intelectual. Sus prácticas nos devuelven la felicidad y la paz del alma.

Estudia la dimensión estructural y funcional del Alma. Este estudio nos remonta inevitablemente a la comprensión del ser humano como un sujeto creado a partir de la interpretación y la significación derivada de un principio de realidad sensorial. Nos explica cómo se crea el mundo del objeto y del sujeto y cómo pueden vincularse sanamente ambos; nos explica la imperiosa necesidad de retomar y vivir en un mundo donde impere la naturalidad en lugar de lo artificial; nos explica la noción de sujeto y el surgimiento de los centros de comando, los discos de memoria y la fisiología de la conciencia para el conocimiento de nosotros mismos.

Nos invita, finalmente, a la ampliación de nuestro escenario interno de conciencia por medio del desarrollo de nuestro potencial sexual, instintivo, motriz, intelectual y emocional con miras a la creación de un Alma.

La Psicogeometria es un conocimiento orgánico que se deriva de la ordenación del Alma bajo los principios de la Geometría Sagrada: la Ley de Tres Geométrica y la Ley de Octava Geométrica, que ya explicamos.

Aquí se referencia a la conciencia no desde su perspectiva ontológica sino por su fisiología: las **funciones** que realiza la **conciencia**. Las funciones básicas de la conciencia son **cinco** y están amparadas en la captación de la realidad sensorial cuando nuestro foco de atención se dirige y ordena las ondas para crear una representación simbólica en nuestro escenario interno de conciencia. A saber, los procesos de percatación, cognoscitivos, atencionales, la memoria y la inteligencia (o creatividad).

La percatación sucede cuando enfocamos nuestra percepción en un objeto determinado; el proceso cognoscitivo surge cuando vinculamos los diferentes objetos captados; la atención sucede cuando ordenamos los diferentes objetos y la memoria ocurre cuando creamos una representación simbólica y conceptual del evento. La inteligencia es el arte de la combinación y consiste en estructurar las emociones, pensamientos y acciones de tal manera que nos abran un abanico de posibilidades que nos permita *crear* nuevas posibilidades.

La propuesta de Psicogeometria consiste en reconfigurar al sujeto bajo las mismas leyes, principios y ordenaciones geométricas que existen en el universo para fundirse y comunicarse armónicamente con todo lo existente. Solo así nuestro sufrimiento, nuestros pensamientos equivocados, nuestras actitudes y creencias erróneas se disuelven en la totalidad de la comprensión. Es la experiencia oceánica de la que los místicos de todos los tiempos y tradiciones nos han hablado. La experiencia de la no-dualidad, de la no-mente, de la unicidad. La experiencia que la humanidad ha buscado durante siglos.

220

A lo largo del tiempo, diversas civilizaciones han expresado sus inquietudes del Universo de muchas maneras. Cada civilización se ha manifestado de diferentes formas en la cultura, el arte, la arquitectura, la pintura, diseño, la ciencia. Cada civilización ha comprendido el mundo desde su perspectiva particular y ha generado un universo de significación que descansa sobre las bases del paradigma en uso de la época.

Mas allá de las diferencias culturales han existido civilizaciones que comprendieron el conocimiento profundo de la Geometría Sagrada y su relación con la naturaleza y el universo. Algunas manifestaciones culturales en la civilización Egipcia, Griega, Maya, Azteca y Árabe son ejemplo de ello.

Las construcciones y manifestaciones que han dejado estos pueblos han permitido estudiar el conocimiento y la cosmovisión que tenían. Es innegable la sensación de totalidad e integración con el universo cuando se entra en contacto con alguna de estas construcciones antiguas: el Partenón Griego, la pirámide de Giza, las pirámides de Teotihuacan, los templos Chinos, Palenque y la zona Maya, etc.

El conocimiento ancestral que tenían estos pueblos data de mucho tiempo atrás y se ha ido heredando secretamente entre los sacerdocios y las cúpulas de poder. Ahora es imprescindible que ese conocimiento nos vincule a todos. Compartir y comprender los códigos de la Geometría Sagrada es necesario para la evolución de nuestra sociedad y de nuestro planeta.

La mayoría de los pueblos de nuestro mundo contemporáneo no ha logrado comprender el código de la naturaleza y del cosmos, el código de la Geometría Sagrada. Nuestras ciudades, en su organización espacial, en su funcionamiento, estructura y cualidad, no se rigen por la expresión ni la comunicación de los principios centrales de la Geometría Sagrada.

38. Criterios finales

Todo lo que existe en el Universo se encuentra regido por un poderoso **proceso regenerativo**, continuo e infinito. Este proceso no es más que una Ley Natural muy similar a lo descrito por la **Ley de la Conservación de la Energía** y por la **Tercera Ley de Newton**.

La primera señala: *"No existe ni puede existir nada capaz de crear ni de destruir la energía"*, es decir, la energía al no poder crearse ni destruirse, sólo podrá transformarse, expandirse e intercambiarse.

La segunda ley señala: *"Toda acción tiene su reacción, igual en sentido opuesto, toda causa tiene su efecto y a su vez, todo efecto se convierte en causa para nuevos efectos"*. Mucho antes ya lo había explicado los Siete Principios Herméticos pertenecientes a una única Ley de Dios (14).

En concordancia con estas leyes, dentro y fuera de nuestro planeta, la cantidad de energía ha sido, es y será igual. De aquí que en el ser humano --al ser energía-- también se cumplen estas dos leyes que rigen todo lo que existe. Ellas (junto con la "Ley de Dios y los 7 Principios" mencionada), controlan las acciones humanas, razón por la cual las energías que se estimulan y se activan en cada individuo, al accionar con la supuesta libre voluntad (libre albedrío), es lo que finalmente determina el destino, o la supuesta "suerte", o el futuro, o la mal llamada Voluntad de Dios.

Cada acción ejecutada, es un interactuar energético. Junto con cada acción se estimulan, se activan y se mueven un conjunto de energías humanas, tanto equilibradas, como distorsionadas y/o abusadas, las cuales servirán también de estímulo para activar en otras personas sus energías inherentes, junto a las existentes en el entorno.

El producto final (¿Destino o Consecuencia?), es el resultado del movimiento inherente que se derivó de una primera acción, aunado a un conjunto de energías que se activaron en otras personas por las acciones que precedieron a esa primera acción.

El "Destino" o "consecuencia" (causa y efecto), de toda persona es el resultado directo de la libre voluntad. Todo se encuentra fuertemente entrelazado, entretejido e interrelacionado. Todas las energías activadas con la libre voluntad moldean el destino y, en un principio, podríamos decir que el supuesto destino dependería de la también supuesta libre voluntad.

Por inferencia, cada ser humano es responsable de la forma en que mueve sus energías, involucradas en sus pensamientos, palabras, acciones, impulsos, deseos, ansias, afanes, sentimientos, emociones… El desconocimiento de estas normas naturales, de sus Principios, de sus Preceptos y de sus Leyes Universales, no lo exoneran de sus responsabilidades.

Las energías inherentes, al tergiversarse y desvirtuarse, se van haciendo más y más pesadas y se van "pegando y acumulando" en la esencia responsable de su resguardo: nosotros, lo seres humanos. Cuando pensamos, sentimos, hablamos y accionamos lo hacemos por propia decisión creyendo que podemos hacer lo que se nos viene en gana. Y de hecho, así es. Pero eso no es libre albedrío sino ignorancia.

Generalmente pocas veces entendemos que –especialmente luego de la acción ejecutada—los acontecimientos que se desencadenan son muchísimos y que estos nuevos acontecimientos, energéticamente, se siguen multiplicando en el transcurrir del tiempo y en el espacio de manera exponencial.

Pasarán, tal vez, años, personas, eventos, situaciones --y quizás vidas-- y seguramente todavía se seguirán multiplicando los efectos uno a uno.

A continuación, un gráfico nuestro que lo ejemplifica.

222

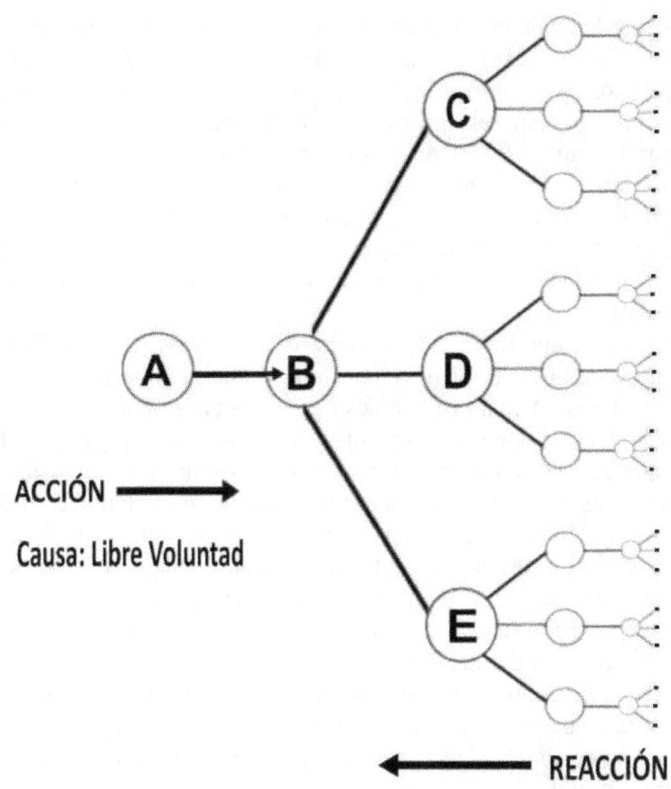

ACCIÓN ➡️

Causa: Libre Voluntad

⬅️ REACCIÓN

Efecto: Consecuencia
Destino
"Voluntad de Dios"

Finalmente, la persona o esencia (¿alma?) que recibirá el mayor beneficio o el mayor impacto, será la que realizó la "primera acción" en cada situación.

Entonces, una vez más, la energía no se crea ni se destruye, sólo se transfiere, se transforma, se intercambia, se absorbe y se expande. Esta responsabilidad individual se debe "humanizar", es decir, accionar de manera tal que se genere un Restablecimiento del Orden Energético Correcto. En toda la Humanidad esto traería la expresión de una Nueva Conciencia, un Salto Evolutivo en nuestra especie terrestre.

Es por esta razón, y además por lógica deducción, que la considerada **responsabilidad energética individual** no parece terminar con la muerte del cuerpo físico, ni se paga con el infierno ni se disfruta con el cielo.

Hasta aquí, y a pesar de la aparente "confusión", surgen criterios que nos

223

aclaran bastante los conceptos. Absolutamente todo lo que hemos descripto a lo largo de este libro, no solo desde lo teórico, sino también desde lo práctico: el uso de métodos, de máquinas y de múltiples ejercicios, nos han probado, al menos a nosotros, los autores, que **dan resultados en tanto y en cuanto estén dadas las condiciones ALMICAS para que los den.**

Por lo tanto, si usted cree estar en condiciones de experimentarlos, es altamente probable que obtenga resultados satisfactorios.

Pero existe UN aspecto insoslayable, lo suficientemente desarrollado en el libro antecesor de éste: *"El Alma y la Salud"* (como lo hemos hecho notar reiteradas veces).

Personalmente nos costó aceptarlo, pero, finalmente comprendimos que todos nacemos con nuestro **destino marcado**, y que la vida física es tan solo un mero recorrido en el cual disponemos del libre albedrío para mover algunas fichas circunstanciales que para nada influyen en nuestro destino final. Es por tanto inútil que nadie se empeñe en salvar a aquel que no tiene salvación.

Por eso queremos dedicar el esfuerzo realizado en la elaboración de este apartado a todos aquellos que por distintas vivencias ya han aceptado que hay una **energía global e inmortal de la cual formamos parte.** Somos como burbujas o cápsulas de esta energía que, reencarnada en nuestros cuerpos, nos da la vida por un periodo más o menos corto. Somos sin duda un grano de arena en la inmensidad del desierto.

Sabemos que estas palabras finales serán leídas por muchas personas que no alcanzarán a comprender el mensaje de las mismas, y que, tal vez, tan solo unas pocas están destinadas inexorablemente a que por efecto de la causalidad darán un giro a su vida.

Sin duda una energía invisible y superior mueve sin descanso el entramado de cada uno de los pasos que por mucho que nos empeñemos no vamos a poder evitar.

Nos despedimos de igual manera que en el libro anterior, recordándole las *lecciones* del *programa académico de la evolución* en el ser humano: *"transformar el* **odio** *en* **amor**, *la* **venganza** *en* **perdón**, *el* **desorden** *en* **armonía**, *y el* **miedo** *y la* **tristeza** *en* **alegría"**.

**Que la Gran Energía y la Salud
se manifiesten en su Vida.**

Rubén Delauro – Mirtha Manno (2016)

BIBLIOGRAFÍA GENERAL PARA CONSULTA

1. AINZ, Adela y CAYO, Martín. "Campos energéticos", EDAF, Madrid, 1994.
2. ANGELO, Jack. "El poder de curar", Robin Boock, Barcelona, 1995.
3. CARRINGTON, Hereward. "Los poderes de la mente", Edicomunicación, Barcelona, 1990.
4. CECCHINI, Daniel. "Los nuevos sanadores", Ed. Sudamericana, Bs.As., 1997.
5. CEDEÑO, Rubén. "Los siete rayos", Ed. Bienes Lacónica, Venezuela 1987.
6. CONAN DOYLE, Arthur. "La religión psíquica", Ediciones Anané, Colombia, 1992.
7. COUSINS, David., "La nueva energía", Robin Book, Barcelona, 1998.
8. CHÍA, Mantak. "Sistemas taoístas para transformar el estrés en vitalidad", Ed. Sirio S.A., Málaga, 1992.
9. CHOA KOK SUI. "La ciencia y el arte antiguo de psicoterapia pránica", Kier, Bs.As., 1993.
10. DEEP, Sam y SUSMAN, Lyle. "Claves para ejecutivos en acción", Ed. Atlántida, Bs.As. 1997
11. DELAURO, Rubén. "Sobre Jesús", Nueva Risa Ediciones, Bs.As., 2019.
12. DELAURO, Rubén y MANNO, Mirtha. "La Alegría y la Salud", Nueva Risa Ed.,Bs. As. 2018.
13. DELAURO, Rubén y MANNO, Mirtha. "La Risa y la Salud", Nueva Risa Ed., Bs. As. 2016.
14. DELAURO, Rubén y MANNO, Mirtha. "Los Maestros y la Salud", Nueva Risa Ed.Bs.As.2018.
15. DIAMOND, John. "Kinesiología del Comportamiento", EDAF, Madrid, 1980.
16. DOSSEY, Larry. "Oraciones que curan", Editorial Planeta, Bs.As., 1996.
17. DUCKWORTH, John. "Autosugestión práctica", Ed. Glem, Bs.As., 1973.
18. GAWAIN, Shakti. "Visualización Creativa", Ed. Selector, México, 1995.
19. GIBSON, Walter y Litzka. "Ciencias psíquicas", Editor Press, Nueva York, 1971.
20. GOSWAMI, Amit. "El médico cuántico", Ed. Obelisco, Barcelona, 2008.
21. HAMER, Dean y COPELAND, Peter. "El misterio de los genes", Vergara, Bs. As. 1998.
22. HAY, Louise L. "Usted puede sanar su vida", Ed. Urano, Barcelona, 1991.
23. KRIEGER, Dolores. "El poder de curar está en sus manos", Ed. Martínez Roca S.A., Barcelona, 1994.
24. LASKOW, Leonard. "Curar con amor", Ed. Martínez Roca, Barcelona, 1993.
25. LEBRUN, Maguy. "Médicos del Cielo, Médicos de la Tierra", J. Vergara Editor, Bs.As., 1999.
26. LOCKE, Steven y COLLIGAN, Douglas. "El médico interior", Sudamericana, Bs.As., 1992.
27. MANES, Facundo y NIRO, Mateo. "Usar el cerebro", Planeta, Bs. As., 2014.
28. MANNO, Mirtha. "Telepatía entre planos - Mensaje de los Guías Espirituales", Nueva Risa Ediciones, Bs. As., 2018.
29. MANNO, Mirtha (colab. Valentín Delauro). "El Alma y la Salud", Nueva Risa Ediciones, Bs. As., 2019.
30. MOSKOVITZ, Harold. "Manua para operar un cuerpo humano", Ed. Diana, México, 1997.
31. MURPHY, Joseph. "El poder de la mente subconsciente", Ed. Diana, México, 1999.
32. OBEDMAN, Carlos. "El enfermo, la enfermedad, el médico, la medicina", Ed. Kier, Bs. As. , 1957.
33. OSCHMAN, James L. "Medicina energética. La base científica", Uriel Satori Editores, Bs. As. 2008.
34. OYAREGUI, Gerardo. "Bioenergía humana", Ediciones Silzú, Bs. As., 1999.
35. PRUDDEN, Susy. "Meta Fitness" (con Joan Meijer-Hirschland), 1992.
36. ROBBINS, Anthony. "Poder sin límites", Ed. Grijalbo, Barcelona, 1987.
37. RODRÍGUEZ, Ricardo y ASHKAR, Edmundo. "Fisiología humana", López Libreros Editores, Bs.As., 1983.
38. SCHULTE, Etel. "La cura por los chakras", edición de la autora, Bs.As., 1995.
39. SELESCO, Elizabeth. "Sanar con el Aura", Ediciones Robin Book, Barcelona, 1998.
40. SHIELD, Carlson y B. (comp.). "Espíritu y Salud", Ed. América-Ibérica, Barcelona, 1994.
41. STONE, Randolph. "Construyendo la salud", Ed. Altaya S.A., Barcelona, 1995.
42. TREVISAN, Lauro. "Puede quien piensa que puede", Distrib. Cristal, Bs. As. 1995.
43. VINARDI, Livio. "Anatomía Energética", Ed. Kier, Bs.As., 2005.

OTROS TÍTULOS

Rubén Delauro

2ª edición corregida

La RISA y la SALUD

¡Coméntalo: éste es el mejor libro para leer!

Con la colaboración de **Mirtha Manno**

Colección NUEVA SALUD

Rubén Delauro — Con la colaboración de

Mirtha Manno

La ALEGRÍA y la SALUD

Colección NUEVA SALUD

Este libro contiene la mayor información reunida sobre las respuestas fisiológicas de nuestro organismo ante el poder sanador de la sonrisa y la risa.

Incluye un exhaustivo estudio sobre la glándula **Timo** y su estimulación. Una detallada reseña sobre la enseñanza del hombre que se curó con la **primera terapia de la risa** que se conoce, y originales enfoques sobre los "laberintos" de la risa y sobre el sentido del humor.

También se sorprenderá con un singular fundamento fisiológico. Se sabe que **"la risa ES salud"**, pero...¿por qué? ...y sobre todo... ¿cómo acceder a sus beneficios de manera consciente? ¿y recuperar la risa y la sonrisa?

Este libro, continuación de **"La Risa y la Salud"**, de los mismos autores, intenta reflejar esa maravillosa y tan huidiza emoción positiva, o actitud de vida, que es la **Alegría**.

Y responder a variados interrogantes.

¿Nos enferman los HMN (hábitos mentales negativos) como la **tristeza** (para hablar del polo opuesto a la Alegría)?

¿Es nuestra mente un depósito personal de pensamientos y además de emociones?

¿Por qué se confunde fácilmente Alegría con Felicidad?

También se transmiten numerosos ejercicios para "retener" la alegría.

226

Los MAESTROS y la SALUD

LA CURACIÓN ES MÉDICA   LA SANACIÓN ES ESPIRITUAL

Colección NUEVA SALUD

El ALMA y la SALUD

EXPERIENCIAS DE VIDA Y DE MUERTE DE LA AUTORA

Colección Nueva Salud

Una nutrida recopilación sobre el paso y la enseñanza de los principales Maestros a lo largo de la **historia** de la humanidad, desde la Teoría de las Razas-Raíz, Lemuria, Atlántida, etc. ¿Conoce que relación existe entre Rama, Krishna, Zoroastro, Hermes Trismegisto, Pitágoras y Jesucristo? ¿Existieron estos seres humanos tan especiales: Osiris, Orfeo, Apolo, Moisés? ¿Las Escrituras que hablan muy poco de ellos, son fidedignas? ¿Los antiquísimos Principios de Hermes nos hablan de la hoy conocida Ley de la Atracción?

¿Dejaron, además, enseñanzas sobre la salud psicofísica-espiritual? Un libro que es, además, casi un tratado de **religiones** comparadas combinadas con historia de la **medicina**.

Una recopilación desde los más antiguos escritos sobre los conceptos que se han vertido y discutido sobre esa sustancia inmaterial que conforma nuestro ser interior y que parece sobrevivir en una continua transmigración a través de los tiempos.

En este libro se vierten conceptos amorosos y otros muy profundos sobre la conducta del **Alma** después de desencarnar y sobre la supuesta existencia de otros seres que habitan los distintos planos.

Y un análisis de cómo debiéramos tener más presente en nuestra vida cotidiana al Alma que en esta encarnación habita nuestro cuerpo físico y solemos "ahogarla" con nuestra personalidad, regida por nuestro **Ego**.

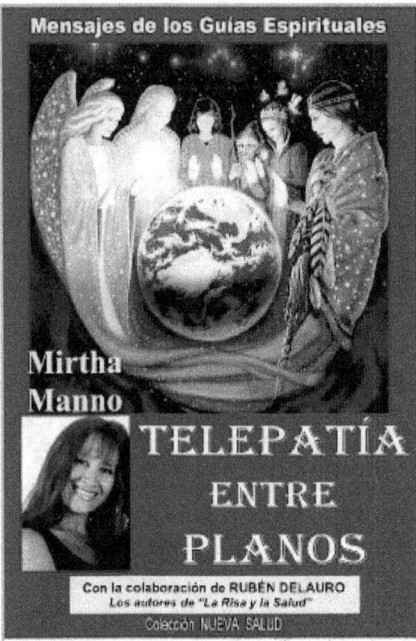

Mensajes de los Guías Espirituales

Mirtha Manno

TELEPATÍA ENTRE PLANOS

Con la colaboración de RUBÉN DELAURO
Los autores de "La Risa y la Salud"

Colección NUEVA SALUD

Del autor de "Los Maestros y la Salud"

Rubén Delauro

Sobre JESÚS

Quien quiera oir que oiga

¿Usted cree o conoce sobre las llamadas **canalizaciones**?

En cualquier forma de expresión --y una canalización es una de esas formas-- existen varios tipos de discursos. En el caso de este libro los mensajes son discursos descriptivos y razonados.

La **autora** transmite imágenes a través de palabras y de sentimientos. Es como si todas las palabras estuvieran más cargadas de significados. Inicialmente fueron mensajes canalizados de manera personalizada para los alumnos que en ese momento estaban cursando y los recibían.

Por momentos pareciera como si la mayoría de los mensajes **fueran para cada uno que los lee**. Es evidente un canal de comunicación entre **Guías**: hay todo un equipo comunicador.

Cuando se lee, se estudia o se escribe sobre Jesús, aparecen inevitablemente, las dos grandes preguntas: ¿Existió Jesús, llamado por muchos El Cristo? ¿Fue el Mesías anunciado? Y luego, se desencadenan otros interrogantes: ¿si el hombre Jesús existió históricamente, fue una encarnación "especial" o "divina"? ¿realmente tenía "capacidades" más allá de las del común de las personas? ¿era un alma muy evolucionada? ¿vino a dejar una enseñanza de tipo universal que, además, perdure en el tiempo? ¿O fue solo un judío predicador más, de tantos que hubo, sin mayores o especiales connotaciones?

Este libro --como la gran mayoría de los que se han escrito sobre el tema-- intenta responder a tantos interrogantes.

El conocimiento del autor, adquirido por su profesión de fonoaudiólogo, su especialización en foniatría y su experiencia de muchos años como actor, director y profesor de teatro, lo llevó a intentar contemporizar la existencia de criterios tan disímiles respecto de la teoría --y fundamentalmente de la práctica-- de un Arte tan bello pero al mismo tiempo tan exigente por la precisión que requiere en lo vocal.

Así, ha logrado completar los criterios siguiendo lineamientos de ese discutido pero respetado crítico español que es Arturo Reverter, y, por supuesto, de otros excelentes autores de la línea médico-académica, todo lo cual, aunado a su práctica juvenil con otro gran maestro y cantante (bajo profundo): el vasco Eloy Iriondo, culminó en el presente, libro, un completo **ensayo** teórico-práctico.

Mucho y desde muy atrás en el tiempo, se ha publicado sobre el Arte Teatral y sobre quienes lo practican: los Actores. Esto dio como resultado que durante años, los libros de texto han inundado el mercado en número importante, pero si bien la teatrología ha avanzado mucho en lo que va del siglo (especialmente desde las publicaciones de hombres de teatro), o se contemplan definiciones muy particulares del hecho teatral o se imponen preceptos subjetivos de lo que debería ser un nuevo teatro.

Por otra parte, la evolución del arte teatral ha provocado que florezcan numerosas experiencias y especulaciones teóricas, dentro de un panorama a veces confuso.

Y esto tiene, tal vez, su explicación: en el teatro, y particularmente en la actuación, el hecho muere con su creador. Cada nueva generación debe descubrir todo el tiempo por sí misma, verdades descubiertas antes, pero siempre perdidas.

www.ingramcontent.com/pod-product-compliance
Lightning Source LLC
Chambersburg PA
CBHW070630240526
45467CB00050B/65